高层建筑消防安全

林震　施佳颖　杜彪　著

吉林科学技术出版社

图书在版编目（C I P）数据

高层建筑消防安全 / 林震，施佳颖，杜彪著. -- 长春 : 吉林科学技术出版社，2022.8

ISBN 978-7-5578-9373-6

Ⅰ. ①高… Ⅱ. ①林… ②施… ③杜… Ⅲ. ①高层建筑一消防管理 Ⅳ. ①TU976

中国版本图书馆 CIP 数据核字(2022)第 113552 号

高层建筑消防安全

著 林 震 施佳颖 杜 彪
出版人 宛 霞
责任编辑 王 皓
封面设计 北京万瑞铭图文化传媒有限公司
制 版 北京万瑞铭图文化传媒有限公司
幅面尺寸 185mm×260mm
开 本 16
字 数 313 千字
印 张 15.75
印 数 1-1500 册
版 次 2022年8月第1版
印 次 2022年8月第1次印刷

出 版 吉林科学技术出版社
发 行 吉林科学技术出版社
地 址 长春市南关区福祉大路5788号出版大厦A座
邮 编 130118
发行部电话/传真 0431-81629529 81629530 81629531
81629532 81629533 81629534
储运部电话 0431-86059116
编辑部电话 0431-81629510
印 刷 廊坊市印艺阁数字科技有限公司

书 号 ISBN 978-7-5578-9373-6
定 价 58.00 元

《高层建筑消防安全》
编审会

林　震	施佳颖	杜　彪	宋　郁
孙　蔚	邵　頔	刘　畅	赵　剑
许昌盛	丁海亮	张　粲	杨文龙
安新磊	王振华	李雪峰	王攀锋
杨瑶龙	肖海巍	陈　强	苗得雨
王晓松	张　弓	于建峰	李国军
宋　飞	陈　曦	刘　旭	

在人类社会漫长的历史发展过程中，火使人类逐渐摆脱了寒冷和黑暗、愚昧和野蛮，它在给人类带来光明和温暖的同时，也给人类带来了灾难和痛苦。火灾的危害，令人深恶痛绝。社会发展到今天，科技高度发达，物质极大丰富，然而火对人类造成的灾难并没有减弱，反而愈加惨烈。消防安全工作是国民经济和社会发展的重要组成部分，是国家经济发展、社会安全稳定和人民安居乐业的重要保障。随着我国政治、经济和科学技术的发展，尤其是社会综合技术的发展以及由此所引起的社会活动方式的改变，大大增加了火灾问题的广泛性和复杂性，因而对消防管理提出了更新、更多、更高的要求。建筑消防安全管理也被认为是一个社会问题，已经引起那些对社会公共安全负有消防责任的人们的深思和重视。成为社会安全管理的重要组成部分。

随着我国经济建设的发展，作为城市现代化象征并具有地标建筑特征的高大综合性建筑在我国发展极为迅速。高层建筑作为我国城市发展的重要组成部分，可在很大程度上节约城市空间资源，这很符合我国人均国土占有量较少的现状。但是针对现代高层建筑发展的实际情况来看，它与普通建筑存在的最大区别就是其消防安全问题较为严重。基于此，本书以高层建筑消防安全探讨为题展开深入研究，重点围绕高层建筑特点及火灾蔓延规律、高层建筑外墙与内部火灾防控、火灾扑救要点、消防安全管理等内容进行针对性研究，并归纳了对高层建筑火灾的应对措施，其目的在于推动破解高层建筑灭火救援这一世界性难题，为国内消防同行在处置高层建筑火灾时提供参考借鉴。

在本书的编写和出版过程中，参阅了大量著作和文献，在此向有关著作及文献的作者表示衷心感谢。由于编者水平有限，书中难免有疏忽和不妥之处，敬请广大读者批评指正。

目录 CONTENTS

第一章 绪论

第一节 高层建筑概念

一、高层建筑的定义

随着我国城市化进程的加速，土地资源稀缺矛盾日益突出，高层及超高层建筑已成为城市发展的必然趋势。高层建筑的划分标准在国际上并不统一，国际高层建筑会议将高层建筑按高度分为四类：第一类：9～16层（最高到50m）；第二类：17～25层（最高到75m）；第三类：26～40层（最高到100m）；第四类：40层（100m）以上（即超高层建筑）。我国将10层及10层以上的住宅建筑及高度超过24m的公共建筑和综合性建筑称为高层建筑，建筑高度大于100m的民用建筑为超高层建筑。《高层建筑混凝土结构技术规程》（JGJ 3-2010）规定，高层建筑是指10层及10层以上或房屋高度超过28m的住宅建筑，以及房屋高度大于24m的其他民用建筑结构。建筑高度大于100m的民用建筑为超高层建筑，这与联合国的规定是一致的，只是仅规定高度而没有定层数。

二、高层建筑基础工程与结构体系

（一）高层建筑基础工程

1. 基础形式

高层建筑形高、体重，基础工程不但要承受很大的垂直荷载，还要承受强大的水平荷载作用下产生的倾覆力矩及剪力。因此，高层建筑对地基及基础的要求比较高：其一，要求有承载力较大的、沉降量较小的、稳定的地基；其二，要求有稳定的、刚度大而变形小的基础；其三，既要防止倾覆和滑移，也要尽量避免由地基不均匀沉降引起的倾斜。

基础设计的首要任务是确定基础形式。基础形式的确定必须综合考虑地基条件、结构体系、荷载分布、使用要求、施工技术和经济性能。目前，高层建筑采用的基础形式主要有箱形基础、筏形基础、桩基及桩－筏基础、桩－箱基础。箱形基础和筏形基础整体刚度比较大、结构体系的适应性强，但是对地基的要求高，因此适合于地表浅部地基承载力比较高的地区，如北京地区一般高层建筑多采用箱形基础或筏形基础。桩－筏基础和桩－箱基础由于可以通过桩基将荷载传递至地下深处，不但具有整体刚度比较大、结构体系适应性强的优点，而且适用于多种地基条件的地区，因此在高层建筑工程中应用非常广泛。在高层建筑基础工程中，桩－筏基础应用最广，近年来建设的世界著名超高层建筑大都采用了桩－筏基础。

在高层建筑基础工程中，桩基础占有相当重要的地位，桩基不但是荷载传递非常重要的环节，而且是设计和施工难度比较大的基础部位。目前，高层建筑采用的桩基础主要有钢筋混凝土灌注桩、预应力混凝土管桩和钢管桩。三者之中，钢筋混凝土灌注桩具有地层适应性强、施工设备投入小、成本低廉、承载力大和环境影响小等优点，因此在高层建筑中应用非常广泛。预应力混凝土管桩具有成本比较低、施工高效和质量易控等优点，但是也存在挤土效应强烈、承载力有限等缺陷，因此仅在施工环境比较宽松、承载力要求比较低的高层建筑中应用。钢管桩具有质量易控、承载力大、施工高效等优点，但是存在成本较高、施工环境影响大等缺陷，因此在高层建筑中应用不多，只有特别重要的、规模巨大的超高层建筑采用钢管桩做桩基础，如上海环球金融中心、金茂大厦。

2. 基础埋深

由于高层建筑结构高，承受巨大的侧向荷载作用，因此，为了提高建筑稳定性，高层建筑的基础埋深都比较大。在确定高层建筑的基础埋置深度时，应考虑建筑物的高度、体形、地基土质、抗震设防烈度等因素，并应满足抗倾覆和抗滑移的要求。我国《高层建筑箱形与筏形基础技术规范》（JGJ 6-2011）对基础埋深做了详细的规定：箱形和筏形基础的地基应进行承载力的变形计算，必要时应验算地基的稳定性；高层建筑筏形和箱形基础的埋置深度应满足地基承载力、变形和稳定性要求。在抗震设防区，除岩石地基外，天然地基上的箱形和筏形基础其埋置深度不宜小于建筑物高度的1/15；当桩与箱基底板或筏基底板连接的构造符合规范有关规定时，桩－箱或桩－筏基础的埋置深度（不计桩长）不宜小于建筑物高度的1/18。

高层建筑基础工程造价占土建工程总造价的25%～40%，施工工期占总工期的三分之一左右。在高层建筑施工中，基础工程已经成为影响建筑施工总工期和总造价的重要因素之一，在软土地基地区尤其如此。同时，深基础施工也是一项风险极大的任务，深基坑稳定和环境保护的难度日益增大，深基础工程施工技术已经成为高层及超高层建筑建造技术研究的重要内容之一。

（二）高层建筑结构类型

钢和混凝土是高层建筑最主要和最基本的结构材料。根据所用结构材料的不同，高层建筑结构可以划分为三大类型：钢结构、钢筋混凝土结构、混合结构与组合结构。

1. 钢筋混凝土结构

钢筋混凝土结构充分发挥了混凝土受压和钢筋受拉性能优良的特性，是一种广泛应用的高层建筑结构类型。钢筋混凝土结构具有原材料来源广、钢材消耗量小、建造成本低、结构抗侧向荷载刚度大、体形适应性强、防火性能优越、施工技术和装备要求比较低等优点，但是也存在自重比较大、现场作业多、施工工期比较长的缺陷。因此，钢筋混凝土结构超高层建筑首先在工业化发展水平比较低的发展中国家得到广泛应用。

2. 钢结构

钢结构充分利用了钢材抗拉、抗压、抗弯和抗剪强度高的优良特性，是一种历史悠久、应用广泛的超高层建筑结构类型。钢结构具有自重轻、抗震性能好、工业化程度高、施工速度快和工期比较短等优点，但是也存在钢材消耗量大、建造成本高、抗侧力结构侧向刚度小、体形适应性弱、防火性能差、施工技术和装备要求比较高等缺陷。因此，钢结构高层建筑主要在工业化发展水平比较高的发达国家得到广泛应用。

3. 混合结构和组合结构

钢结构和钢筋混凝土结构各有其优缺点，可以取长补短。在高层建筑不同部位可以采用不同的结构材料形成混合结构，在同一个结构部位也可以用不同的结构材料形成组合（复合）结构。钢与钢筋混凝土组合方式多种多样，可形成组合梁、钢骨梁、钢骨柱、钢管混凝土柱、组合墙、组合板和组合薄壳等。这些组合构件充分发挥了钢和钢筋混凝土两种材料的优势，性能优异，性价比高，已经广泛应用于高层及超高层建筑工程中，上海环球金融中心、台北 101 大厦、天津 117 大厦、广州东塔等超高层就是典型的组合结构。

（三）高层建筑结构体系

高层建筑承受的主要荷载是水平荷载和自重荷载，按照结构抵抗外部作用的构件组成方式，高层建筑结构体系可分为框架结构体系、剪力墙结构体系、筒体结构体系、框架－剪力墙（筒体）结构体系和巨型结构体系等。

1. 框架结构体系

框架结构体系历史悠久，是高层建筑发展初期主要的结构体系，目前主要用于不考虑抗震设防、层数较少的高层建筑中。在抗震设防要求高和高度比较高的超高层建筑中应用不多，高度一般控制在 70m 以下，只有极少数超高层建筑采用框架结构体系。

2. 剪力墙结构体系

剪力墙结构体系是利用建筑物墙体作为承受竖向荷载、抵抗水平荷载的结构体系，也是一种承重体系与抗侧力体系合二为一的结构体系。由于剪力墙采用现场浇捣的方法施工，因此剪力墙结构体系具有整体性好，侧向刚度大，承载力高等优点，但是也存在剪力墙间距比较小，平面布置不灵活，难以满足公共建筑的使用要求。剪力墙结构体系在住宅及旅馆等高层建筑中得到广泛应用。

3. 筒体结构体系

筒体结构体系是利用建筑物筒形结构体作为承受竖向荷载，抵抗水平荷载的结构体系，也是一种承重体系与抗侧力体系合二为一的结构体系。结构筒体可分为实腹筒、框筒和桁筒。平面剪力墙组成空间薄壁筒体，即为实腹筒；框架通过减小肢距，形成空间密柱筒，即框筒；筒壁若用空间桁架组成，则形成桁筒。实际结构中除烟囱等构筑物外不可能存在单筒结构，而常常以框架－筒体结构、筒中筒结构、多筒体结构和成束筒结构形式出现。若既设置内筒，又设置外筒，则称为筒中筒结构体系，它的典型代表就是美国世界贸易中心。美国西尔斯大厦则是著名的成束筒结构。

4. 框架－剪力墙（筒体）结构体系

在框架结构中设置部分剪力墙，使框架和剪力墙两者结合起来，取长补短，共同抵抗竖向荷载和水平荷载，就构成了框架－剪力墙结构体系。如果把剪力墙布置成筒体，就转化为框架－筒体结构体系。

框架－剪力墙（筒体）结构体系综合了框架结构体系和剪力墙（筒体）结构体系的优点，避开了两种结构体系的缺点，应用极为广泛。目前在高层及超高层建筑中得到广泛的应用。上海金茂大厦、台北 101 大厦、吉隆坡石油大厦都采用了框架－筒体结构体系。

5. 巨型结构体系

巨型结构一般由两级结构组成。第一级结构超越楼层划分，形成跨越若干楼层的巨梁、巨柱（超级框架）或巨型桁架杆件（超级桁架），承受水平荷载和竖向荷载。楼面作为第二级结构，只承受竖向荷载并将荷载所产生的内力传递到第一级结构上。常见的巨型结构有巨型框架结构和巨型桁架结构。巨型结构体系非常高效，抗侧向荷载性能卓越，是目前超高层建筑的主流结构体系，应用日益广泛。近年来兴建的广州东塔、武汉绿地中心，天津 117 大厦等超高层建筑都采用了巨型结构体系。目前超高层建筑高度不断增加，但是建筑宽度受自然采光所限难以同步增加，因此只有不断提高结构体系效率，才能在建筑宽度保持基本不变的情况下，继续实现超高层建筑的新跨越。

不同的结构体系所具有的承载力和刚度是不一样的，因而它们适合应用的高度也不同。一般来说，框架结构适用于高度低，层数少、设防烈度低的情况；框架－剪力墙（筒体）结构和剪力墙结构可以满足大多数建筑物的高度要求；在层数很多或设防烈度要求很高时，筒体结构不失为合理选择；巨型结构体系则将支撑超高层建筑实现更大跨越。

三、高层建筑施工关键技术

由于高层建筑结构很高，将承受巨大的侧向荷载作用，因此为了提高稳定性，与一般建筑相比高层建筑的基础埋深都比较大，深基坑土方开挖是高层建筑施工的重要工序。基坑土方开挖时，由于地基卸荷和土体应力释放，会不同程度地引起基坑边坡的稳定和变形问题，通常大多会采用深基坑支护结构以保证施工安全。其中地下连续墙与逆作法施工技术可以用于施工环境比较困难，场地周围建筑物密集，对基坑变形有严格要求的工程。为防止地下水影响基坑和基础施工，应根据不同的降水深度、土质和地下水状态，采取深基坑地下水控制措施。深基坑土方开挖、深基坑支护结构和深基坑工程地下水控制是高层建筑深基坑工程施工的三个关键技术问题，但三者相辅相成，同深基坑工程监测等内容共同组成了深基坑工程专项施工方案的主要内容。

由于高层建筑荷载大，因此在高层建筑基础工程中，常采用桩基础、筏板基础、箱形基础以及桩筏、桩箱基础。由于箱形基础或筏形基础混凝土体积较大，桩基的上部也有厚度较大的承台或筏板，因此，桩基础施工技术和大体积混凝土施工技术是高层建筑基础施工中的关键技术问题。

基础工程完成后，则开始进行高层建筑主体结构工程施工。为满足结构施工和外装饰施工的需要，高层建筑施工时都需要搭设外脚手架。在施工过程中，每天都需要运送大量建筑材料、设备和施工人员，高层建筑垂直运输体系的选择与布置对高层建筑施工的速度、工期、成本具有重要影响。

目前的高层建筑仍然以钢筋混凝土为主，高层建筑施工也必须依赖于先进的模板工程技术和混凝土施工技术，其中模板主要以竖向模板为主体，混凝土施工技术主要体现在材料的高性能和超高泵送成套技术。

高层建筑在向天空进军之时，必然需要钢结构的强力支撑。钢结构技术作为建设部重点推广的“建筑业十项新技术”之一，在高层建筑施工中起到了至关重要的作用，大批高层及超高层钢结构的建造大大提高了高层建筑钢结构施工技术。建筑业产业化发展是建筑领域的全新模式，是城市建筑发展的必然趋势。装配式混凝土结构施工技术将引领建筑行业朝着一个全新的模式和方向发展。

高层建筑高度高，规模庞大、功能繁多系统复杂，建设标准高，涉及许多单位和专业，施工组织难度和要求非常高，必须在施工全过程实行科学的施工组织及管理，以实现高层建筑有组织、有计划、有秩序的施工，确保整个工程施工质量、安全、工期和成本目标顺利实现。

第二节 高层建筑现状

在高层建筑的施工技术方面，美国和日本走在世界的前列，西方发达国家建造百米以上的高楼已达百余年历史，而我国对高层建筑技术的研究起步较晚，自改革开放以来我国高层建筑的建设和技术研究才有了突破性的进展。目前，中国超高层建筑数量为世界之最，这些超高层建筑在给城市增添亮点的同时，也极大地推动了我国超高层建筑设计和施工技术水平的不断提升。

一、结构设计日益规范

目前，用计算机计算分析高层建筑结构已经普及，全国已普遍采用三维空间程序分析结构内力，超过100m的超高层建筑和特殊重要的建筑还要用动力分析方法计算内力。根据超高层建筑功能要求，已发展了框架结构、剪力墙结构、框架-剪力墙结构，框架-筒体结构，筒中筒结构，巨型框架结构等多种结构，各种结构设计规范逐步完善，钢筋混凝土，高强度混凝土也在高层建筑中逐步推广，我国超高层建筑结构设计与施工的若干技术已经处于国际先进水平。

二、机械设备国产化

随着建筑规模的扩大，国产设备也更加大型化，专业化以及高速化。为了取代整机设计，机械设备也朝着产品模块化，组合化和标准化发展。目前我国超高层建筑领域机械设备已实现国产化：单塔多笼循环运行施工电梯在武汉绿地中心的发明和成功应用，标志着我国施工电梯的生产得到了进一步的发展；塔式起重机生产打破了超大型塔式起重机长期依赖进口的局面，并已逐步走在世界前列；三一重工21台泵送设备承担了世界第一高楼哈利法塔的混凝土浇筑任务，标志着在混凝土超高泵送设备领域我国已站在世界泵车设计和制造领域的最前沿。回转塔机平台，现场焊接机器人等新型装备也都将为超高层建筑施工带来巨大变革。

三、材料性能不断提升

随着时代的发展，国内建筑设计理念不断突破，建筑物朝“高”“大”“新”“奇”的趋势发展，这一趋势在给设计带来巨大难度的同时，对施工材料的要求也越来越高，其中最主要的就是钢材和混凝土。目前，我国已逐渐开发出了适用于超高层建筑的高强度，高韧性、窄屈服点、低屈强比，高抗层状撕裂能力，焊接性及耐火性强的钢材；通过对高性能混凝土及泵送技术进行大量的试验，不断改善混凝土的强度等级和韧性性能，使泵送技术达到国际领先水平。

四、施工技术不断进步

伴随着超高层建筑向高度更高、结构形式更复杂、施工进度要求更快等方向的发展，超高层建筑施工技术逐渐发展为以超大基础工程施工、模架施工、混凝土超高泵送、钢结构制作安装为主的现代施工技术。

我国超高层建筑基础不断向超深、超大发展，桩基施工技术不断成熟，成桩材料趋向于多元化发展，成桩工艺趋向于难度更高，技术含量更大，成桩方式也趋向于异型化，组合化。随着大型塔式起重机的国产化和焊接机器人的应用，我国在超高层钢结构安装技术，大跨度滑移技术、复杂空间结构成套施工技术、大悬臂安装技术，整体提升技术和超长超厚钢板焊接等方面均达到了领先水平。在混凝土超高泵送领域，国内主要集中在混凝土的研制，混凝土泵送设备、泵送工艺等方面。

超高层建筑施工主要依赖模板、脚手架、塔式起重机，施工电梯、混凝土布料机等设备设施。近三十年来，研发人员将模板与脚手架进行整合，先后形成了滑模、爬模、提模、低位顶模等多种模架装置。同时，以模板为核心配合相关设备，中建三局又研发了“智能化超高层结构施工装备集成平台”（空中造楼机）。该技术将各类设备设施集成在平台上，将其发展为各类工艺的载体，实现工厂式的集中施工。继集成平台之后，中建三局又添超高层造楼神器——回转式多吊机集成运行平台（回转平台）。该技术优化了吊机的配置，并实现了多吊机的同步提升，简化了塔式起重机爬升等施工工艺。

我国城市现代化的快速发展给建筑行业带来了前所未有的发展机遇，目前我国已成为超高层建筑建造大国，虽然部分建造技术水平已处于国际领先水平，但还称不上建造强国。就我国的高层建造技术发展现状而言，其理论研究相对滞后于工程实践，不断完善高层建筑建造技术理论体系，以“绿色化”为目标、以“智慧化”为技术手段、以“工业化”为生产方式，以工程总承包为实施载体的新型建造方式，将是引领我国高层建筑综合施工能力提升和打造建造强国的必由之路。

第二章 高层建筑特点及火灾蔓延规律

第一节 高层建筑的特点

高层建筑是社会生产需要和人类生活需求的产物，是现代工业化、商业化和城市化的必然结果。我国经济建设的发展、城市化率的加速以及城市人口的快速增加，为高层建筑的发展提供了客观需求。长久以来，火灾一直是危害人民生命和财产安全并造成社会不稳定的重要原因。根据联合国“世界火灾统计中心”以及“国际消防技术委员会”提供的资料，每年全球范围内发生的火灾达 600 万～ 700 万起，每年有 65000 ～ 75000 人死于火灾。火灾防治是人类社会发展过程中的一项长期重要任务。

高层建筑火灾的主要特点是蔓延迅速，易形成烟囱效应，极易向上迅速蔓延，导致数个楼层同时燃烧，形成立体火灾，而且热烟毒气危害严重，直接威胁着人们的生命安全。高层建筑火灾一旦失控，就会酿成冲天大火，其火灾特点主要有以下四个方面。

一、火势蔓延途径多，速度快，危害严重

高层建筑火势可通过门、窗、吊顶、走廊等途径横向蔓延，也能通过竖向的孔洞、管道、电缆桥架蔓延。竖向管井、竖向孔洞、共享空间、玻璃幕墙缝隙等常常是高层建筑火势垂直蔓延的主要途径。设计、施工或管理不好时，这些部位易产生烟囱效应；当火势突破外墙窗口时，能向上升腾、卷曲，甚至呈“跳跃”式向上蔓延，使外墙窗口也成为垂直蔓延的途径；辐射强烈或风力很大时，火势还会向邻近建筑物蔓延。

在火灾初期阶段，因空气对流而产生的烟气，在水平方向扩散速率为 0.3m/s；在火灾燃烧猛烈阶段，由于高温的作用，热对流而产生的烟气扩散速率为 0.5 ～ 0.8m/s；烟气沿楼梯间等竖向管井的垂直扩散速率为 3 ～ 4m/s。即一座高度为 100m 的高层建筑，在 25 ～ 33s 左右，烟气即能顺着垂直通道从底层扩散到顶层。与此同时，

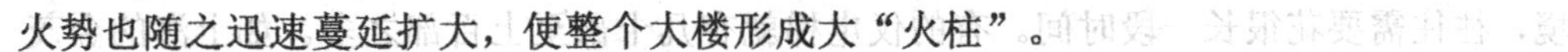

火势也随之迅速蔓延扩大，使整个大楼形成大“火柱”。

助长高层建筑火灾迅速蔓延的还有风的影响。建筑越高，风速越大。俗话说“风助火势”，风常常能使通常不具威胁的火源变得非常危险，或使蔓延范围较小的火灾急剧扩大。据测定，如在10m高处的风速为5m/s时，则在30m高处的风速为8.7m/s，在60m高处的风速为12.3m/s，在90m高处的风速达到15m/s。这时，着火物所需要的氧气（助燃剂）供应越加充分，火场区的热对流相应加快，燃烧越来越猛烈，火势蔓延更为加快，因而更加难以控制和扑灭火灾，往往造成重大损失。

二、安全疏散困难，容易造成群死群伤事故

高层建筑的特点：一是层数多，垂直疏散距离长。高层建筑由于建筑高、建筑面积大，使得疏散距离比较远，常常需要比较长的疏散时间。一般来说，高层建筑某一楼层发生火灾时，人员疏散到封闭楼梯间内，即可认为到了安全地带。但有些规模比较大的高层商业建筑，走到封闭楼梯的距离往往比较远。有的封闭楼梯间的疏散指示标志设置不明显，不熟悉的人往往一时还无法找到。如果楼梯间封闭效果不好，或火势比较大威胁到封闭楼梯间的安全，遇险人员则需要从起火层通过楼梯向下跑，这样势必要通过更长的距离才能脱离起火区域。二是人员密集，拥挤影响严重。高层建筑发生火灾时，由于人员众多，疏散时容易出现拥挤梗阻情况，从而严重影响人员疏散速度，尤其当火灾发生在商场、旅馆、会议室等公共场所时。三是火灾发生时烟气和火势竖向蔓延较快，给安全疏散带来困难。高层建筑发生火灾时会产生大量烟雾，这些烟雾不仅浓度大，能见度低，而且流动扩散极快，约在30s烟雾即可窜到一幢100m高的建筑物顶部，给人员疏散逃生带来了极大困难。600～700℃的高温热烟能点燃一般的可燃物，导致火势蔓延扩大，而且烟雾还是妨碍灭火救援行动和导致人员伤亡的重要因素。火灾实例分析表明，火灾中由于烟气导致死亡的（包括被烟熏倒后被火烧死的）占死亡人数1/2以上，有的事故中甚至高达70%。这是因为烟气中的一氧化碳与人体内红血球结合能力比氧气快得多（快200～300倍），致使血液中很快无法得到人体所需的氧气，人很快窒息死亡。

三、空间和功能复杂，起火因素多

高层建筑是一个复杂的空间结构，其平面布置和立面体型日趋复杂，不仅平面形状多变，立面体型也各种各样，有矩形、圆形、塔形、阶梯形、凹形等。中心部位通常是垂直交通枢纽，主要设置电梯、安全扶梯等，外围则为供灵活分隔布置成房间的空间及走道。有些高层建筑中部还设有很大的中庭。高层建筑的形式对发生火灾时消防人员铺设水带的方式有较大影响。如阶梯形高层建筑，消防人员就很难从上向下铺设水带。除整体结构外，大型高层建筑内的通道都比较复杂，偶尔到其中的人常常如入迷宫，迷失方向。楼梯、电梯数量众多，高低不一，方向各异，有的比较隐蔽，有的一次还无法直接到达，需要中间转换到达不同的楼层、不同的部位，需要走不同的通道，一旦走错就无法到达目的地。人们初次进入这类建筑内，要熟悉了解通道的环

境，往往需要花很长一段时间。有的仅电梯就有几十部至上百部之多。如上海的金茂大厦有 79 部电梯，正大广场客梯、货梯、消防电梯有 17 部，自动扶梯有 66 部。纽约世界贸易中心每幢高塔安装有 102 部电梯。

高层建筑层数多，面积大，大多综合性较强，使用功能复杂，往往集餐饮、娱乐、宾馆、商店、办公等于一身。功能复杂多样，使用单位多，人员密集，流动性大，各项管理制度就不容易落到实处，火灾隐患和漏洞就容易出现。一是复杂多样的功能，使用的电器设备多，用电荷载大，如果管理不善，出现电器使用不当、乱拉乱接电线、随意增加负荷等，就会造成电线短路而引发火灾。二是功能多样，结构复杂，设计、施工难度大，稍有疏忽都会埋下火灾隐患。三是使用明火部位多易引发火灾。同时，高层建筑落雷机会比一般建筑多，如果避雷接地出现问题，也可能在雷击时引发火灾。

高层建筑内部一般都有大量可燃或难燃的装饰材料和陈设物品，如吊顶、墙布（纸）、窗帘、电线、地毯、沙发、各种电器和电子产品、桌椅、床及床上用品、衣物、纸张等。值得注意的是，虽然高层建筑中使用的一些物品经过“阻燃”处理，称为“阻燃材料”，这类材料其实只是较难被点燃，以减少火灾发生的概率，如果火势较大，这类材料照样能燃烧。

四、消防灭火设施不够完备，扑救困难

现有消防车的供水能力和供水器材的耐压强度一般达不到高层建筑的高度，因此，高层建筑的火灾扑救在设计上主要依靠其固定消防灭火设施。但现有固定消防设施无论在研发、设计上，还是在施工、管理方面，都存在一定的缺陷，还无法做到 100% 的有效。高层建筑消防设施的研发、设计目前还不能完全满足灭火的需要，水喷淋在设计上仅能满足 200m^2 的灭火需求。由于管理能力和经验不足，常常导致一些高层建筑在发生火灾的关键时刻，固定消防灭火设施无法正常启动。同时高层建筑设计上由于要考虑一定的综合经济因素，因此规定室内最大用水量为 40L/s，室外最大灭火用水量为 30L/s。虽然这个量有它的合理性，一般情况下也能满足使用需求，但当火势较大或室内系统失效时，灭火用水将无法满足需求。此时室外灭火用水的需求将远远超过 30L/s。若着火楼层较高且用水带供水时，由于需要较高的压力，容易使供水线路上的水带爆裂，造成供水中断。而调换水带需要的时间将比铺设水带的时间更长。

虽然举高消防车和消防直升机也是扑救高层建筑火灾的先进装备，但由于受施展空间的限制，其作用也有限。受高度的局限（目前我国最先进的消防登高车高度为 101m），消防登高车一般只能救援相应伸展高度内的被困人员，或输送救援人员到这一高度的窗口，有射水功能的消防登高车也能向这一高度的起火窗口射水。但对超过这一高度或建筑外墙无开口的火灾，消防登高车则无能为力。受飞行安全和停放场地的局限，消防直升机一般只能救援那些已经逃到直升机停机坪的被困人员，或输送救援人员到该处。对建筑内部的其他被困人员同样也无能为力。

综上所述，在高层建筑的防火设计上，应贯彻“以防为主，以消为辅”的方针，

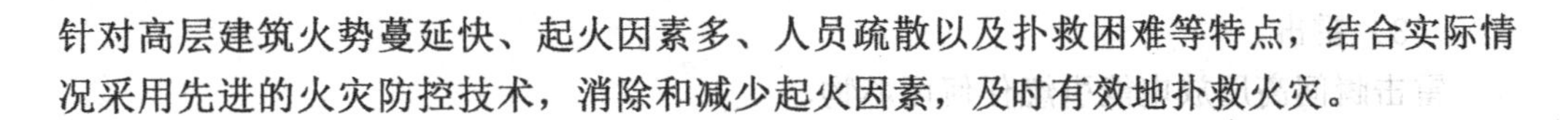

针对高层建筑火势蔓延快、起火因素多、人员疏散以及扑救困难等特点，结合实际情况采用先进的火灾防控技术，消除和减少起火因素，及时有效地扑救火灾。

第二节 高层建筑火灾的基本知识

一、可燃物及其燃烧

（一）燃烧条件

火灾是失去控制的一种燃烧现象。燃烧，是指可燃物与氧化剂作用发生的放热反应，通常伴有火焰、发光和（或）发烟现象。燃烧的发生和发展，必须具备三个必要条件，即可燃物、氧化剂（助燃物）和引火源（温度）。当燃烧发生时，上述三个条件必须同时具备，如果有一个条件不具备，那么燃烧就不会发生。因此，破坏燃烧形成的条件是扑灭火灾的根本所在。

1. 可燃物

凡是能与空气中的氧或其他氧化剂起化学反应的物质，称为可燃物。在高校建筑中，常见的可燃物有木质桌椅、书本纸张、衣服织物、床单被褥、电子产品的塑料外壳、电线电缆、食堂的粮食、油脂、液化石油气、实验室的化学制剂等。可燃物按其化学组成，可分为无机可燃物和有机可燃物两大类；按其所处的状态，又可分为可燃固体、可燃液体和可燃气体三大类。

2. 氧化剂（助燃物）

凡是与可燃物结合能导致和支持燃烧的物质，称为助燃物，如广泛存在于空气中的氧气。普通意义上，可燃物的燃烧均是指在空气中进行的燃烧。在一定条件下，各种不同的可燃物发生燃烧，均有本身固定的最低氧含量要求，氧含量过低，即使其他必要条件已经具备，燃烧仍不会发生。

3. 引火源（温度）

凡是能引起物质燃烧的点燃能源，统称为引火源。在一定条件下，各种不同可燃物只有达到一定能量才能引起燃烧。常见的引火源有下列几种：

（1）明火

是指生产、生活中的炉火、烛火、焊接火、吸烟火，以及撞击、摩擦打火，机动车辆排气管火星、飞火等。

（2）电弧、电火花

是指电气设备、电气线路、电气开关及漏电打火，以及电话、手机等通信工具火花、静电火花（物体静电放电、人体衣物静电打火、人体积聚静电对物体放电打火）等。

（3）雷击

雷击瞬间高压放电能引燃任何可燃物。

（4）高温

是指高温加热、烘烤、积热不散、机械设备故障发热、摩擦发热、聚焦发热等。

（5）自燃引火源

是指在既无明火又无外来热源的情况下，物质本身自行发热、燃烧起火，如白磷、烷基铝在空气中会自行起火；钾、钠等金属遇水着火；易燃、可燃物质与氧化剂、过氧化物接触起火等。

大部分燃烧的发生和发展除了具备上述三个必要条件以外，还存在未受抑制的自由基作中间体。自由基是一种高度活泼的化学基团，这些自由基在燃烧反应过程中会持续由高分子物质分解产生，并能与其他自由基和分子起化学反应，从而使燃烧按链式反应的形式扩展，也称游离基。多数燃烧反应不是直接进行的，而是通过自由基团和原子这些中间产物瞬间进行的循环链式反应。因此，大部分燃烧发生和发展需要四个必要条件，即可燃物、助燃物（氧化剂）、引火源（温度）和链式反应自由基。

（二）可燃物分类

凡是能与空气中的氧或其他氧化剂发生燃烧化学反应的物质，称为可燃物。可燃物种类繁多，根据化学结构的不同，可燃物可分为无机可燃物和有机可燃物两大类。无机可燃物中的无机单质有：钾、钠、钙、镁、磷、硫、硅、氢等；无机化合物有：一氧化碳、氨、硫化氢、磷化氢、二硫化碳、联氨、氢氰酸等。有机可燃物按分子量可分为低分子和高分子，按来源可分成天然的和合成的。有机物中除了多卤代烃，如四氯化碳、二氟－氯－溴甲烷（1211）等不燃且可作灭火剂之外，其他绝大部分有机物都是可燃物。常见的有机可燃物有：天然气、液化石油气、汽油、煤油、柴油、原油、酒精、豆油、煤、木材、棉、麻、纸以及三大合成材料（合成塑料、合成橡胶、合成纤维）等。

根据可燃物的物态和火灾危险特性的不同，参照危险货物的分类方法，取其中有燃烧爆炸危险性的种类，再加上一般的可燃物（不属于危险货物的可燃物），将可燃物分成以下六大类。

1. 爆炸性物质

凡受高热、摩擦、撞击，或受一定物质激发，能瞬间引起单分解，或复分解化学反应，并以机械能的形式，在极短时间内放出能量的物质。包括：

点火器材：如导火索、点火绳、点火棒等；

起爆器材：如导爆索、雷管等；

炸药及爆炸性药品：环三次甲基三硝胺（黑索金）、四硝化戊四醇（泰安）、硝基胍、硝铵炸药（铵梯炸药）、硝化甘油混合炸药（胶质炸药）、硝化纤维素或硝化棉（含氮量在12.5%以上）、高氯酸（浓度超过72%）、黑火药、三硝基甲苯（TNT）、三硝基苯酚（苦味酸）、迭氮钠、重氮甲烷、四硝基甲烷等；其他爆炸品，如：小口径子弹、猎枪子弹、信号弹、礼花弹、演习用纸壳手榴弹、焰火、爆竹等。

2. 自燃性物质

凡是不用明火作用，由本身受空气氧化或外界的温度、湿度影响发热达到自燃点而自发燃烧的物质。可分为：

一级自燃物质（在空气中易氧化或分解、发热引起自燃）：黄磷、硝化纤维胶片、铝铁熔剂、三乙基铝、三异丁基铝、三乙基硼、三乙基锑、二乙基锌、651除氧催化剂、铝导线焊接药包等；

二级自燃物质（在空气中能缓慢氧化、发热引起自燃）：油纸及其制品，以及油布及其制品、桐油漆布及其制品、油绸及其制品，以及植物油浸渍的棉、麻、毛、发、丝及野生纤维、粉片柔软云母等。

3. 遇水燃烧物质（亦称遇湿易燃物品）

凡遇水或潮湿空气能分解而产生可燃气体，并放出热量，引起燃烧或爆炸的物质。可分为：

一级遇水燃烧物质（与水或酸反应极快，产生可燃气体，发热，极易引起自行燃烧）：钾、钠、锂、氢化锂、氢化钠、四氢化锂铝、氢化铝钠、磷化钙、碳化钙（电石）、碳化铝、钾汞齐、钠汞齐、钾钠合金、镁铝粉、十硼氢、五硼氢等；

二级遇水燃烧物质（与水或酸反应较慢，产生可燃气体，发热，不易引起自行燃烧）：氰氨化钙（石灰氮）、低亚硫酸钠（保险粉）、金属钙、锌粉、氢化铝、氢化钡、硼氢化钾、硼氢化钠等。

4. 可燃气体

遇火、受热或与氧化剂接触，能燃烧、爆炸的气体。可分为：

甲类可燃气体（燃烧（爆炸）浓度下限小于10%的可燃气体）：氢气、硫化氢、甲烷、乙烷、丙烷、丁烷、乙烯、丙烯、乙炔、氯乙烯、甲醛、甲胺、环氧乙烷、炼焦煤气、水煤气、天然气、油田伴生气、液化石油气等；

乙类可燃气体（燃烧（爆炸）浓度下限大于10%的可燃气体）：氨、一氧化碳、硫氧化碳、发生炉煤气等。

5. 易燃和可燃液体

我国《建筑设计防火规范》中将能够燃烧的液体分成甲类液体、乙类液体、丙类液体三类。汽油、煤油、柴油这些常用的三大油品是甲、乙、丙类液体的代表。闪点小于28℃的液体，如二硫化碳、苯、甲苯、甲醇、乙醚、汽油、丙酮等划为甲类；闪点大于或等于28℃，小于60℃的液体，如煤油、松节油、丁烯醇、溶剂油、冰醋酸等划分为乙类；闪点大于或等于60℃的液体，如柴油、机油、重油、动物油、植物油等划为丙类。比照危险货物的分类方法，可将上述甲类和乙类液体划入易燃液体类，把丙类液体划入可燃液体类。

6. 易燃、可燃与难燃固体

我国《建筑设计防火规范》中将能够燃烧的固体划分为甲、乙、丙、丁、戊五类，比照危险货物的分类方法，可将甲类、乙类固体划入易燃固体，丙类固体划入可燃固体，丁类固体划归入难燃固体，戊类固体划为不燃固体。

在常温下能自行分解火灾空气中氧化导致迅速自燃或爆炸的固体，如硝化棉、赛璐珞、黄磷等，划为甲类。

在常温下受到水或空气中的水蒸气的作用，能产生可燃气体并引起燃烧或爆炸的固体，如钾、钠、氧化钠、氢化钙、磷化钙等，划为甲类。

遇酸、受热、撞击、摩擦以及遇有机物或硫黄等易燃的无机物，极易引起燃烧或爆炸的强氧化剂，如氯酸钾、氯化钠、过氧化钾、过氧化钠等，划为甲类。

凡不属于甲类的化学易燃危险固体（如镁粉、铝粉、硝化纤维漆布等），不属于甲类的氧化剂（如硝酸铜、亚硝酸钾、漂白粉等）以及常温下在空气中能缓慢氧化、积热自燃的危险物品（如桐油、漆布、油纸、油浸金属屑等），都划为乙类。

可燃固体，如竹木、纸张、橡胶、粮等，属于丙类。

难燃固体，如酚醛塑料、沥青混凝土、水泥刨花板等，属于丁类。

不燃固体，如钢材、玻璃、陶瓷等，属于戊类。

二、可燃物燃烧温度

不同形态物质的燃烧各有特点，发生燃烧时的温度不同，通常根据不同燃烧类型，用不同的燃烧性能参数来分别衡量不同状态可燃物的燃烧特性。

（一）闪点

在规定的试验条件下，液体挥发的蒸汽与空气形成的混合物，遇引火源能够闪燃的液体最低温度（采用闭杯法测定），称为闪点。

闪点是可燃液体性质的主要标志之一，是衡量液体火灾危险性大小的重要参数。闪点越低，火灾危险性越大，反之则越小。闪点与可燃性液体的饱和蒸汽压有关，饱和蒸汽压越高，闪点越低。在一定条件下，当液体的温度高于其闪点时，液体随时有可能被引火源引燃或发生自燃，若液体的温度低于闪点，则液体是不会发生闪燃的，更不会着火。

（二）燃点

在规定的试验条件下，应用外部热源使固体可燃物表面起火并持续燃烧一定时间所需的最低温度，称为燃点。

在一定条件下，物质的燃点越低，越易着火。

（三）自燃点

在规定的条件下，可燃物质产生自燃的最低温度，称为自燃点。在这一温度时，物质与空气（氧）接触，不需要明火的作用就能发生燃烧。

自燃点是衡量可燃物质受热升温导致自燃危险的依据。可燃物的自燃点越低，发生自燃的危险性就越大。

三、可燃物燃烧特殊形式

（一）阴燃

阴燃是固体燃烧的一种形式，是无可见光的缓慢燃烧，通常产生烟和温度上升等现象，它与有焰燃烧的区别是无火焰，它与无焰燃烧的区别是能热分解出可燃气，因此在一定条件下阴燃可以转换成有焰燃烧。

1. 阴燃的燃烧条件

（1）发生阴燃的内部条件

可燃物必须是受热分解后能产生刚性结构的多孔碳的固体物质，即物质结构不塌陷，如蚊香和香烟燃烧后的灰烬还保持原来的形状。如果可燃物受热分解产生非刚性结构的碳，如受热分解后的产物呈流动焦油状，就不能发生阴燃。

（2）发生阴燃的外部条件

一般是缺氧环境中有一个适合供热强度的热源。所谓适合的供热强度，是指能够引发阴燃的适合温度和适合的供热速率。

常见的高校火灾能引起阴燃的热源有3种：①自燃热源。在一些书籍及木质座椅板凳堆叠区域，或杂草堆垛、粮食堆垛发生自燃时，由于内部环境缺氧，所以燃烧初期是阴燃；②阴燃本身可以成为引起其他物质阴燃的热源，比如有高校学生吸烟后燃烧的烟头没有及时处理掉，引起地毯或被褥的阴燃；③有焰燃烧熄火后的阴燃，如烧烤后剩余的木炭灰烬等。

2. 阴燃的燃烧机理

阴燃的燃烧过程与其他燃烧反应不同，它是一种只在气固相界面处，不产生火焰的一种燃烧形式。

为研究阴燃的燃烧机理，中国科学技术大学火灾科学国家重点实验室邵占杰等人以聚氨酯泡沫材料为例，进行了阴燃实验。结果表明，材料的阴燃过程大致经历了3个阶段：阴燃发生段、阴燃稳定段和阴燃转化段（转为明火或者熄灭）。聚氨酯泡沫材料在空气自然对流条件下，向上地正向阴燃，即氧气流动方向与阴燃传播方向一致的阴燃，在传播末期转为有焰燃烧，且其稳定传播和转为明火时的温度分别是350℃和650℃左右，阴燃传播速度大约为0.067mm/s。燃烧区周围氧浓度的大小是决定阴燃及其传播过程的决定性因素。此外，可燃物阴燃产生的物质燃烧并不彻底，如产生的一氧化碳的含量明显高于明火燃烧时的含量。阴燃过程中，由于燃烧向外界传播的热量明显小于自身燃烧产生的热量，从而使得阴燃得以维持向前传播。

对于阴燃的化学反应变化，中国科学技术大学火灾研究学者彭磊等人建立了一维逆向受迫条件下的阴燃传播和向有焰火转化的模型。对材料阴燃的化学反应采用两步反应模型：一是有氧热解反应，通过放热来提供阴燃所需的能量；二是无氧热解反应，通过吸热来释放可燃气体。前者是吸热反应，释放可燃气体；后者是放热反应，提供阴燃所需的能量。按阴燃材料的化学物理性质变化，可以将其分成以下四个区域：原始材料区域，该区域材料本身未发生任何变化，温度等于初始温度；受到加热的材料区域，材料温度升高，但是温度并没有改变材料化学性质，材料的成分、密度、空隙度未发生改变；材料热解与化学反应区域，材料的内部温度大于材料的热解温度，区域内材料开始热解并与氧气发生反应，释放热量；残留层／炭层区域，材料已热解完全，该区域内材料不与氧发生反应。

3. 阴燃燃烧相比于有焰燃烧的特点

（1）在加热强度比较小的情况下，也可能发生阴燃；

（2）氧化反应的速度很小，相应的最高温度及传播速度都很低；

（3）反应区的厚度比有焰燃烧的大；

（4）阴燃可以在比较低的氧气浓度环境中传播；

（5）单位质量的物质在阴燃状态下，能产生较多的烟尘、有毒气体及可燃性气体；

（6）短时间的大流速气流很难将阴燃吹灭；

（7）当散热条件较差，热量比较容易积累时，对阴燃的发生和传播反而较为有利；

（8）当阴燃燃烧区随着明燃的传播不断扩大时，就可能转变为有焰燃烧。

（二）轰燃

轰燃，是指在建筑内部突发性的引起全面燃烧的现象。当室内大火燃烧形成的充满室内各个房间的可燃气体以及没充分燃烧的气体达到一定浓度时所形成的爆燃，由于大火燃烧致使室内温度显著升高，因此这种爆燃会导致室内其他房间内没有直接接触火焰的可燃物也一起被点燃而燃烧，也就是“轰”的一声，室内所有可燃物都被点燃而开始燃烧，这种现象称为轰燃。

轰燃的出现，除了与建筑物及其容纳物品的燃烧性能、起火点位置有关外，还与内装修材料的厚度、开口条件、材料的含水率等因素有关。如房间衬里材料的不同，吸热和散热的物理特性有很大的差异，因此对发生轰燃时临界条件的数值有着很大的影响。若材料的绝热性能好，例如绝热纤维板，室内温度升高得就快，则达到轰燃时的火源体积将大大减小。在高校建筑中，实验室和学生宿舍是容易发生轰然现象的主要场所，这两个地方可燃物质多且其环境相对密闭。

1. 轰燃的燃烧机理

在通风能够满足的情况下，室内火灾表现为燃料控制型燃烧，即燃料越多，燃烧持续时间越长，只要室内有足够的可燃物并持续燃烧，燃烧生成的热烟气在顶棚下的积累，将使顶棚和墙壁上部（两部分可合称扩展顶棚）受到加热；同时，扩展顶棚温度的升高又以辐射形式增大反馈到可燃物的热通量。随着燃烧的持续，热烟气层的厚度和温度都在不断增加，使得可燃物的燃烧速率不断增大。随着可燃物的质量燃烧速率的增大，室内热量集聚，温度上升，当室内火源的释热速率达到发生轰燃时的临界释热速率，室内所有可燃物表面同时燃烧，就会发生轰燃。这标志着火灾猛烈阶段的开始，轰燃的出现是燃烧释放的热量大量积累的结果。

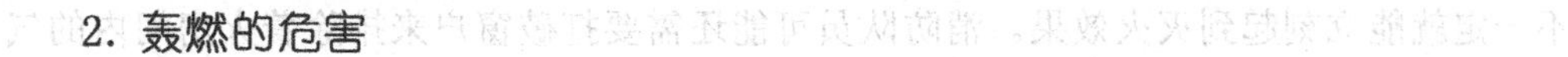

2. 轰燃的危害

（1）对室内人员的危害

轰燃后对室内人员的危害主要体现在：

①缺氧、窒息作用

由于可燃物迅速燃烧，空气中的氧气被大量消耗，使得空气中的氧气含量大大低于人们正常生理所需要的数值，造成人体缺氧；同时 CO_2 是许多可燃物燃烧的主要产物，CO_2 含量过高，会刺激人的呼吸系统，引起呼吸加快，从而产生窒息作用。

②毒性、刺激性作用

燃烧产物中含有多种毒性和刺激性气体，如 CO、SO_2、HCI、HCN 等，这些气体的含量极易超过人体正常生理所允许的最低浓度，造成中毒或刺激性危害。

③高温气体的热损伤作用

人们对高温环境的忍耐性是有限的，有资料表明：当环境温度为 65℃时，人们可短时忍受；当环境温度为 120℃时，短时间内将会对人体产生不可恢复的损伤；随着环境温度的进一步提高，对人体造成损伤的时间会更短，而在着火房间内，高温气体的温度可达数百度，甚至在某些情况下可达 1000℃以上，会在瞬间对人体造成热损伤。

④烟气的减光作用

一般情况下，烟粒子对可见光是不透明的，烟气在火场上弥漫，会严重影响人们的视线，使人们难以找到起火地点、辨别火势发展方向和寻找安全疏散路线，极易造成群死群伤事故。

（2）对建筑物的危害

轰燃发生后，在高温、强热辐射、火灾快速传播的作用下，建筑物极易倒塌，从而引发更大的事故，造成更大的危害。普通建筑物构件在轰燃发生后承重能力都会受到一定的影响。如：烧结后的黏土砖能承受 800 ～ 900℃高温，而硅酸盐砖在 300 ～ 400℃：就开始分解、开裂；石料，如大理石、花岗石等，虽属不燃材料，但在高温下遇冷水喷射时容易爆裂；钢结构虽然本身不会燃烧，但在火灾情况下其强度会迅速下降，一般钢结构温度达到 350℃、500℃、600℃时强度分别下降 1/3、1/2、2/3，在全负荷情况下，钢结构失去静态平衡稳定性的临界温度为 500℃左右；混凝土材料在温度超过 300℃以后，抗压强度逐渐降低，当温度超过 600℃以后，混凝土抗拉强度则基本丧失。

（3）对灭火救援的危害

发生轰燃后，如无喷水保护，此时房间内温度会非常高（至少达到了 600℃，不可再进入起火房间进行搜寻和救援，首要之急是灭火）。消防队员若在轰燃前到达火场。灭火相对较易，因为此时火场内的可燃物并未充分燃烧，火场内温度相对较低，此时消防员使用便携式灭火器或小口径水带就有可能控制火情并灭火。轰燃发生后，由于可燃物的充分燃烧，火场内不仅温度高且由于燃烧造成的氧气消耗，消防队员必须穿上消防战斗服，戴上呼吸面具，并操纵大口径水带甚至消防水炮灭火，而且此时

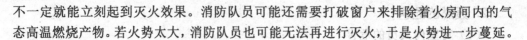

不一定就能立刻起到灭火效果。消防队员可能还需要打破窗户来排除着火房间内的气态高温燃烧产物。若火势太大，消防队员也可能无法再进行灭火，于是火势进一步蔓延。

（三）爆炸

爆炸，是一种极为迅速的物理或化学的能量释放过程。在此过程中，空间内的物质以极快的速度把其内部所含有的能量释放出来，转变成机械能、光和热等能量形态。一旦失控，发生爆炸事故，就会产生巨大的破坏作用，爆炸发生破坏作用的根本原因是构成爆炸的体系内存有高压气体或在爆炸瞬间生成的高温高压气体。爆炸体系和它周围的介质之间发生急剧的压力突变是爆炸的最重要特征，这种压力差的急剧变化是产生爆炸破坏作用的直接原因。

1. 爆炸分类

按照能量来源分类，可将爆炸分为化学性爆炸、物理性爆炸和核爆炸三大类。化学性爆炸是物质由一种化学结构迅速转变为另一种化学结构，突然放出大量能量的过程。由于在瞬时生成的大量高温气体来不及膨胀和扩散，仍局限在较小的空间内，最终会引起压力急剧升高而导致爆炸，例如可燃气体与空气混合物的爆炸、炸药的爆炸等。

2. 爆炸极限

爆炸极限一般认为是物质发生爆炸必须具备的浓度或温度范围，根据物质的不同形态和不同需要，通常将爆炸极限分为爆炸浓度极限和爆炸温度极限两种。

可燃气体、液体蒸汽和粉尘与空气混合后，遇火源会发生爆炸的最高或最低的浓度范围，称为爆炸浓度极限，简称为爆炸极限。能引起爆炸的最高浓度称为爆炸上限，能引起爆炸的最低浓度称为爆炸下限，上限和下限之间的间隔称为爆炸范围。可燃气体、液体蒸汽和粉尘与空气混合后形成的混合物遇火源不一定都能发生爆炸，只有其浓度处在爆炸极限范围内，才发生爆炸。浓度高于上限，助燃物数量太少，不会发生爆炸，也不会燃烧；浓度低于下限，可燃物的数量不够，也不会发生爆炸或燃烧。但是，若浓度高于上限的混合物离开密闭的空间或混合物遇到新鲜空气，遇火源则有发生燃烧或爆炸的危险。

气体和液体的爆炸极限通常用体积百分比（%）表示。不同的物质由于其理化性质不同，其爆炸极限也不同；即使是同一种物质，在不同的外界条件下，其爆炸极限也不同。如在氧气中的爆炸极限，要比在空气中的爆炸极限范围宽，下限会降低。

除助燃物条件外，对于同种可燃气体，其爆炸极限还受以下几方面影响：

（1）火源能量的影响。引燃混气的火源能量越大，可燃混气的爆炸极限范围越宽，爆炸危险性越大。

（2）初始压力的影响。初始压力增加，爆炸范围增大，爆炸危险性增加。值得注意的是，干燥的一氧化碳和空气的混合气体，压力上升，其爆炸极限范围会缩小。

（3）初温对爆炸极限的影响。混气初温越高，混气的爆炸极限范围越宽，爆炸危险性越大。

（4）惰性气体的影响。可燃混气中加入惰性气体，会使爆炸极限范围变宽，一

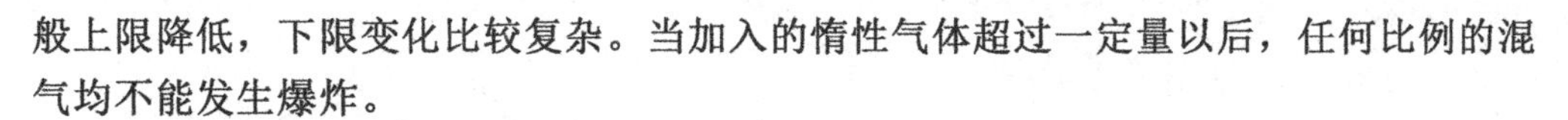

般上限降低，下限变化比较复杂。当加入的惰性气体超过一定量以后，任何比例的混气均不能发生爆炸。

3. 爆炸的危害

（1）直接的破坏作用

学校的实验室机械设备、装置、容器等爆炸后产生许多碎片，碎片飞出后，会在相当大的范围内造成危害。一般碎片在 100 ～ 500m 范围内飞散。

（2）冲击波的破坏作用

物质爆炸时，产生的高温高压气体以极高的速度膨胀，像活塞一样挤压周围空气，把爆炸反应释放出的部分能量传递给压缩的空气层，空气受冲击而发生扰动，使其压力、密度等产生突变，这种扰动在空气中传播就称为冲击波。冲击波的传播速度极快，在传播过程中，可以对周围环境中的机械设备和建筑物产生破坏作用并造成人员伤亡。冲击波还可以在它的作用区域内产生震荡作用，使物体因震荡而松散，甚至破坏。冲击波的破坏作用主要是由其波阵面上的超压引起的。在爆炸中心附近，空气冲击波波阵面上的超压可达几个甚至十几个大气压，在这样高的超压作用下，建筑物被摧毁，机械设备、管道等也会受到严重破坏。当冲击波大面积作用于建筑物时，波阵面超压在 20 ～ 30kPa 内，足以使大部分砖木结构建筑物受到强烈破坏。超压在 100kPa 以上时，除坚固的钢筋混凝土建筑外，其余部分将全部破坏。

（3）造成火灾

爆炸发生后，爆炸气体产物的扩散只发生在极其短促的瞬间内，对一般可燃物来说，不足以造成起火燃烧，而且冲击波造成的爆炸风还有灭火作用。但是爆炸时产生的高温高压，以及建筑物内遗留大量的热或残余火苗，会把从破坏的设备内部不断流出的可燃气体、易燃或可燃液体的蒸气点燃，也可能把其他易燃物点燃，引起火灾。当盛装易燃物的容器、管道发生爆炸时，爆炸抛出的易燃物有可能引起大面积火灾，这种情况在油罐、液化气瓶爆破后最容易发生。正在运行的燃烧设备或高温的化工设备被破坏，其灼热的碎片可能飞出，点燃附近储存的燃料或其他可燃物，从而引起火灾。

4. 爆炸必须具备的五个条件

（1）提供能量的可燃性物质，即爆炸性物质：能与氧气（空气）反应的物质，包括气体、液体和固体。气体：氢气、乙炔、甲烷等；液体：酒精、汽油；固体：粉尘、纤维粉尘等。

（2）辅助燃烧的助燃剂（氧化剂），如氧气、空气。

（3）可燃物质与助燃剂的均匀混合。

（4）混合物放在相对封闭的空间（包围体）。

（5）有足够能量的点燃源：包括明火、电气火花、机械火花、静电火花、高温、化学反应、光能等。

第三节 高层建筑火灾的发展蔓延规律

一、高层建筑火灾的发生和发展

高层建筑火灾的发生和发展大体上可以分为三个阶段：初期增长阶段、充分发展阶段和减弱阶段。

（一）初期增长阶段

火灾中的可燃物是多种多样的，不过，最常见的是固体可燃物。在某种点火源的作用下，固体可燃物的某个局部被引燃，着火区逐渐增大。如火灾发生在建筑物内，火灾的发展可能出现以下三种情况：

（1）初始可燃物全部烧完而未能延及其他可燃物，致使火灾自行熄灭。这种情况通常发生在初始可燃物不多且距离其他可燃物较远的情况下。

（2）火灾增大到一定的规模，但是由于通风不足，使燃烧强度受到限制，于是火灾以较小的规模持续燃烧。若通风条件相当差，则在燃烧一段时间后，火灾会自行熄灭。

（3）如果可燃物充足且通风良好，火灾将迅速增大，乃至将其周围的可燃物引燃。起火房间内的温度也随之迅速上升。

（二）充分发展阶段

当起火房间温度达到一定值时，室内所有的可燃物都可发生燃烧，从而发生轰燃。轰燃的出现，标志着火灾充分发展阶段的开始。此后，室内温度可升高到1000℃以上。火焰和高温烟气常可从房间的门、窗窜出，致使火灾蔓延到其他区域。在轰燃之前还没有从建筑物中逃出的人员将会有生命危险。在充分发展阶段，室内温度逐渐升至某一最大值。这时的燃烧状态相对稳定。室内高温可使建筑构件的承载能力急剧下降，甚至造成建筑物的坍塌。火灾充分发展阶段的持续时间取决于室内可燃物的性质、数量和建筑物的通风条件等。

（三）减弱阶段

随着可燃物的消耗，火灾的燃烧强度逐渐减弱，以致明火焰熄灭。不过剩下的焦炭通常还将持续燃烧一段时间。同时，由于燃烧释放的热量不会很快散失，着火区内温度仍然较高。着火区的平均温度是反映火灾燃烧状况的重要参数。实际上，人们是不会任火灾自由发展的，总会采取各种可行的措施来控制或扑灭火灾。不同的措施可以在火灾的不同阶段发挥作用。例如，在火灾早期，启动自动喷水灭火装置可以有效

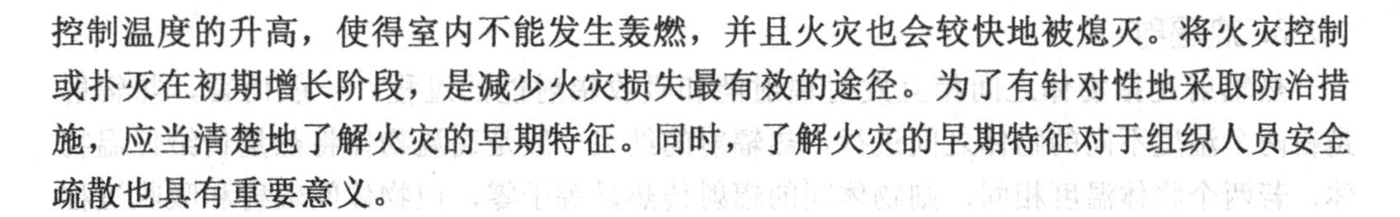

控制温度的升高，使得室内不能发生轰燃，并且火灾也会较快地被熄灭。将火灾控制或扑灭在初期增长阶段，是减少火灾损失最有效的途径。为了有针对性地采取防治措施，应当清楚地了解火灾的早期特征。同时，了解火灾的早期特征对于组织人员安全疏散也具有重要意义。

二、高层建筑火灾蔓延方式与途径

火灾是一种失去控制的燃烧。燃烧总是产生明亮的火焰，火焰能自行向四周传播，直到能够反应的整个系统反应完为止，而且这种传播发生在多相介质中。火灾的蔓延表现为火焰的传播，因此火灾的蔓延是一个极其复杂的过程。

（一）火灾的蔓延方式

火灾的发生、发展就是一个火焰发展蔓延、能量传播的过程。热传播是影响火灾发展的决定性因素。热传播主要有三种方式：热传导、热对流和热辐射。火灾蔓延即是通过这三种方式进行的，但是在建筑火灾中还有一类特殊的火灾蔓延方式——飞火，即火源伴随着风的作用，落在其他可燃物上，产生新的着火点，这种飞火在森林火灾中最为常见。

1. 热传导

热传导实质是由物质中大量的分子热运动互相撞击，而使能量从物体的高温部分传至低温部分，或由高温物体传给低温物体的过程。在固体中，热传导的微观过程是：在温度高的部分，晶体中节点上的微粒振动动能较大。在低温部分，微粒振动动能较小。因微粒的振动互相作用，所以在晶体内部热能由动能大的部分向动能小的部分传导。固体中热的传导，其实质就是能量的迁移。

2. 热对流

热对流是流体（气体或液体）中物质发生相对位移而引起的热量传递过程。例如在建筑火灾中，室内火灾发展达到全盛后，窗玻璃在轰燃之际已经被破坏，又经过一段时间的猛烈燃烧，内走廊的木质门也被烧穿，导致火灾涌入建筑内部。此时，一般耐火建筑的走廊内部温度可达 1000 ～ 1100℃，木质结构建筑内会更高一些，使火灾分区内外的压差很大。当较冷空气涌入后，内部较热的气体温度降低，压差减少，失去浮力流动速度就降下来。若走廊内堆放有可燃易燃物品，或走廊内装饰有可燃吊顶等，就会被高温烟气点燃，则火灾就会在走廊里蔓延，再由走廊向其他空间传播。在走廊内的传播为水平方向的对流蔓延，而火灾在竖向管井内（如电梯井）的传播则是竖直方向的对流蔓延。一般来说，热对流主要通过以下方式影响火灾的发展：

（1）高温热气流能加热其流经途中的可燃物，引起新的燃烧。

（2）热气流能够往任何方向传递热量，特别是向上传播，能引起上层楼板、天花板燃烧。

（3）通过通风口进行热对流，使新鲜空气不断流进燃烧区，促使持续燃烧。

（4）含有水分的重质油品燃烧时，由于热对流的作用，容易发生沸溢或喷溅等。

3. 热辐射

热辐射是指物体之间相互发射辐射能和吸收辐射能的过程。一般而言，热辐射是在两个温度不同的物体之间进行，热辐射的结果一般是高温物体将热量传给低温物体，若两个物体温度相同，则物体间的辐射传热量等于零，但物体间辐射和吸收过程仍在进行。热辐射有如下特点：

（1）它是依靠电磁波向物体传输热量，而不是依靠物质的接触来传递热量。

（2）辐射换热过程中伴随着能量的两次转换：发射时，物体的内能转换成辐射能；接收时，辐射能转换成内能。

（二）火灾的蔓延途径

随着经济和城市建设的迅猛发展，各种建筑日趋增多，特别是多功能的高层建筑已成为现代大都市的标志。很多大学用地紧张，高层教学楼不断兴建。但是，高层建筑一旦发生火灾，极易形成立体火灾迅速蔓延，给人们的生命财产安全带来重大损失。因此，高层建筑发生火灾时，如何阻止火势蔓延，把火灾控制在最小范围内，是当前消防安全研究的新课题。建筑物内可燃物的种类可能包含气、液、固三种相态，因此建筑物某一空间内火灾蔓延的方式是很复杂的。但是，考虑到建筑的立体结构和平面布局，建筑物内的火灾蔓延主要有两种方式，一是水平蔓延，二是垂直蔓延。主要的蔓延途径如下：

1. 竖井、楼板孔洞和空调系统管道蔓延

由于烟气运动是向上的，所以楼板上的开口和楼梯间、管道井、电缆井、通风井都是烟气蔓延的良好通道。它们使若干楼层连通或贯穿全部楼层，发生火灾时，“烟囱效应”将强力抽拔火焰，使火势快速向上蔓延。火灾的竖向运动速度很快，一般可达 3 ～ 5m/s。

建筑空调系统未按规定设防火阀或采用可燃材料风管，可燃材料保温层都容易造成火灾蔓延。通风管道火灾蔓延，一是通风管道本身起火并向连通的空间（房间、吊顶、机房等）蔓延；二是它可以吸进火灾房间的烟气，而从远离火场的其他空间再喷冒出来。

2. 内墙门

火灾主要是通过各房间的门蔓延的，即火灾先烧毁着火房间的门，然后经走廊，再通向相邻房间的门而进入其他房间，将室内的物品烧着。即使走廊内可燃物很少，从着火房间门洞喷发出的高温烟气和火焰在强大的热对流作用下，也能使火灾快速蔓延到其他房间。但如果着火房间和邻近房间的门是关着的，则可起到延缓火灾蔓延的作用。

3. 非防火隔墙或防火墙

现代建筑内部房间的隔墙多采用砖墙或钢筋混凝土板墙，隔火作用好。有些场所，如教学办公楼、普通实验室、公共娱乐场所、餐饮店为了节约成本或其他原因，往往把大空间、大面积的建筑用可燃板材或可燃材料分隔成许多小房间，这种隔墙耐火性

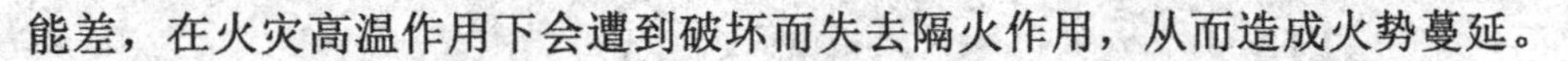

能差，在火灾高温作用下会遭到破坏而失去隔火作用，从而造成火势蔓延。

4. 空心结构（含闷顶）

建筑物中有些封闭的空心结构内有连通空间，如板条抹灰墙龙骨间的空间、木楼板隔栅间的空间、采用有空腔的内外保温层等，火灾一旦窜入这些空心结构就可能蔓延到其他部位，而且不易察觉。建筑物闷顶是由屋盖和屋架构成的空间，这里往往没有防火分隔墙，且空间大。发生火灾时，火灾可通过吊顶棚上的人孔、通风口等洞口进入闷顶。火灾一旦进入闷顶，就易向水平方向发展，火势沿可燃构件燃烧的同时，会很快向下将其他房间的吊顶烧穿，从而使下面楼层着火。如果屋盖是小楞挂瓦或设有通气孔的天窗，火灾还会从瓦缝、天窗窜出。

5. 楼板、墙壁的缝隙和管线

火灾容易通过楼板、墙壁的缝隙和管线蔓延，尤其是用玻璃幕墙做饰面墙的建筑，其玻璃幕墙面积很大，有的可达几千平方米。部分建筑玻璃幕墙内侧骨架与楼板之间留有间隙，发生火灾时，火灾会沿着幕墙的内侧和外壁向上面楼层蔓延。一些利用可燃材料做的保温外墙也容易出现这种情况。

6. 外墙窗口

当火灾发展到非常猛烈时，大量高温烟气和火焰会喷出窗口，并通过上层窗口引燃室内可燃物品，并向上逐层发展蔓延，以致造成整幢建筑物起火。

第三章　高层建筑火灾动力学基础

第一节　燃烧与爆炸

一、燃烧的本质

（一）燃烧的定义

燃烧是可燃物与氧化剂作用发生的放热反应，通常伴有火焰、发光和（或）发烟的现象。燃烧应具备三个特征，即化学反应、放热和发光。

燃烧过程中的化学反应十分复杂。可燃物质在燃烧过程中，生成了与原来完全不同的新物质。燃烧不仅在空气（氧）存在时能发生，有的可燃物在其他氧化剂中也能发生燃烧。

（二）燃烧的本质

近代连锁反应理论认为：燃烧是一种游离基的连锁反应（也称链反应），即由游离基在瞬间进行的循环连续反应。游离基又称自由基或自由原子，是化合物或单质分子中的共价键在外界因素（如光、热）的影响下，分裂而成含有不成对电子的原子或原子基团，它们的化学活性非常强，在一般条件下是不稳定的，容易自行结合成稳定分子或与其他物质的分子反应生成新的游离基。当反应物产生少量的活化中心游离基时，即可发生链反应。只要反应一经开始，就可经过许多连锁步骤自行加速发展下去（瞬间自发进行若干次），直至反应物燃尽为止。当活化中心全部消失（即游离基消失）时，链反应就会终止。链反应机理大致分为链引发、链传递和链终止三个阶段。

综上所述，物质燃烧是氧化反应，而氧化反应不一定是燃烧，能被氧化的物质不一定都是能够燃烧的物质。可燃物质的多数氧化反应不是直接进行的，而是经过一系

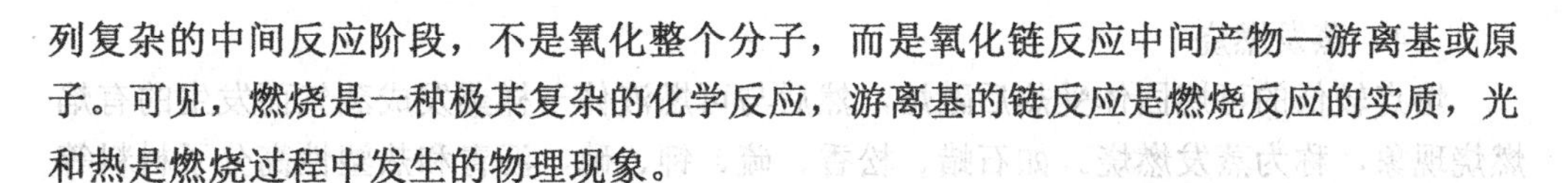

列复杂的中间反应阶段，不是氧化整个分子，而是氧化链反应中间产物—游离基或原子。可见，燃烧是一种极其复杂的化学反应，游离基的链反应是燃烧反应的实质，光和热是燃烧过程中发生的物理现象。

二、燃烧过程及特点

（一）可燃物的燃烧过程

当可燃物与其周围相接触的空气达到可燃物的点燃温度时，外层部分就会熔解、蒸发或分解并发生燃烧，在燃烧过程中放出热量和光。这些释放出来的热量又加热边缘的下一层，使其达到点燃温度，于是燃烧过程就不断地持续。

固体、液体和气体这三种状态的物质，其燃烧过程是不同的。固体和液体发生燃烧，需要经过分解和蒸发，生成气体，然后由这些气体与氧化剂作用发生燃烧。而气体物质不需要经过蒸发，可以直接燃烧。

（二）可燃物的燃烧特点

1. 固体物质的燃烧特点

固体可燃物在自然界中广泛存在，由于其分子结构的复杂性、物理性质的不同，其燃烧方式也不相同。主要有下列四种方式：

（1）表面燃烧

蒸气压非常小或者难于热分解的可燃固体，不能发生蒸发燃烧或分解燃烧，当氧气包围物质的表层时，呈炽热状态发生无焰燃烧现象，称为表面燃烧。其过程属于非均相燃烧，特点是表面发红而无火焰。如木炭、焦炭以及铁、铜等的燃烧则属于表面燃烧形式。

（2）阴燃

阴燃是指物质无可见光的缓慢燃烧，通常产生烟和温度升高的迹象。

某些固体可燃物在空气不流通、加热温度较低或含水分较高时就会发生阴燃。这种燃烧看不见火苗，可持续数天，不易发现。易发生阴燃的物质，如成捆堆放的纸张、棉、麻以及大堆垛的煤、草、湿木材等。

阴燃和有焰燃烧在一定条件下能相互转化。如在密闭或通风不良的场所发生火灾，由于燃烧消耗了氧，氧浓度降低，燃烧速度减慢，分解出的气体量减少，即可由有焰燃烧转为阴燃。阴燃在一定条件下，如果改变通风条件，增加供氧量或可燃物中的水分蒸发到一定程度，也可能转变为有焰燃烧。火场上的复燃现象和固体阴燃引起的火灾等都是阴燃在一定条件下转化为有焰分解燃烧的例子。

（3）分解燃烧

分子结构复杂的固体可燃物，由于受热分解而产生可燃气体后发生的有焰燃烧现象，称为分解燃烧。如木材、纸张、棉、麻、毛、丝以及合成高分子的热固性塑料、合成橡胶等的燃烧就属这类形式。

（4）蒸发燃烧

熔点较低的可燃固体受热后融熔，然后与可燃液体一样蒸发成蒸气而发生的有焰燃烧现象，称为蒸发燃烧。如石蜡、松香、硫、钾、磷、沥青和热塑性高分子材料等的燃烧就属这类形式。

2. 液体物质的燃烧特点

（1）蒸发燃烧

易燃可燃液体在燃烧过程中，并不是液体本身在燃烧，而是液体受热时蒸发出来的液体蒸气被分解、氧化达到燃点而燃烧，即蒸发燃烧。其燃烧速度，主要取决于液体的蒸发速度，而蒸发速度又取决于液体接受的热量。接受热量愈多，蒸发量愈大，则燃烧速度愈快。

（2）动力燃烧

动力燃烧是指燃烧性液体的蒸发、低闪点液雾预先与空气或氧气混合，遇火源产生带有冲击力的燃烧。如雾化汽油、煤油等挥发性较强的烃类在气缸中的燃烧就属于这种形式。

（3）沸溢燃烧

含水的重质油品（如重油、原油）发生火灾，由于液面从火焰接受热量产生热波，热波向液体深层移动速度大于线性燃烧速度，而热波的温度远高于水的沸点。因此，热波在向液层深部移动过程中，使油层温度上升，油品黏度变小，油品中的乳化水滴在向下沉积的同时受向上运动的热油作用而蒸发成蒸气泡，这种表面包含有油品的气泡，比原来的水体积扩大千倍以上，气泡被油薄膜包围形成大量油泡群，液面上下像开锅一样沸腾，到储罐容纳不下时，油品就会像“跑锅”一样溢出罐外，这种现象称为沸溢。

（4）喷溅燃烧

重质油品储罐的下部有水垫层时，发生火灾后，由于势波往下传递，若将储罐底部的沉积水的温度加热到汽化温度，则沉积水将变成水蒸气，体积扩大，当形成的蒸汽压力大到足以把其上面的油层抬起，最后冲破油层将燃烧着的油滴和包油的油气抛向上空，向四周喷溅燃烧。

重质油品储罐发生沸溢和喷溅的典型征兆是：罐壁会发生剧烈抖动，伴有强烈的噪声，烟雾减少，火焰更加发亮，火舌尺寸变大，形似火箭。发生沸溢和喷溅会对灭火救援人员及消防器材装备等的安全产生巨大的威胁，因此，储罐一旦出现沸溢和喷溅的征兆，火场有关人员必须立即撤到安全地带，并应采取必要的技术措施，防止喷溅时油品流散、火势蔓延和扩大。

3. 气体物质的燃烧特点

可燃气体的燃烧不像固体、液体物质那样经熔化、蒸发等相变过程，而在常温常压下就可以任意比例与氧化剂相互扩散混合，完成燃烧反应的准备阶段。气体在燃烧时所需热量仅用于氧化或分解，或将气体加热到燃点，因此容易燃烧且燃烧速度快。

根据气体物质燃烧过程的控制因素不同，其燃烧有以下两种形式：

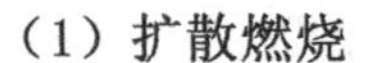

（1）扩散燃烧

可燃气体从喷口（管道口或容器泄漏口）喷出，在喷口处与空气中的氧边扩散混合、边燃烧的现象，称为扩散燃烧。其燃烧速度主要取决于可燃气体的扩散速度。气体（蒸气）扩散多少，就烧掉多少，这类燃烧比较稳定。例如管道、容器泄漏口发生的燃烧，天然气井口发生的井喷燃烧等均属于扩散燃烧。其燃烧特点为扩散火焰不运动，可燃气体与气体氧化剂的混合在可燃气体喷口进行。对于稳定的扩散燃烧，只要控制得好，便不至于造成火灾，一旦发生火灾也易扑救。

（2）预混燃烧

可燃气体与助燃气体在燃烧之前混合，并形成一定浓度的可燃混合气体，被引火源点燃所引起的燃烧现象，称为预混燃烧。这类燃烧往往造成爆炸，也称爆炸式燃烧或动力燃烧。影响气体燃烧速度的因素主要包括气体的组成、可燃气体的浓度、可燃混合气体的初始温度、管道直径、管道材质等。许多火灾、爆炸事故是由预混燃烧引起的，如制气系统检修前不进行置换就烧焊，燃气系统开车前不进行吹扫就点火等。

三、燃烧产物

（一）燃烧产物的含义和分类

1. 燃烧产物的含义

由燃烧或热解作用而产生的全部物质，称为燃烧产物。它通常是指燃烧生成的气体、热量和烟雾等。

2. 燃烧产物的分类

燃烧产物分完全燃烧产物和不完全燃烧产物两类。可燃物质在燃烧过程中，如果生成的产物不能再燃烧，则称为完全燃烧，其产物为完全燃烧产物，如二氧化碳、二氧化硫等；可燃物质在燃烧过程中，如果生成的产物还能继续燃烧，则称为不完全燃烧，其产物为不完全燃烧产物，如一氧化碳、醇类等。

（二）不同物质的燃烧产物

燃烧产物的数量及成分，随物质的化学组成以及温度、空气（氧）的供给情况等变化而有所不同。

1. 单质的燃烧产物

一般单质在空气中的燃烧产物为该单质元素的氧化物。如碳、氢、硫等燃烧就分别生成二氧化碳、水蒸气、二氧化硫，这些产物不能再燃烧，属于完全燃烧产物。

2. 化合物的燃烧产物

一些化合物在空气中燃烧除生成完全燃烧产物外，还会生成不完全燃烧产物。最典型的不完全燃烧产物是一氧化碳，它能进一步燃烧生成二氧化碳。特别是一些高分子化合物，受热后会产生热裂解，生成许多不同类型的有机化合物，并能进一步燃烧。

3. 合成高分子材料的燃烧产物

合成高分子材料在燃烧过程中伴有热裂解，会分解产生许多有毒或有刺激性的气体，如氯化氢、光气、氰化氢等。

4. 木材的燃烧产物

木材是一种化合物，主要由碳、氢、氧元素组成，主要以纤维素分子形式存在。木材在受热后发生热裂解反应，生成小分子产物。在200℃左右，主要生成二氧化碳、水蒸气、甲酸、乙酸、一氧化碳等产物；在280℃～500℃，产生可燃蒸汽及颗粒；到500℃以上则主要是碳，产生的游离基对燃烧有明显的加速作用。

（三）燃烧产物的毒性

燃烧产物有不少是毒害气体，往往会通过呼吸道侵入或刺激眼结膜、皮肤黏膜使人中毒甚至死亡。据统计，在火灾中死亡的人约80%是由于吸入毒性气体中毒而致死的。一氧化碳是火灾中最危险的气体，其毒性在于与血液中血红蛋白的高亲和力，因而它能阻止人体血液中氧气的输送，引起头痛、虚脱、神志不清等症状，严重时会使人昏迷甚至死亡。近年来，合成高分子物质的使用迅速普及，这些物质燃烧时不仅会产生一氧化碳、二氧化碳，而且还会分解出乙醛、氯化氢、氰化氢等有毒气体，给人的生命安全造成更大的威胁。

（四）烟气

1. 烟气的含义

由燃烧或热解作用所产生的悬浮在大气中可见的固体和（或）液体微粒总和称为烟气。

2. 烟气的产生

当建、构筑物发生火灾时，建筑材料及装修材料、室内可燃物等在燃烧时所产生的生成物氯化氢是烟气之一。不论是固态物质或是液态物质、气态物质在燃烧时，都要消耗空气中大量的氧，并产生大量炽热的烟气。

3. 烟气的危害性

火灾产生的烟气是一种混合物，其中含有一氧化碳、二氧化碳、氯化氢等大量的各种有毒性气体和固体碳颗粒。其危害性主要表现在烟气具有毒害性、减光性和恐怖性。

（1）烟气的毒害性

人生理正常所需要的氧浓度应大于16%，而烟气中含氧量往往低于此数值。有关试验表明：当空气中含氧量降低到15%时，人的肌肉活动能力下降；降到10%～14%时，人就四肢无力，智力混乱，辨不清方向；降到6%～10%时，人就会晕倒；低于6%时，人接触短时间就会死亡。据测定，实际的着火房间中氧的最低浓度可降至3%左右，可见在发生火灾时人们要是不及时逃离火场是很危险的。

另外，火灾中产生的烟气中含有大量的各种有毒气体，其浓度往往超过人的生理正常所允许的最高浓度，造成人员中毒死亡。试验表明：一氧化碳浓度达到1%时，

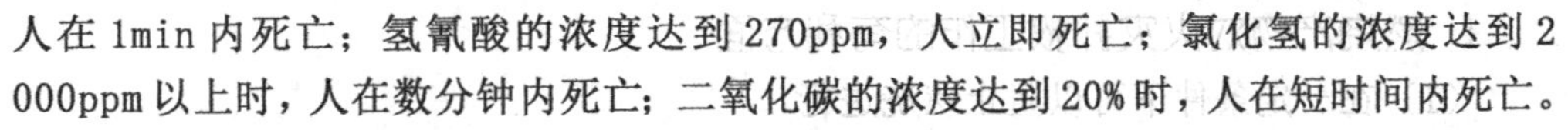

人在 1min 内死亡；氢氰酸的浓度达到 270ppm，人立即死亡；氯化氢的浓度达到 2 000ppm 以上时，人在数分钟内死亡；二氧化碳的浓度达到 20% 时，人在短时间内死亡。

（2）烟气的减光性

可见光波的波长为 0.4μm～0.7μm，一般火灾烟气中烟粒子粒径为几微米到几十微米，即烟粒子的粒径大于可见光的波长，这些烟粒子对可见光是不透明的，其对可见光有完全的遮蔽作用，当烟气弥漫时，可见光因受到烟粒子的遮蔽而大大减弱，能见度大大降低，这就是烟气的减光性。

（3）烟气的恐怖性

发生火灾时，火焰和烟气冲出门窗孔洞，浓烟滚滚，烈火熊熊，使人产生了恐怖感，有的人甚至失去理智，惊慌失措，往往给火场人员疏散造成混乱局面。

（五）火焰、燃烧热和燃烧温度

1. 火焰

（1）火焰的含义及构成

火焰（俗称火苗），是指发光的气相燃烧区域。火焰是由焰心、内焰、外焰三个部分构成的。

（2）火焰的颜色

火焰的颜色取决于燃烧物质的化学成分和氧化剂的供应强度。大部分物质燃烧时火焰是橙红色的，但有些物质燃烧时火焰具有特殊的颜色，如硫黄燃烧的火焰是蓝色的，磷和钠燃烧的火焰是黄色的。

火焰的颜色与燃烧温度有关，燃烧温度越高，火焰就越接近蓝白色。

火焰的颜色与可燃物的含氧量及含碳量也有关。含氧量达到 50% 以上的可燃物质燃烧时，火焰几乎无光。如一氧化碳等物质在较强的光照下燃烧，几乎看不到火焰；含氧量在 50% 以下的，发出显光（光亮或发黄光）的火焰；相反，如果燃烧物的含碳量达到 60% 以上，则发出显光且带有大量黑烟的火焰。

2. 燃烧热和燃烧温度

（1）燃烧热

燃烧热是指单位质量的物质完全燃烧所释放出的热量。燃烧热值愈高的物质燃烧时火势愈猛，温度愈高，辐射出的热量也愈多。物质燃烧时，都能放出热量。这些热量被消耗于加热燃烧产物，并向周围扩散。可燃物质的发热量，取决于物质的化学组成和温度。

（2）燃烧温度

燃烧温度是指燃烧产物被加热的温度。不同可燃物质在同样条件下燃烧时，燃烧速度快的比燃烧速度慢的燃烧温度高；在同样大小的火焰下，燃烧温度越高，它向周围辐射出的热量就越多，火灾蔓延的速度就越快。

（六）燃烧产物对火灾扑救工作的影响

燃烧产物对火灾扑救工作的影响，分有利和不利两个方面。

1. 燃烧产物对火灾扑救工作的有利方面

（1）在一定条件下可以阻止燃烧进行

完全燃烧的产物都是不燃的惰性气体，如二氧化碳、水蒸气等。如果室内发生火灾，随着这些惰性气体的增加，空气中的氧浓度相对减少，燃烧速度会减慢；如果关闭通风的门、窗、孔洞，也会使燃烧速度减慢，直至燃烧停止。

（2）为火情侦察和寻找火源点提供参考依据

不同的物质燃烧，不同的燃烧温度，在不同的风向条件下，烟雾的颜色、浓度、气味、流动方向也各不相同。在火场上，通过烟雾的这些特征，消防人员可以大致判断燃烧物质的种类、火势蔓延方向、火灾阶段等。

2. 燃烧产物对火灾扑救工作的不利方面

（1）妨碍灭火和被困人员行动

烟气具有减光性，会使火场能见度降低，影响人的视线。人在烟雾中的能见距离，一般为30cm。人在浓烟中往往辨不清方向，因而严重妨碍人员安全疏散和消防人员灭火扑救。

（2）有引起人员中毒、窒息的危险

燃烧产物中有不少是有毒性气体，特别是有些建筑使用塑料和化纤制品作装饰装修材料，这类物质一旦着火就能分解产生大量有毒、有刺激性的气体，往往会通过呼吸道侵入皮肤黏膜或刺激眼结膜，使人中毒、窒息甚至死亡，严重威胁着人员生命安全。因此，在火灾现场做好个人安全防护和防排烟也是非常重要的。

（3）高温会使人员烫伤

燃烧产物的烟气中载有大量的热，温度较高，高温可以使人的心脏加快跳动，产生判断错误；人在这种高温、湿热环境中极易被灼伤、烫伤。研究表明，当环境温度达到43℃时，人体皮肤的毛细血管扩张爆裂，当在100℃环境下，一般人只能忍受几分钟，就会使口腔及喉头肿胀而发生窒息，丧失逃生能力。

（4）成为火势发展蔓延的因素

燃烧产物有很高的热能，火灾时极易因热传导、热对流或热辐射引起新的火点，甚至促使火势形成轰燃的危险。某些不完全燃烧产物能继续燃烧，有的还能与空气形成爆炸性混合物。

四、影响火灾发展变化的主要因素

火灾发展变化虽然比较复杂，但就一种物质发生燃烧时来说，火灾的发展变化有其固有的规律性。除取决于可燃物的性质和数量外，同时也受热传播、爆炸、建（构）筑物的耐火等级以及气象等因素的影响。

（一）热传播对火灾发展变化的影响

火灾的发生发展，始终伴随着热传播过程。热传播是影响火灾发展的决定性因素。热传播的途径主要有热传导、热辐射和热对流。

1. 热传导

（1）热传导的含义

热传导是指物体一端受热，通过物体的分子热运动，把热量从温度较高一端传递到温度较低的另一端的过程。

（2）热传导对火灾发生变化的影响

热总是从温度较高部位，向温度较低部位传导。温度差愈大，导热方向的距离愈近，传导的热量就愈多。火灾现场燃烧区温度愈高，传导出的热量就愈多。

固体、液体和气体物质都有这种传热性能。其中固体物质是最强的热导体，液体物质次之，气体物质较弱。其中金属材料为热的优良导体，非金属固体多为不良导体。

在其他条件相同时，物质燃烧时间越长，传导的热量越多。有些隔热材料虽然导热性能差，但经过长时间的热传导，也能引起与其接触的可燃物着火。

2. 热辐射

（1）热辐射的含义及其特点

热辐射是指以电磁波形式传递热量的现象。热辐射具有以下特点：热辐射不需要通过任何介质，不受气流、风速、风向的影响，通过真空也能进行热传播；固体、液体、气体这三种物质都能把热以电磁波的形式辐射出去，也能吸收别的物体辐射出来的热能；当有两物体并存时，温度较高的物体将向温度较低物体辐射热能，直至两物体温度渐趋平衡。

（2）热辐射对火灾发生变化的影响

实验证明：一个物体在单位时间内辐射的热量与其表面积的绝对温度的四次方成正比。热源温度愈高，辐射强度越大。当辐射热达到可燃物质的自燃点时，便会立即引起着火。

受辐射物体与辐射热源之间的距离越大，受到的辐射热越小。反之，距离愈小，接受的辐射热愈多；辐射热与受辐射物体的相对位置有关，当辐射物体辐射面与受辐射物体处于平行位置时，受辐射物体接受到的热量最高；物体的颜色愈深、表面愈粗糙，吸收的热量就愈多；表面光亮、颜色较淡，反射的热量愈多，则吸收的热量就愈少。

当火灾处于发展阶段时，热辐射成为热传播的主要形式。

3. 热对流

（1）热对流的含义

热对流是指热量通过流动介质，由空间的一处传播到另一处的现象。

（2）热对流的方式

根据引起热对流的原因而论，分为自然对流和强制对流两种方式；按流动介质的不同，热对流又分为气体对流和液体对流两种方式。

自然对流。它是指流体的运动是由自然力所引起的，也就是因流体各部分的密度不同而引起的。如高温设备附近空气受热膨胀向上流动及火灾中高温热烟的上升流动，而冷（新鲜）空气则与其做相反方向流动。

强制对流。它是指流体微团的空间移动是由机械力引起的。如通过鼓风机、压缩机、泵等，使气体、液体产生强制对流。火灾发生时，若通风机械还在运行，就会成为火势蔓延的途径。使用防烟、排烟等强制对流设施，就能抑制烟气扩散和自然对流。地下建筑发生火灾，用强制对流改变风流或烟气流的方向，可有效地控制火势的发展，为最终扑灭火灾创造有利条件。

气体对流。气体对流对火灾发展蔓延有极其重要的影响，燃烧引起了对流，对流助长了燃烧；燃烧愈猛烈，它所引起的对流作用愈强；对流作用愈强，燃烧愈猛烈。

液体对流。当液体受热后受热部分因体积膨胀、比重减轻而上升，而温度较低、比重较大的部分则下降，在这种运动的同时进行着热传递，最后使整个液体被加热。盛装在容器内的可燃液体，通过对流能使整个液体升温，蒸发加快，压力增大，就有可能引起容器的爆裂。

（3）热对流对火灾发生变化的影响

热对流是影响初期火灾发展的最主要因素。实验证明：热对流速度与通风口面积和高度成正比。通风孔洞愈多，各个通风孔洞的面积愈大、愈高，热对流速度愈快；风能加速气体对流。风速愈大，不仅对流愈快，而且能使房屋表面出现正负压力，在建（构）筑物周围形成旋风地带；风向改变，会改变气体对流方向；燃烧时火焰温度愈高，与环境温度的温差愈大，热对流速度愈快。

（二）爆炸对火灾发生变化的影响

爆炸冲击波能将燃烧着的物质抛散到高空和周围地区，如果燃烧的物质落在可燃物体上就会引起新的火源，造成火势蔓延扩大。

爆炸冲击波能破坏难燃结构的保护层，使保护层脱落，可燃物体暴露于表面，这就为燃烧面积迅速扩大增加了条件。由于冲击波的破坏作用，使建筑结构发生局部变形或倒塌，增加空隙和孔洞，其结果必然会使大量的新鲜空气流入燃烧区，燃烧产物迅速流出室外。在此情况下，气体对流大大加强，促使燃烧强度剧增，助长火势迅速发展。同时，由于建筑物孔洞大量增加，气体对流的方向发生变化，火势蔓延方向也会随着改变。如果冲击波将炽热火焰冲散，使火焰穿过缝隙或不严密之处，进入建筑结构的内部空洞，也会引起该部位的可燃物质发生燃烧。火场如果有沉浮在物体表面上的粉尘，爆炸的冲击波会使粉尘扬撒于空间，与空气形成爆炸性混合物，可能发生再次爆炸或多次爆炸。

当可燃气体、液体和粉尘与空气混合发生爆炸时，爆炸区域内的低燃点物质，顷刻之间全部发生燃烧，燃烧面积迅速扩大。火场上发生爆炸，不仅对火势发展变化有极大影响，而且对扑救人员和附近群众也有严重威胁。因此，在灭火战斗过程中，及时采取措施，防止和消除爆炸危险，十分重要。

（三）建筑耐火等级对火灾发生变化的影响

建筑耐火等级，是衡量建筑耐火程度的标准，火灾实例说明，耐火等级高的建筑，火灾时烧坏、倒塌的很少，造成的损失也小，而耐火等级低的建筑，火灾时不耐火，燃烧快，损失也大。因此，为了保证建筑物的安全，必须采取必要的防火措施，使之

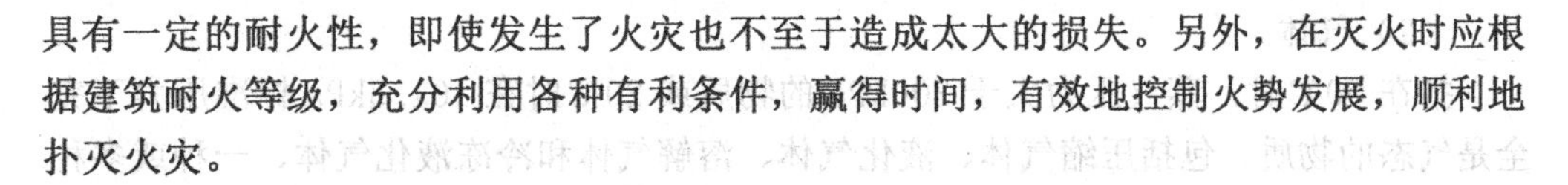

具有一定的耐火性，即使发生了火灾也不至于造成太大的损失。另外，在灭火时应根据建筑耐火等级，充分利用各种有利条件，赢得时间，有效地控制火势发展，顺利地扑灭火灾。

（四）气象条件对火灾发生变化的影响

大量火灾表明，风、湿度、气温、季节等气象条件对火势的发展和蔓延都有一定程度的影响，其中以风和湿度影响最大。

风对火势发展有决定性影响，尤其对露天火灾，受风的影响更大。风速愈大，对流速度愈快，燃烧和蔓延速度也愈快；风向改变，燃烧、蔓延方向也会随之改变。一般而言，火向顺风蔓延。但火场上的风向并不很稳定，火灾初起与火灾发展阶段时的风向有时并不一致，可能会受到燃烧产生的热对流影响，出现反方向的强风，形成火的旋涡。大风天会形成飞火，迅速扩大燃烧范围。

可燃材料的含水率与空气的湿度有关。干燥的可燃材料易起火，燃烧速度也快；潮湿的可燃材料不易起火。众所周知，在雨季，许多物体都呈潮湿状态，着火的可能性相对减小。在干燥的季节，风干物燥，易于起火成灾，也易蔓延。

第二节　危险化学品基础知识

一、危险化学品定义和分类

（一）危险化学品的定义

危险品系指有爆炸、易燃、毒害、感染、腐蚀、放射性等危险特性，在运输、储存、生产、经营、使用和处置中，容易造成人身伤亡、财产损毁或环境污染而需要特别防护的物品。

一般认为，只要此类危险品为化学品，那么它就是危险化学品。

（二）危险化学品的分类

危险化学品品种繁多，危险化学品的分类是一个比较复杂的问题。根据现行标准，可以有不同的分类方法：

1. 按危险货物的危险性或最主要危险性分类

（1）爆炸品

指在外界条件作用下（如受热、摩擦、撞击等）能发生剧烈的化学反应，瞬间产生大量的气体和热量，使周围的压力急剧上升，发生爆炸，对周围环境、设备、人员造成破坏和伤害的物品。包括爆炸性物质、爆炸性物品和为产生爆炸或烟火实际效果而制造的前述两项中未提及的物质或物品。

(2) 气体

指在 50℃时，蒸气压力大于 300kPa 的物质或 20℃时在 101.3kPa 标准压力下完全是气态的物质。包括压缩气体、液化气体、溶解气体和冷冻液化气体、一种或多种气体与一种或多种其他类别物质的蒸气的混合物、充有气体的物品和烟雾剂。

易燃气体是指在 20℃和 101.3kPa 条件下爆炸下限小于或等于 13% 的气体；或不论其爆燃性下限如何，其爆炸极限（燃烧范围）大于或等于 12% 的气体。

(3) 易燃液体

指易燃的液体或液体混合物，或是在溶液或悬浮液中有固体的液体，其闭杯试验闪点不高于 60℃，或其开杯试验闪点不高于 65.6℃。易燃液体还包括：在温度等于或高于其闪点的条件下提交运输的液体；以液态在高温条件下运输或提交运输、并在温度等于或低于最高运输温度下放出易燃蒸气的物资。

(4) 易燃固体、易于自燃的物质、遇水放出易燃气体的物质

易燃固体指燃点低，对热、撞击、摩擦敏感，易被外部火源点燃，迅速燃烧，能散发有毒烟雾或有毒气体的固体。

易于自燃的物质指自燃点低，在空气中易于发生氧化反应放出热量，而自行燃烧的物品。如黄磷、二氯化钛等。

遇水放出易燃气体的物质，指与水相互作用易变成自燃物质或能放出达到危险数量的易燃气体的物质。如金属钠、氢化钾等。

(5) 氧化性物质和有机过氧化物

氧化性物质是指本身未必燃烧，但通常因放出氧可能引起或促使其他物质燃烧的物质。如氯酸铵、高锰酸钾等。

有机过氧化物指含有两价过氧基结构的有机物质，该类物质为热不稳定物质，可能发生放热的自加速分解。如过氧化苯甲酰、过氧化甲乙酮等。

(6) 毒性物质和感染性物质

毒害物质指经吞食、吸入或皮肤接触后可能造成死亡或严重受伤或健康损害的物质。如各种氰化物、砷化物、化学农药等。

感染性物质指已知或有理由认为含有病原体的物质。

(7) 放射性物品

指任何含有放射性核素且其活度浓度和放射性总活度都分别超过国家标准《放射性物质安全运输规程》(GB 11806) 规定的限值的物质。

(8) 腐蚀性物品

指通过化学作用使生物组织接触时造成严重损伤，或在渗漏时会严重损害甚至毁坏其他货物或运载工具的物质。

(9) 杂项危险物质和物品，包括危害环境的物资

指存在危险但不能满足其他类别定义物质和物品，如危害环境物质、高温物质和经过基因修改的微生物或组织。

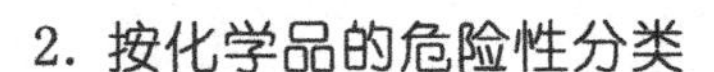

2. 按化学品的危险性分类

（1）爆炸物

指包括爆炸性物质（或混合物）和含有一种或多种爆炸性物质（或混合物）的爆炸性物品。爆炸性物质（或混合物）其本身能够通过化学反应产生气体，而产生气体的温度、压力和速度能对周围环境造成破坏。

发火物质（或发火混合物）和包含一种或多种发火物质（或混合物）的烟火物品虽然不放出气体，但也纳入爆炸物范畴。

（2）易燃气体

指在 20℃和 101.3kPa 标准压力下，爆炸下限小于或等于 13% 的气体，或不论其爆炸下限如何，其爆炸极限（燃烧范围）大于或等于 12% 的气体。

（3）易燃气溶胶

指气溶胶喷雾罐。该容器由金属、玻璃或塑料制成，不可重新罐装。内装强制压缩、液化或溶解的气体，包含或不包含液体、膏剂或粉末，配有释放装置，可使所装物质喷射出来，形成在气体中悬浮的固态或液态微粒或形成泡沫、膏剂或粉末或处于液态或气态。

（4）氧化性气体

指一般通过提供氧气，比空气更能导致或促使其他物质燃烧的任何气体。

（5）压力下气体

指在压力等于或大于 200kPa（表压）下装入贮器的气体，包括压缩气体、溶解气体、液化气体、冷冻液化气体。

（6）易燃液体

指闪点不高于 93℃的液体。

（7）易燃固体

指容易燃烧或通过摩擦可能引燃或助燃的固体，为粉状、颗粒状或糊状物质。

（8）自反应物质或混合物

指即使没有氧（空气）也容易发生激烈放热分解的热不稳定液态或固态物质或者混合物。

自反应物质或混合物如果在实验室试验中其组分容易起爆、迅速爆燃或在封闭条件下加热时显示剧烈效应，应视为具有爆炸性质。

（9）自燃液体

指即使数量小也能在与空气接触后 5min 之内引燃的液体。

（10）自燃固体

指即使数量小也能在与空气接触后 5min 之内引燃的固体。

（11）自热物质和混合物

自热物质是与空气反应不需要能源供应就能够自己发热的固体或液体物质或混合物；这类物质或混合物与发火液体或固体不同，因为这类物质只有数量很大（公斤级）并经过长时间（几小时或几天）才会燃烧。

（12）遇水放出易燃气体的物质或混合物

遇水放出易燃气体的物质或混合物是通过与水作用，容易具有自燃性或放出危险数量的易燃气体的固态或液态物质或混合物。

（13）氧化性液体

指本身未必燃烧，但通常因放出氧气可能引起或促使其他物质燃烧的液体。

（14）氧化性固体

指本身未必燃烧，但通常因放出氧气可能引起或促使其他物质燃烧的固体。

（15）有机过氧化物

有机过氧化物是热不稳定物质或混合物，容易放热自加速分解。另外，它们可能易于爆炸分解；迅速燃烧；对撞击或摩擦敏感；与其他物质发生危险反应。

（16）金属腐蚀剂

腐蚀金属的物质或混合物是通过化学作用显著损坏或毁坏金属的物质或混合物。

二、常用危险化学品的危险特性

从消防工作的实际出发，对下面各种常用危险化学品的危险特性做一个概述：

（一）爆炸物

爆炸物的危险特性，主要表现在当它受到摩擦、撞击、震动、高热或其他能量激发后，不仅能发生剧烈的化学反应，并在极短时间内释放出大量热量和气体导致爆炸性燃烧，而且燃爆突然，破坏作用强。爆炸品的危险特性主要有爆炸性、敏感性、殉爆、毒害性等。

（二）易燃气体

1. 易燃易爆性

易燃气体的主要危险特性就是易燃易爆，处于燃烧浓度范围之内的易燃气体，遇着火源都能着火或爆炸，有的甚至只需极微小能量就可燃爆。易燃气体与易燃液体、固体相比，更容易燃烧，且燃烧速度快，一燃即尽。简单成分组成的气体比复杂成分组成的气体易燃、燃速快、火焰温度高、着火爆炸危险性大。

2. 扩散性

由于气体的分子间距大，相互作用力小，非常容易扩散，能自发地充满任何容器。气体的扩散与气体对空气的相对密度和气体的扩散系数有关。比空气轻的易燃气体，若逸散在空气中可以无限制地扩散与空气形成爆炸性混合物，并能够顺风飘移，迅速蔓延和扩展，遇火源则发生爆炸燃烧；比空气重的易燃气体，若泄漏出来时，往往聚集在地表、沟渠、隧道、房屋死角等处，长时间不散，易与空气在局部形成爆炸性混合物，遇到火源则发生燃烧或爆炸。同时，相对密度大的可燃性气体，一般都有较大的发热量，在火灾条件下易于造成火势扩大。

3. 物理爆炸性

易燃、可燃气体有很大的压缩性，在压力和温度的影响下，易于改变自身的体积。储存于容器内的压缩气体特别是液化气体，受热膨胀后，压力会升高，当超过容器的耐压强度时，即会引起容器爆裂或爆炸。

4. 带电性

压力容器内的易燃气体（如氢气、乙烷、乙炔、天然气、液化石油气等），当从容器、管道口或破损处高速喷出，或放空速度过快时，由于强烈的摩擦作用，都容易产生静电而引起火灾或爆炸事故。

5. 腐蚀毒害性

主要是一些含氢、硫元素的气体具有腐蚀作用。如氢、氨、硫化氢等都能腐蚀设备，严重时可导致设备裂缝、漏气。压缩气体和液化气体，除了氧气和压缩空气外，大都具有一定的毒害性。

6. 窒息性

气体具有一定的窒息性（氧气和压缩空气除外）。易燃易爆性和毒害性易引起注意，而窒息性往往被忽视，尤其是不燃无毒气体，如二氧化碳、氮气，氦、氩等惰性气体，一旦发生泄漏，均能使人窒息死亡。

7. 氧化性

有些压缩气体氧化性很强，与可燃气体混合后能发生燃烧或爆炸的气体，如氯气与乙炔即可爆炸，氯气与氢气见光可爆炸，氟气遇氢气即爆炸，油脂接触氧气能自燃，铁在氧气、氯气中也能燃烧。

（三）易燃液体

1. 易燃性

由于易燃液体的沸点都很低，易燃液体很容易挥发出易燃蒸气，其闪点低、自燃点也低，且着火所需的能量极小。因此，易燃液体都具有高度的易燃易爆性，这是易燃液体的主要特性。

2. 蒸发性

易燃液体由于自身分子的运动，都具有一定的挥发性，挥发的蒸气易与空气形成爆炸性混合物。

所以易燃液体存在着爆炸的危险性。挥发性越强，爆炸的危险就越大。

3. 热膨胀性

易燃液体的膨胀系数一般都较大，储存在密闭容器中的易燃液体，受热后在本身体积膨胀的同时会使蒸气压力增加，容器内部压力增大，若超过了容器所能承受的压力限度，就会造成容器的鼓胀，甚至破裂。而容器的突然破裂，大量液体在涌出时极易产生静电火花从而导致火灾、爆炸事故。

此外，对于沸程较宽的重质油品，由于其黏度大、油品中含有乳化水或悬浮状态

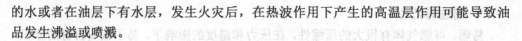

的水或者在油层下有水层，发生火灾后，在热波作用下产生的高温层作用可能导致油品发生沸溢或喷溅。

4. 流动性

液体流动性的强弱，主要取决于液体本身的黏度。液体的黏度越小，其流动性就越强。黏度大的液体随着温度升高而增强其流动性。易燃液体大都是黏度较小的液体，一旦泄漏，便会很快向四周流动扩散和渗透，扩大其表面积，加快蒸发速度，使空气中的蒸气浓度增加，火灾爆炸危险性增大。

5. 静电性

多数易燃液体在灌注、输送、流动过程中能够产生静电，静电积聚到一定程度时就会放电，引起着火或爆炸。

6. 毒害性

易燃液体大多本身或蒸气具有毒害性。不饱和、芳香族碳氢化合物和易蒸发的石油产品比饱和的碳氢化合物、不易挥发的石油产品的毒性大。

（四）易燃固体

易燃固体的危险特性主要表现在四个方面：

1. 燃点低，易点燃

易燃固体由于其熔点低，受热时容易熔解蒸发或汽化，因而易着火，燃烧速度也较快。某些低熔点的易燃固体还有闪燃现象。易燃固体由于其燃点低，在能量较小的热源或受撞击、摩擦等作用下，会很快受热达到燃点而着火，且着火后燃烧速度快，极易蔓延扩大。

2. 遇酸、氧化剂易燃易爆

绝大多数易燃固体遇无机酸性腐蚀品、氧化剂等能够立即引起燃烧或爆炸。如萘与发烟硫酸接触反应非常剧烈，甚至引起爆炸；红磷与氯酸钾，硫黄粉与过氧化钠或氯酸钾，稍经摩擦或撞击，都会引起燃烧或爆炸。

3. 自燃性

易燃固体的自燃点一般都低于易燃液体和气体的自燃点。由于易燃固体热解温度都较低，有的物质在热解过程中，能放出大量的热使温度上升到自燃点而引起自燃，甚至在绝氧条件下也能分解燃烧，一旦着火，燃烧猛烈、蔓延迅速。

4. 本身或燃烧产物有毒

很多易燃固体本身具有毒害性，或燃烧后能产生有毒的物质。如：硫黄不仅与皮肤接触能引起中毒，而且粉尘吸入后，亦能引起中毒。又如：硝基化合物等燃烧时会产生一氧化碳等有毒气体。

（五）自燃固体与自燃液体

自燃物品的危险特性主要表现在以下三个方面：

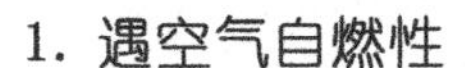

1. 遇空气自燃性

自燃物质大部分化学性质非常活泼，具有极强的还原性，接触空气后能迅速与空气中的氧化合，并产生大量热量，达到自燃点而着火。接触氧化剂和其他氧化性物质反应会更加剧烈，甚至爆炸。

2. 遇湿易燃易爆性

硼、锌、锑、铝的烷基化合物类的自燃物品，除在空气中能自燃外，遇水或受潮还能分解自燃或爆炸。

3. 积热分解自燃性

硝化纤维及其制品，不但由于本身含有硝酸根，化学性质很不稳定，在常温下就能缓慢分解放热，当堆积在一起或仓库通风不良时，分解产生的热量越积越多，当温度达到其自燃点就会引起自燃，火焰温度可达1 200℃，并伴有有毒和刺激性气体放出；而且由于其分子中含有一ONO_2基团，具有较强的氧化性，一旦发生分解，在空气不足的条件下也会发生自燃，在高温下，即使没有空气也会因自身含有氧而分解燃烧。

（六）遇水放出易燃气体的物质

遇水放出易燃气体的物质的危险特性主要表现在四个方面：

1. 遇水易燃易爆性

这是遇湿易燃物品的共性。遇湿易燃物品遇水或受潮后，发生剧烈的化学反应使水分解，夺取水中的氧与之化合，放出可燃气体和热量。当可燃气体在空气中接触明火或反应放出的热量达到引燃温度时就会发生燃烧或爆炸。

2. 遇氧化剂、酸着火爆炸性

遇湿易燃物品遇氧化剂、酸性溶剂时，反应更剧烈，更易引起燃烧或爆炸。

3. 自燃危险性

有些遇湿易燃物品不仅有遇湿易燃性，而且还有自燃性。如金属粉末类的锌粉、铝镁粉等，在潮湿空气中能自燃，与水接触，特别是在高温下反应剧烈，能放出氢气和热量；碱金属、硼氢化物，放置于空气中即具有自燃性；有的（如氢化钾）遇水能生成易燃气体并放出大量的热量而具有自燃性。

4. 毒害性和腐蚀性

许多遇水易燃物品本身具有一定毒性和腐蚀性。

（七）氧化性物质

氧化性物质的危险特性主要表现在：

1. 强烈的氧化性

氧化性物质多数为碱金属、碱土金属的盐或过氧化基所组成的化合物，其氧化价态高，金属活泼性强，易分解，有极强的氧化性。氧化剂的分解主要有以下几种情况：受热或撞击摩擦分解、与酸作用分解、遇水或二氧化碳分解、强氧化剂与弱氧化剂作用复分解。

2. 可燃性

有机氧化剂除具有强氧化性外，本身还是可燃的，遇火会引起燃烧。

3. 混合接触着火爆炸性

强氧化性物质与具有还原性的物质混合接触后，有的形成爆炸性混合物，有的混合后立即引起燃烧；氧化性物质与强酸混合接触后会生成游离的酸或酸酐，呈现极强的氧化性，当与有机物接触时，能发生爆炸或燃烧；氧化性物质相互之间接触也可能引起燃烧或爆炸。

（八）有机过氧化物

有机过氧化物的危险特性主要表现在三个方面：分解爆炸性、易燃性、伤害性。其危险性的大小主要取决于过氧基含量和分解温度。

（九）毒性物质

大多数毒性物质遇酸、受热分解放出毒气体或烟雾。其中有机毒害品具有可燃性，遇明火、热源与氧化剂会着火爆炸，同时放出有毒气体。液态毒害品还易于挥发、渗漏和污染环境。

毒性物质的主要危险性是毒害性。毒害性主要表现为对人体或其他动物的伤害，引起人体或其他动物中毒的主要途径是呼吸道、消化道和皮肤，造成人体或其他动物发生呼吸中毒、消化中毒、皮肤中毒。除此之外，大多数有毒物品具有一定的火灾危险性。如无机有毒物品中，锑、汞、铅等金属的氧化物大都具有氧化性；有机毒品中有200多种是透明或油状易燃液体，具有易燃易爆性；大多数有毒品，遇酸或酸雾能分解并放出极毒的气体，有的气体不仅有毒，而且有易燃和自燃危险性，有的甚至遇水发生爆炸；芳香族含2、4位两个硝基的氯化物，萘酚、酚钠等化合物，遇高热、明火、撞击有发生燃烧爆炸的危险。

（十）腐蚀性物质

1. 腐蚀性

腐蚀性物质的腐蚀性主要体现在三个方面：一是对人体的伤害，二是对有机物的破坏，三是对金属的腐蚀性。

2. 毒害性

在腐蚀性物质中，有一部分能挥发出有强烈腐蚀和毒害性的气体。

3. 火灾危险性

腐蚀性物质的火灾危险性主要体现在以下三个方面：一是氧化性，二是易燃性，三是遇水分解易燃性。

第三节　消防水力学基础知识

一、水的性质

水是无嗅无味的液体，其不仅取用方便，分布广泛，在化学上呈中性，无毒，且冷却效果非常好。因此，水是最常用、最主要的灭火剂。

（一）水的基本特性

水有三种状态：固体、液体和气体。液体与固体的主要区别是液体容易流动，液体与气体的主要区别是液体体积不易压缩。水在常温下为液体，在常压下、水温超过100℃时，蒸发成气体，水温下降到0℃时，即凝结成固体称为冰。

1. 水的比热容

水温升高1℃，单位体积的水需要吸收的热量，称为水的比热容。若将水的比热容作为1，则其他液体的比热容均小于1，水比任何液体的比热容都大。1L水温度升高1℃，需要吸收4 200J的热量。若将1L常温的水（20℃）喷洒到火源处，使水温升到100℃，则要吸收热量336kJ。水的比热容大，因而用水灭火冷却效果最好。

2. 水的汽化热

单位体积的水由液体变成气体需要吸收的热量称为水的汽化热。水的汽化热很大，1L100℃的水，变成100℃的水蒸气，需要吸收2 264kJ的热量。因此，将水喷洒到火源处，使水迅速汽化成蒸汽，具有良好的冷却降温作用。同时，水变成蒸汽时体积扩大。1L水变成水蒸气后体积扩大1 725倍，且水蒸气是惰性气体，占据燃烧区空间，具有隔绝空气的窒息灭火作用。实验得知，水蒸气占燃烧区的体积达35%时，火焰就将熄灭。

3. 水的冰点

当温度下降到0℃时，纯净的水开始凝结成冰，释放出热量336kJ/L。水结成冰，由液体状态变成固体状态，水分子间的距离增大，体积随之扩大。因此，在冬季应对消防给水管道和储水容器进行保温，以免水结成冰时体积扩大，致使消防设备损坏。

处于流动状态的水不易结冰，因为水的部分动能将转化为热能。因此，为了不使水带内的水冻结成冰，在冬季火场上，当消防队员需要转移阵地时，不要关闭水枪。若需要关闭时，应关小射流，使水仍处于流动状态。

（二）水的主要物理性质

在水力学中，与水运动有关的物理性质主要有以下六个方面。

1. 惯性、密度和容重

水与任何物体一样，具有惯性，惯性就是物体保持原有运动状态的特性。惯性的大小以质量来度量，质量愈大的物体，惯性也愈大。单位体积内物质所具有的质量称为密度，单位体积内物质所具有的重量称为容重。不同液体的密度和容重各不相同，同一种液体的密度和容重又随温度和压强而变化。水在4℃时容重最大，此时1L纯净的水重1kg。

2. 黏滞性

当液体（水）在流动时，液体质点之间（水分子之间、水分子与固体壁面之间）存在着相对运动，质点间要产生内摩擦力抵抗其相对运动，即显示出黏滞性阻力，又称为黏滞力，水的这种阻抗变形运动的特性就称为黏滞性。当液体运动一旦停止，这种阻力就立即消失。因此，黏滞性在液体静止或平衡时是不显示作用的。

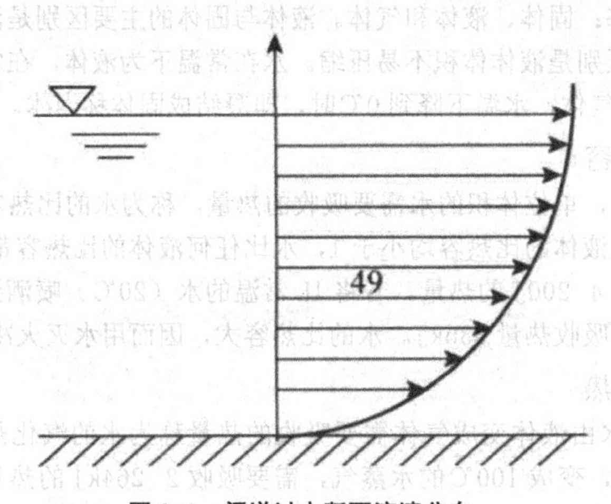

图 3-1　渠道过水断面流速分布

如图3-1所示（图中每根带箭头的线段的长度表示该点流速的大小），液体沿着一个固体平面壁作平行的直线运动，且液体质点是有规则的一层一层向前运动而不互相混掺（层流运动），由于黏滞性的作用，靠近壁面附近流速较小，远离壁面处流速较大，因而过水断面上不同液层的流速分布是不均匀的。水流过水断面上会形成不均匀的流速分布是因为水流黏滞性所致，也就是两个流层之间将成对地产生内摩擦力。对于水流而言，下面一个水层对上面一个水层作用一个与流速方向相反的摩擦力，上面一个水层对下面一个水层作用一个与流速方向一致的摩擦力，这两个摩擦力大小相等、方向相反，都具有抗拒其相对运动的性质。

如果水在管道或水带内流动要克服内摩擦力，因此，会产生能量的损失。本质上讲就是水自一断面流至另一断面损失的机械能，也称为水头损失。如果水头损失沿程都有并随沿程长度而增加的，就叫作沿程水头损失；如果由于局部的阀门、水表等引起水流流速分布改组过程中，液体质点相对运动加强，是内摩擦增加，产生较大能量

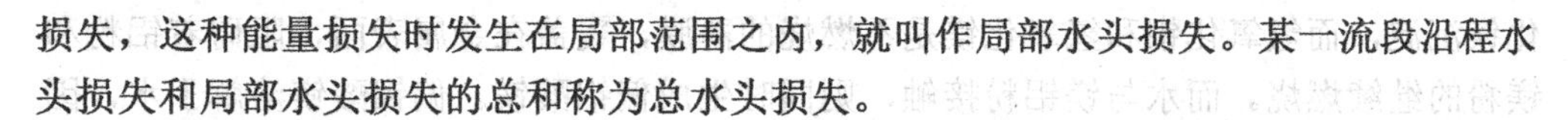

损失，这种能量损失时发生在局部范围之内，就叫作局部水头损失。某一流段沿程水头损失和局部水头损失的总和称为总水头损失。

3. 压缩性

液体不能承受拉力，但可以承受压力。液体受压后体积要缩小，压力撤除后也能恢复原状，这种性质称为液体的压缩性或弹性。水的体积随压力增加而减小的性质称为水的压缩性。水的压缩性很小，因此，通常把水看成是不可压缩的液体，但对个别特殊情况，水的压缩性不能忽略。如水枪上的开关突然关闭时，会产生一种水击现象，在研究这一问题时，就必须考虑水的压缩性。

4. 膨胀性

水的体积随水温升高而增大的性质称为水的膨胀性。根据实验，在常压下10℃～20℃的水，温度升高1℃，水的体积增加万分之一点五；在常压下70℃～95℃的水，温度升高1℃，水的体积增加万分之六。可以看出，其体积变化较小。因此，在消防设计和火场供水中水的膨胀性均可略去不计。

（三）水的化学性质

1. 水的分解

水由氢、氧两元素组成。灭火时消防射流触及高温设备，水滴瞬间汽化，体积突然扩大，会造成物理性爆炸事故。当水蒸气温度继续上升超过1 500℃以上时，水蒸气将会迅速分解为氢气和氧气：

$$2H_2O \rightarrow 2H_2 + O_2$$

氢气为可燃气体，氧气为助燃气体，氢气和氧气相混合，形成混合气体，在高温下极易发生化学性爆炸，其爆炸范围广，爆炸威力大。若无可靠的防范措施，就会造成火灾爆炸事故。

2. 水与活泼金属反应

水与活泼金属锂、钾、钠、锶、钾钠合金等接触，将发生强烈反应。这些活泼金属与水化合时，夺取水中的氧原子，放出氢气和大量的热量，使释放出来的氢气与空气中氧气相混合形成的爆炸性混合物，发生自燃或爆炸。

$$2Na+2H_2O \rightarrow 2NaOH+H_2+\text{热量}$$

3. 水与金属粉末反应

水与锌粉、镁铝粉等金属粉末接触，在火场高温情况下反应较剧烈，放出氢气，会助长火势扩大和火灾蔓延。

$$Zn+H_2O \rightarrow ZnO+H_2$$

金属铝粉和镁粉相互混合的镁铝粉与水接触，比水单独与镁粉或铝粉接触反应强烈得多。水与镁粉或铝粉单独接触时，在反应过程中生成不溶于水的氢氧化铝和氢氧化镁沉淀，而氢氧化铝和氢氧化镁是不燃烧的薄膜，覆盖在金属表面，阻碍着铝粉和镁粉的继续燃烧。而水与镁铝粉接触，则同时生成偏铝酸镁。偏铝酸镁溶解于水，因而使镁铝粉表面不能形成不燃的薄膜，使水与镁铝粉无障碍地继续反应，放出氢气和大量的热量，这在火场上会助长燃烧或发生爆炸现象。

$$Mg(OH)_2+2Al(OH)_2 \rightarrow Mg(AlO_2)_2+4H_2$$

$$2Al+6H_2O \rightarrow Al(OH)_3+3H_2+\text{热量}$$

4. 水与金属氢化物反应

水与氢化锂、氢化钠、四氢化锂铝、氢化钙、氢化铝等金属氢化物接触，氢化物中的金属原子与水中的氧原子结合，则氢化物和水中的氢原子放出，产生大量的氢气，会助长火势。

$$NaH+H_2O \rightarrow NaOH+H_2+\text{热量}$$

$$AlH_3+3H_2O \rightarrow Al(OH)_3+3H_2$$

由此可见，水与某些化学物质接触，有可能发生自燃，释放出可燃气体和大量热量以及有毒气体等，从而引起燃烧或爆炸。因此，在扑救火灾时应根据物质的性质，采取相应的灭火剂。

二、水的灭火作用

（一）水的灭火机理

根据水的性质，水的灭火作用主要有冷却、窒息、稀释、分离、乳化等方面，灭火时往往是几种作用的共同结果，但冷却发挥着主要作用。

1. 冷却作用

由于水的比热容大，汽化热高，而且水具有较好的导热性。因而，当水与燃烧物接触或流经燃烧区时，将被加热或汽化，吸收热量，从而使燃烧区温度大大降低，以致使燃烧中止。

2. 窒息作用

水的汽化将在燃烧区产生大量水蒸气占据燃烧区，可阻止新鲜空气进入燃烧区，降低燃烧区氧的浓度，使可燃物得不到氧的补充，导致燃烧强度减弱直至中止。

3. 稀释作用

水本身是一种良好的溶剂，可以溶解水溶性甲、乙、丙类液体，如醇、醛、醚、酮、酯等。因此，当此类物质起火后，如果容器的容量允许或可燃物料流散，可用水予以稀释。由于可燃物浓度降低而导致可燃蒸气量的减少，使燃烧减弱。当可燃液体

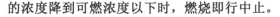

的浓度降到可燃浓度以下时，燃烧即行中止。

4. 分离作用

经灭火器具（尤其是直流水枪）喷射形成的水流有很大的冲击力，这样的水流遇到燃烧物时将使火焰产生分离，这种分离作用一方面使火焰“端部”得不到可燃蒸气的补充，另一方面使火焰“根部”失去维持燃烧所需的热量，使燃烧中止。

5. 乳化作用

非水溶性可燃液体的初起火灾，在未形成热波之前，以较强的水雾射流或滴状射流灭火，可在液体表面形成“油包水”型乳液，乳液的稳定程度随可燃液体黏度的增加而增加，重质油品甚至可以形成含水油泡沫。水的乳化作用可使液体表面受到冷却，使可燃蒸气产生的速率降低，致使燃烧中止。

（二）消防射流

1. 消防射流的形式

消防射流是指灭火时由消防射水器具喷射出来的高速水流。常见的射流类型有密集射流和分散射流两种类型。

（1）密集射流

高压水流经过直流水枪喷出，形成结实的射流称为密集射流。密集射流靠近水枪口处的射流密集而不分散，离水枪口较远处射流逐渐分散。密集射流耗水量大，射程远，冲击力大，机械破坏力强。建（构）筑物室内消火栓给水系统中配备的直流水枪和消防车上使用的直流水枪，都是以密集射流扑救火灾。

（2）分散射流

高压水流经过离心作用、机械撞击或机械强化作用使水流分散成点滴状态离开消防射水器具，形成扩散状或幕状射流称为分散射流。分散射流根据其水滴粒径大小又分为喷雾射流和开花射流两种类型。

2. 消防射水器具

消防射水器具是把水按需要的形状有效地喷射到燃烧物上的灭火器具，包括消防水枪和消防水炮。

（1）消防水枪

消防水枪是指由单人或多人携带和操作的以水作为灭火剂的喷射管枪。消防水枪根据射流形式和特征不同可分为直流水枪、喷雾水枪、开花水枪、多用水枪等。

（2）消防水炮

消防水炮是大型号的消防水枪，与水枪的最大差异在于其非手持性。习惯上将流量大于 16L/s 的射水设备定义为消防水炮。消防水炮一般安装在消防车、消防艇上或油罐区、港口码头、大空间等场所。当发生大规模、大面积火灾时，由于强烈的热辐射和浓烟使消防员难以接近火源实施射水活动，或遇大风消防水枪射流会被冲散，在这些情况下，需要采用流量大、有效射程远的消防水炮进行灭火。

第四节 建筑消防基础知识

为确保建筑物的消防安全，在建造时应从防火（爆）、控火、耐火、避火、探火、灭火等方面预先采取相应的消防技术措施。防火主要是在建筑总平面布局、建筑构造、建筑构件材料选取等环节破坏燃烧或爆炸条件；控火是在建筑内部划分防火分区，将火控制在局部范围内，阻止火势蔓延扩大；耐火是要求建筑物应有一定的耐火等级，保证在火灾高温的持续作用下，建筑主要构件在一定时间内不被破坏，不传播火灾，避免建筑结构失效或发生倒塌；防烟是安装防排烟设施，及时排除火灾时产生的有毒烟气；避火是设置安全疏散设施，保证人员及时疏散；探火是安装火灾自动报警系统，做到早期发现火灾；灭火是在建筑内设置消防给水灭火系统和灭火器材等，若一旦发生火灾，及时灭火，最大限度地减少火灾损失。

一、建筑物的分类及构造

建筑物是指供人们生产、生活、工作、学习以及进行各种文化、体育、社会活动的房屋和场所。

（一）建筑物的分类

建筑物可从不同角度划分为以下类型：

1. 按建筑物内是否有人员进行生产、生活活动分类

（1）建筑物

凡是直接供人们在其中生产、生活、工作、学习或从事文化、体育、社会等其他活动的房屋统称为“建筑物”，如厂房、住宅、学校、影剧院、体育馆等。

（2）构筑物

凡是间接地为人们提供服务或为了工程技术需要而设置的设施称为“构筑物”，如隧道、水塔、桥梁、堤坝等。

2. 按建筑物的使用性质分类

（1）民用建筑

非生产性建筑如居住建筑、商业建筑、体育场馆、客运车站候车室、办公楼、教学楼等。

（2）工业建筑

工业生产性建筑，如生产厂房和库房、发变配电建筑等。

（3）农业建筑

农副业生产建筑，如粮仓、禽畜饲养场等。

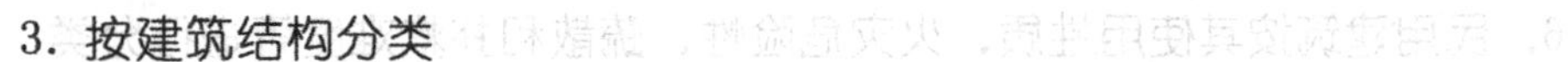

3. 按建筑结构分类

（1）木结构建筑

承重构件全部用木材建造的建筑。

（2）砖木结构建筑

用砖（石）做承重墙，用木材做楼板、屋架的建筑。

（3）砖混结构建筑

用砖墙、钢筋混凝土楼板层、钢（木）屋架或钢筋混凝土屋面板建造的建筑。

（4）钢筋混凝土结构建筑

主要承重构件全部采用钢筋混凝土。如采用装配式大板、大模板、滑模等工业化方法建造的建筑，用钢筋混凝土建造的大跨度、大空间结构的建筑。

（5）钢结构建筑

主要承重构件全部采用钢材建造，多用于工业建筑和临时建筑。

4. 按建筑承重构件的制作方法、传力方式及使用的材料分类

（1）砌体结构

竖向承重构件采用砌块砌筑的墙体，水平承重构件为钢筋混凝土楼板及屋顶板。一般多层建筑常采用砌体结构。

（2）框架结构

承重部分构件采用钢筋混凝土或钢板制作的梁、柱、楼板形成的骨架，墙体不承重而只起围护和分隔作用。该结构的特点是建筑平面布置灵活，可以形成较大的空间，能满足各类建筑不同的使用和生产工艺要求，且梁柱等构件易于预制，便于工厂制作加工和机械化施工，常用于高层和多层建筑中。

（3）钢筋混凝土板墙结构

竖向承重构件和水平承重构件均为钢筋混凝土制作，施工时采用浇注或现场吊装的方式。这种结构常用于高层和多层建筑中。

（4）特种结构

承重构件采用网架、悬索、拱或壳体等形式。如影剧院、体育馆、展览馆、会堂等大跨度建筑常采用这种结构形式建造。

5. 按建筑高度分类

（1）高层建筑

建筑高度大于27m的住宅建筑和其他建筑高度大于24m的非单层建筑。我国对建筑高度超过100m的高层建筑，称为超高层建筑。

（2）单层、多层建筑

27m以下的住宅建筑、建筑高度不超过24m（或已超过24m但为单层）的公共建筑和工业建筑。

（3）地下建筑

在地下通过开挖、修筑而成的建筑空间，其外部由岩石或土层包围，只有内部空间，无外部空间。

6，民用建筑按其使用性质、火灾危险性、疏散和扑救难度等进行分类

民用建筑按其使用性质、火灾危险性、疏散和扑救难度等分为两类，详见表 3-1。

表 3-1　民用建筑的分类

名称	高层民用建筑		单、多层民用建筑
	一类	二类	
住宅建筑	建筑高度大于 54m 的住宅建筑。（包括设置商业服务网点的住宅建筑）	建筑高度大于 27m，但不大于 54m 的住宅建筑。（包括设置商业服务网点的住宅建筑）	建筑高度不大于 27m 的住宅建筑。（包括设置商业服务网点的住宅建筑）
公共建筑	1. 建筑高度大于 50m 的公共建筑。 2. 任一楼层建筑面积大于 1 000m² 的商店、展览、电信、邮政、财贸金融建筑和其他多种功能组合的建筑。 3. 医疗建筑、重要公共建筑。 4. 省级及以上的广播电视和防灾指挥调度建筑、网局级和省级电力调度建筑。 5. 藏书超过 100 万册的图书馆、书库。	除住宅建筑和一类高层公共建筑外的其他高层建筑。	1. 建筑高度大于 24m 的单层建筑。 2. 建筑高度不大于 24m 的其他民用建筑。

注：表中未列入的建筑，其类别应根据本表类比确定。

7. 工业建筑按生产类别及储存物品类别分类

工业建筑按生产类别及储存物品类别的火灾危险性特征，分为甲、乙、丙、丁、戊五种类别，具体见现行国家标准《建筑设计防火规范》（GB 50016）的有关规定。

（二）建筑物的构造

各种不同类型的建筑物，尽管它们在结构形式、构造方式、使用要求、空间组合、外形处理及规模大小等方面各有其特点，但构成建筑物的主要部分都是由基础、墙或柱、楼地层、楼梯、门窗和屋顶等六大部分构成。此外，一般建筑物还有台阶、坡道、阳台、雨篷、散水、其他各种配件和装饰部分等。

二、建筑材料的分类及燃烧性能分级

（一）建筑材料的分类

建筑材料是指单一物质或若干物质均匀散布的混合物。建筑材料因其组分各异、用途不一，其种类繁多。

1. 按材料的化学构成分类

建筑材料按材料的化学构成不同，分为无机材料、有机材料和复合材料三大类。

无机材料。包括混凝土与胶凝材料类、砖、天然石材与人造石材类、建筑陶瓷与建筑玻璃类、石膏制品类、无机涂料类、建筑金属及五金类等。无机材料一般都是不燃性材料。

有机材料。包括建筑木材类、建筑塑料类、有机涂料类、装修性材料类、功能性材料类等。有机材料的特点是质量轻，隔热性好，耐热应力作用，不易发生裂缝和爆裂等，热稳定性比无机材料差，且一般都具有可燃性。

复合材料。将有机材料和无机材料结合起来的材料，如复合板材等。复合材料一般都含有一定的可燃成分。

2. 按在建筑中的主要用途分类

建筑材料按在建筑中的主要用途不同，分为结构材料、构造材料、防水材料、地面材料、装修材料、绝热材料、吸声材料、卫生工程材料、防火等其他特殊材料。

（二）建筑材料燃烧性能分级

1. 建筑材料燃烧性能的含义

建筑材料的燃烧性能是指当材料燃烧或遇火时所发生的一切物理和（或）化学变化。建筑材料的燃烧性能是依据在明火或高温作用下，材料表面的着火性和火焰传播性、发烟、炭化、失重以及毒性生成物的产生等特性来衡量，它是评价材料防火性能的一项重要指标。

2. 建筑材料燃烧性能分级

根据材料燃烧火焰传播速率、材料燃烧热释放速率、材料燃烧热释放量、材料燃烧烟气浓度、材料燃烧烟气毒性等材料的燃烧特性参数，国家标准《建筑材料及制品燃烧性能分级》（GB 8624-2012），将建筑材料的燃烧性能分为A、B1、B2、B3四个等级。

A级：不燃材料（制品）。

B1级：难燃材料（制品）。

B2级：可燃材料（制品）。

B3级：易燃材料（制品）。

三、建筑构件的燃烧性能和耐火极限

建筑构件是指构成建筑物的基础、墙体或柱、楼板、楼梯、门窗、屋顶承重构件等各个部分。建筑构件的燃烧性能和耐火极限是判定建筑构件承受火灾能力的两个基本要素。

（一）建筑构件的燃烧性能

建筑构件的燃烧性能是由制成建筑构件的材料的燃烧性能来决定的。因此，建筑构件的燃烧性能取决于制成建筑构件的材料的燃烧性能。根据建筑材料的燃烧性能不同，建筑构件的燃烧性能分为以下三类：

不燃烧体。用不燃材料做成的建筑构件。如砖墙体、钢筋混凝土梁或楼板、钢屋架等构件。

难燃烧体。用难燃材料做成的建筑构件或用可燃材料做成而用不燃材料做保护层的建筑构件。如经阻燃处理的木质防火门、木龙骨板条抹灰隔墙体、水泥刨花板等。

燃烧体。用可燃材料做成的建筑构件。如木柱、木屋架、木梁、木楼板等构件。

（二）建筑构件的耐火极限

建筑构件起火或受热失去稳定性，能使建筑物倒塌破坏，造成人员伤亡和损失增大。为了安全疏散人员、抢救物质和扑灭火灾，要求建筑物应具有一定的耐火能力。建筑物耐火的能力取决于建筑构件的耐火极限。

1. 建筑构件耐火极限的含义

建筑构件的耐火极限是指在标准耐火试验条件下，建筑构件、配件或结构从受到火的作用时起，到失去稳定性、完整性或隔熟性时止的这段时间，一般用小时表示。

2. 建筑构件耐火极限的判定条件

判定建筑构件是否达到了耐火极限有以下三个条件，当任一条件出现时，都表明该建筑构件达到了耐火极限。

失去稳定性。即构件失去支持能力，是指构件在受到火焰或高温作用下，由于构件材质性能的变化，自身解体或垮塌，使承载能力和刚度降低，承受不了原设计的荷载而破坏。如受火作用后钢筋混凝土梁失去支承能力、非承重构件自身解体或垮塌等，均属于失去支持能力的象征。

失去完整性。即构件完整性被破坏，是指薄壁分隔构件在火灾高温作用下，发生爆裂或局部塌落，形成穿透裂缝或孔隙，火焰穿过构件，使其背火面可燃物起火。如受火作用后的板条抹灰墙，内部可燃板条先行自燃，一定时间后其背火面的抹灰层龟裂脱落，引起燃烧起火。

失去隔热性。即构件失去隔火作用，是指具有分隔作用的构件，背火面任一点的温度达到220℃时，构件失去隔火作用。以背火面温度升高到220℃作为界限，主要是因为构件上如果出现穿透裂缝，火能通过裂缝蔓延，或者构件背火面的温度达到220℃，这时虽然没有火焰过去，但这种温度已经能够使靠近构件背面的纤维制品自燃了。如纤维系列的棉花、纸张、化纤品等一些燃点较低的可燃物烤焦以致起火。

3. 主要构件耐火极限的影响因素

墙体的耐火极限与其材料和厚度有关；柱的耐火极限与其材料及截面尺度有关。钢柱虽为不燃烧体，但有无保护层可使其耐火极限差别很大。钢筋混凝土柱和砖柱都属不燃烧体，其耐火极限是随其截面的加大而上升；现浇整体式肋形钢筋混凝土楼板为不燃材料，其耐火极限取决于钢筋保护层的厚度。

四、建筑耐火等级

（一）建筑耐火等级的含义

建筑耐火等级指根据有关规范或标准的规定，建筑物、构筑物或建筑构件、配件、材料所应达到的耐火性分级。建筑耐火等级是衡量建筑物耐火程度的标准，它是由组成建筑物的墙体、柱、梁、楼板等主要构件的燃烧性能和最低耐火极限决定的。

（二）建筑耐火等级的划分

1. 建筑耐火等级划分的目的

划分建筑耐火等级的目的，在于根据建筑物的不同用途提出不同的耐火等级要求，做到既有利于安全，又利于节约投资。大量火灾案例表明，耐火等级高的建筑，火灾时烧坏、倒塌的很少，造成的损失也小，而耐火等级低的建筑，火灾时不耐火，燃烧快，损失也大。因此，为了确保基本建筑构件能在一定的时间内不被破坏、不传播火焰，从而起到延缓或阻止火势蔓延的作用，并为人员的疏散、物资的抢救和火灾的扑灭赢得时间以及为火灾后结构修复创造条件，应根据建筑物的使用性质确定其相应的耐火等级。

2. 建筑耐火等级的划分依据

我国现行国家有关标准选择楼板作为确定建筑构件耐火极限的基准。因为在诸多建筑构件中楼板是最具代表性的一种至关重要的构件。作为直接承受人和物的构件，其耐火极限的高低对建筑物的损失和室内人员在火灾情况下的疏散有极大的影响。在制定分级标准时，首先确定各耐火等级建筑物中楼板的耐火极限，然后将其他建筑构件与楼板相比较，在建筑结构中所占的地位比楼板重要者，其耐火极限应高于楼板；比楼板次要者，其耐火极限可适当降低。

3. 建筑耐火等级的划分

民用建筑的耐火等级可分为一、二、三、四级。不同耐火等级建筑相应构件的燃烧性能和耐火极限不应低于表 3-2 的规定。

表 3-2　不同耐火等级建筑相应构件的燃烧性能和耐火极限（h）

构件名称		耐火等级			
		一级	二级	三级	四级
墙	防火墙	不燃性 3.00	不燃性 3.00	不燃性 3.00	不燃性 3.00
	承重墙	不燃性 3.00	不燃性 2.50	不燃性 2.00	难燃性 0.50
	非承重外墙	不燃性 1.00	不燃性 1.00	不燃性 0.50	可燃性
	楼梯间和前室的墙 电梯井的墙 住宅建筑单元之间的墙和分户墙	不燃性 2.00	不燃性 2.00	不燃性 1.50	难燃性 0.50
	疏散走道两侧的隔墙	不燃性 1.00	不燃性 1.00	不燃性 0.50	难燃性 0.25
	房间隔墙	不燃性 0.75	不燃性 0.50	难燃性 0.50	难燃性 0.25
柱		不燃性 3.00	不燃性 2.50	不燃性 2.00	难燃性 0.50
梁		不燃性 2.00	不燃性 1.50	不燃性 1.00	难燃性 0.50
楼板		不燃性 1.50	不燃性 1.00	不燃性 0.50	可燃性
屋顶承重构件		不燃性 1.50	不燃性 1.00	可燃性 0.50	可燃性
疏散楼梯		不燃性 1.50	不燃性 1.00	不燃性 0.50	可燃性
吊顶（包括吊顶格栅）		不燃性 0.25	难燃性 0.25	难燃性 0.15	可燃性

注：1. 除规范另有规定外，以木柱承重且墙体采用不燃材料的建筑，其耐火等级应按四级确定。

2. 住宅建筑构件的耐火极限和燃烧性能可按现行国家标准《住宅建筑规范》（GB 50368）的规定执行。

（三）建筑耐火等级的选定

确定建筑物的耐火等级主要考虑以下几个方面的因素：①建筑物的重要性；②建筑物的火灾危险性；③建筑物的高度；④建筑物的火灾荷载。

五、建筑总平面布局防火要求

建筑总平面布局是建筑防火需考虑的一项重要内容，其要满足城市规划和消防安全的要求。通常应根据建筑物的使用性质、生产经营规模、建筑高度、建筑体积及火灾危险性、所处的环境、地形、风向等因素，合理确定其建筑位置、防火间距、消防

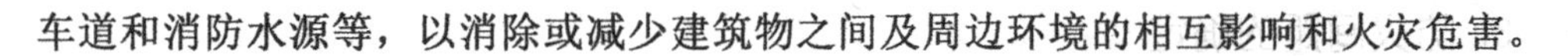

车道和消防水源等，以消除或减少建筑物之间及周边环境的相互影响和火灾危害。

（一）建筑选址

1. 周围环境选择

各类建筑在规划建设时，要考虑周围环境的相互影响。特别是工厂、仓库选址时，既要考虑本单位的安全，又要考虑邻近的企业和居民的安全。生产、储存和装卸易燃易爆危险物品的工厂、仓库和专用车站、码头，必须设置在城市的边缘或者相对独立的安全地带。易燃易爆气体和液体的充装站、供应站、调压站，应当设置在合理的位置，符合防火防爆要求。

2. 地势条件选择

建筑选址时，还要充分考虑和利用自然地形、地势条件。甲、乙、丙类液体的仓库，宜布置在地势较低的地方，以免火灾对周围环境造成威胁。遇水产生可燃气体容易发生火灾爆炸的企业，严禁布置在可能被水淹没的地方。生产、储存爆炸物品的企业，宜利用地形，选择多面环山、附近没有建筑的地方。

3. 考虑主导风向

散发可燃气体、可燃蒸气和可燃粉尘的车间、装置等，宜布置在明火或散发火花地点的常年主导风向的下风或侧风向。液化石油气储罐区宜布置在本单位或本地区全年最小频率风向的上风侧，并选择通风良好的地点独立设置。易燃材料的露天堆场宜设置在天然水源充足的地方，并宜布置在本单位或本地区全年最小频率风向的上风侧。

4. 划分功能区

规模较大的企业，要根据实际需要，合理划分生产区、储存区（包括露天储存区）、生产辅助设施区、行政办公和生活福利区等。同一企业内，若有不同火灾危险的生产建筑，则应尽量将火灾危险性相同的或相近的建筑集中布置，以利采取防火防爆措施，便于安全管理。易燃、易爆的工厂、仓库的生产区、储存区内不得修建办公楼、宿舍等民用建筑。

（二）防火间距

1. 防火间距的含义

防止着火建筑在一定时间内引燃相邻建筑，便于消防扑救的间隔距离称为防火间距。为了防止建筑物发生火灾后，因热辐射等作用向相邻建筑物之间相互蔓延，并为消防扑救创造条件，各类建（构）筑物、堆场、储罐、电力设施等之间应保持一定的防火间距。

2. 防火间距的影响因素

影响防火间距的因素较多、条件各异，从火灾蔓延角度看，主要有热辐射、热对流、风向与风速、外墙材料的燃烧性能及其开口面积大小、室内堆放的可燃物种类及数量、相邻建筑物的高度、室内消防设施情况、消防扑救力量等。

3. 防火间距的确定

在综合考虑满足扑救火灾需要、防止火势向邻近建筑蔓延扩大以及节约用地等因素基础上，现行国家标准《建筑设计防火规范》（GB 50016）、《汽车库、修车库、停车场设计防火规范》（GB 50067）等对各类建（构）筑物、堆场、储罐、电力设施等之间的防火间距均做了具体规定。

（三）消防车道和消防车登高操作场地

1. 消防车道

设置消防车通道的目的是为了保证发生火灾时，消防车能畅通无阻，迅速到达火场，及时扑灭火灾，减少火灾损失。

消防车道的设置应考虑消防车的通行，并满足灭火和抢险救援的需要。消防车道的具体设置应符合国家有关消防技术标准的规定。

2. 消防车登高操作场地

高层建筑应至少沿一个长边或周边长度的1/4且不小于一个长边长度的底边连续布置消防车登高操作场地，该范围内的裙房进深不应大于4m。建筑高度不大于50m的建筑，连续布置消防车登高操作场地确有困难时，可间隔布置，但间隔距离不宜大于30m，且消防车登高操作场地的总长度仍应符合上述规定。

消防车登高操作场地应符合下列规定：

（1）场地与厂房、仓库、民用建筑之间不应设置妨碍消防车操作的树木、架空管线等障碍物和车库出入口；

（2）场地的长度和宽度分别不应小于15m和8m。对于建筑高度不小于50m的建筑，场地的长度和宽度均不应小于15m；

（3）场地及其下面的建筑结构、管道和暗沟等，应能承受重型消防车的压力；

（4）场地应与消防车道连通，场地靠建筑外墙一侧的边缘距离建筑外墙不宜小于5m，且不应大于10m，场地的坡度不宜大于3%。

六、防火分区、防烟分区

（一）防火分区

1. 防火分区的含义

防火分区是指在建筑内部采用防火墙、楼板及其他防火分隔设施分隔而成，能在一定时间内防止火灾向同一建筑的其余部分蔓延的局部空间。

2. 防火分区的划分

不同耐火等级建筑的允许建筑高度或层数、防火分区最大允许建筑面积应符合表3-3的规定。

表 3-3 不同耐火等级建筑的允许建筑高度或层数、防火分区最大允许建筑面积

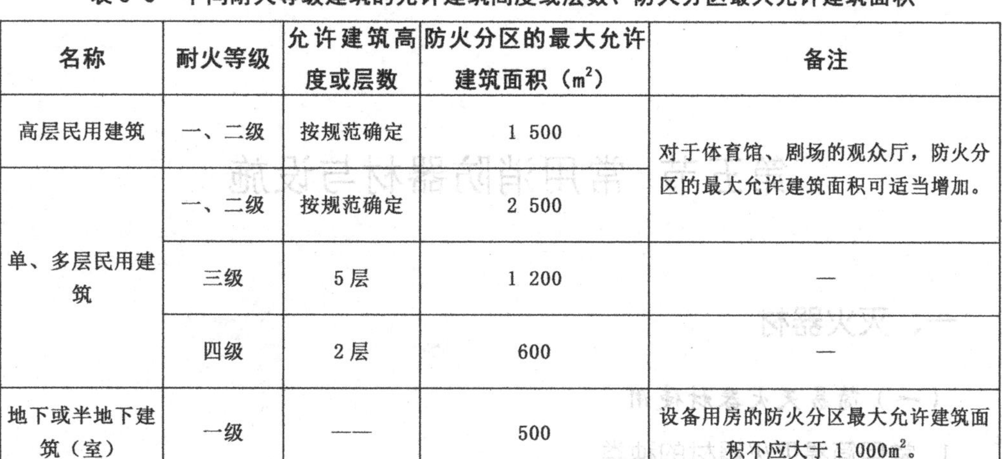

名称	耐火等级	允许建筑高度或层数	防火分区的最大允许建筑面积（m^2）	备注
高层民用建筑	一、二级	按规范确定	1 500	对于体育馆、剧场的观众厅，防火分区的最大允许建筑面积可适当增加。
单、多层民用建筑	一、二级	按规范确定	2 500	
	三级	5层	1 200	—
	四级	2层	600	—
地下或半地下建筑（室）	一级	——	500	设备用房的防火分区最大允许建筑面积不应大于 1 000m^2。

注：1. 表中规定的防火分区最大允许建筑面积，当建筑内设置自动灭火系统时，可按本表的规定增加 1.0 倍；局部设置时，防火分区的增加面积可按该局部面积的 1.0 倍计算。

2. 裙房与高层建筑主体之间设置防火墙时，裙房的防火分区可按单、多层建筑的要求确定。

（二）防烟分区

1. 防烟分区的含义

防烟分区是指在建筑内部采用挡烟设施分隔而成，能在一定时间内防止火灾烟气向同一建筑的其余部分蔓延的局部空间。

2. 防烟分区的划分

防烟分区划分构件可采用：挡烟隔墙、挡烟梁（突出顶棚不小于 50cm）、挡烟垂壁（用不燃材料制成，从顶棚下垂不小于 50cm 的固定或活动的挡烟设施）。

设置防烟分区时，如果面积过大，会使烟气波及面积扩大，增加受灾面，不利安全疏散和扑救；如面积过小，不仅影响使用，还会提高工程造价。

（1）不设排烟设施的房间（包括地下室）和走道，不划分防烟分区。

（2）防烟分区不应跨越防火分区。

（3）对有特殊用途的场所，如地下室、防烟楼梯间、消防电梯、避难层间等，应单独划分防烟分区。

（4）防烟分区一般不跨越楼层，某些情况下，如 1 层面积过小，允许包括 1 个以上的楼层，但以不超过 3 层为宜。

（5）每个防烟分区的面积，对于高层民用建筑和其他建筑（含地下建筑和人防工程），其建筑面积不宜大于 500 平方米；当顶棚（或顶板）高度在 6m 以上时，可不受此限。此外，需设排烟设施的走道、净高不超过 6m 的房间应采用挡烟垂壁、隔墙或从顶棚突出不小于 0.5m 的梁划分防烟分区，梁或垂壁至室内地面的高度不应小于 1.8m。

第五节 常用消防器材与设施

一、灭火器材

（一）简易灭火器材使用

1. 常用简易灭火器材的种类

常用的简易灭火器材主要有黄沙、泥土、水泥粉、炉渣、石灰粉，铁板、锅盖、湿棉被、湿麻袋，以及盛水的简易容器，如水桶、水壶、水盆、水缸等。除了上述提到的这些东西以外，在初起火灾发生时，凡是能够用于扑灭火灾的所有工具（如扫帚、拖把、衣服、拖鞋、手套等），都可称为简易灭火器材。

2. 简易灭火器材的适用范围

由于燃烧对象的复杂性，简易灭火器材的使用有局限性。各企事业单位或居民家庭可以根据灭火对象的具体情况和简易灭火器材的适用范围，备好器材。特别是专用灭火器缺少的单位、家庭或临时施工现场，备有一定的简易灭火器材，是非常需要和十分必要的，以便发生火灾时在最短的时间内将火灾扑灭。

（1）一般易燃固体物质（如木材、纸张、布片等）初起火灾，可用水、湿棉被、湿麻袋、黄沙、水泥粉、炉渣、石灰粉等扑救。

（2）易燃、可燃液体（如汽油、酒精、苯、沥青、食油等）初起火灾，要根据其燃烧时的状态来确定简易灭火器材。液体燃烧时局限在容器内，如油锅、油桶、油盘着火，可用锅盖、铁板、湿棉被、湿麻袋等灭火，不宜用黄沙、水泥、炉渣等扑救，以免燃烧液体溢出造成流淌火灾。流淌液体火灾，可用黄沙、泥土、炉渣、水泥粉、石灰粉筑堤并覆盖灭火。

（3）可燃气体（如液化石油气、煤气、乙炔气等）火灾，在切断气源或明显降低燃气压力（小于0.05兆帕）的情况下，方可用湿麻袋、湿棉被等灭火。但灭火后必须立即切断气源，如不能切断气源的，应在严密防护的情况下维护稳定燃烧。

（4）遇湿燃烧物品（如金属钾、钠等）火灾，因此类物品遇水能强烈反应，置换水中的氢，生成氢气并产生大量的热，能引起着火爆炸。因此，只能用干燥的砂土、泥土、水泥粉、炉渣、石灰粉等扑救，但灭火后必须及时回收，按要求盛装在密闭容器内。

（5）自燃物品（如黄磷、硝化纤维、赛璐珞、油脂等）着火，因其在空气中或遇潮湿空气能自行氧化燃烧，因此用砂土、水泥粉、泥土、炉渣、石灰粉等灭火后，

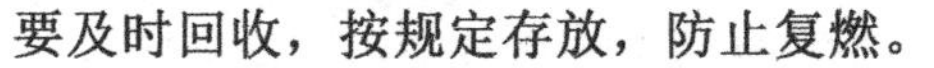

要及时回收，按规定存放，防止复燃。

初起火灾扑救，关键在于“快”，不要让火势蔓延扩大。“快”就要求现场人员灵活机动，就地取材；“快”才能阻止火灾扩大；“快”才能减少火灾损失。因此，各单位、各社区要重视简易灭火器材的作用，教育职工、市民学会简易灭火器材的使用，用掌握的消防知识保护自己、保护他人。

（二）灭火器

1. 灭火器的分类和编制

灭火器是指能在其内部压力作用下，将所充装的灭火剂喷出以扑救火灾，并由人力移动的灭火器具。灭火器担负的任务是扑救初起火灾。一具质量合格的灭火器如果使用得当，扑救及时，可将一切可能造成巨大损失的火灾扑灭在萌芽状态。因此，灭火器的作用是很重要的。

（1）灭火器的分类

灭火器的分类方法很多，常用的有三种，即按充装的灭火剂的类型、灭火器的加压方式、灭火器的重量和移动方式来划分。

①根据充装灭火剂的不同，常见的灭火器可分为水型灭火器、泡沫灭火器、干粉灭火器、卤代烷灭火器和二氧化碳灭火器等。

②按加压方式划分。化学反应式灭火器。这类灭火器中的灭火剂是由灭火器内化学反应产生的气体加压驱动的。酸碱灭火器、化学泡沫灭火器和烟雾自动灭火器属于这个类型。

储气瓶式灭火器。这类灭火器的灭火剂是由与其同储于一个容器内的压缩气体或灭火剂蒸气的压力所驱动的。卤代烷灭火器、二氧化碳灭火器可做成储气瓶式的，也可做成储压式的。

③按充装灭火剂的重量和移动方式划分。手提式灭火器。这类灭火器一般是手提移动的，重量较轻。灭火器的总重量不大于 20 千克，其中二氧化碳灭火器的总重量允许增至 28 千克。

推车式灭火器。这类灭火器有车驾、车轮等行驶机构，是由人力推拉移动的。灭火器的总重量在 40 千克以上，所充装的灭火剂量在 20 ～ 100 千克（升）。

（2）灭火器的型号编制方法

我国灭火器的型号是由类、组、特征的代号和主要参数四部分组成的，其中类、组、特征的代号是用具有代表性的汉字的拼音字母的字头表示的，主要参数是指灭火器中灭火剂的充装量，单位是千克或升，具体见表 3-4。

表 3-4 灭火器的型号编制方法

类	组	特征	代号	代号含义	主要参数	
					名称	单位
灭火器M	水S（水）	酸碱	MS	手提式酸碱灭火器	灭火剂充装量	升
		清水Q	MSQ	手提式清水灭火器		
	泡沫P（泡）	手提式	MP	手提式泡沫灭火器		
		舟车式Z	MPZ	舟车式泡沫灭火器		
		推车式T	MPT	推车式泡沫灭火器		
	二氧化碳T（碳）	手轮式	MT	手轮式二氧化碳灭火器		千克
		鸭嘴式Z	MTZ	鸭嘴式二氧化碳灭火器		
		推车式T	MTT	推车式二氧化碳灭火器		
	干粉F（粉）	手提式	MF	手提式干粉灭火器		
		背负式B	MFB	背负式干粉灭火器		
		推车式T	MFT	推车式干粉灭火器		
	1211 Y（1）	手提式	MY	手提式1211灭火器		
		推车式T	MYT	推车式1211灭火器		

2. 灭火器的配置

（1）灭火器配置场所的危险等级

灭火器的配置场所根据火灾危险性，划分为严重危险级、中危险级和轻危险级三级。

严重危险级是指火灾危险性大，可燃物多，起火后蔓延迅速或容易造成重大火灾损失的场所。如工业建筑中的甲醇、乙醇、苯等精制厂房，乙炔站，氢气站，谷物筒仓，工厂的总控制室，库房中的危险化学品库等，民用建筑中的重要资料库、档案室、电信机房、影剧院的舞台等部位。

中危险级是指火灾危险性较大，可燃物较多，起火后蔓延较迅速的场所。如工业

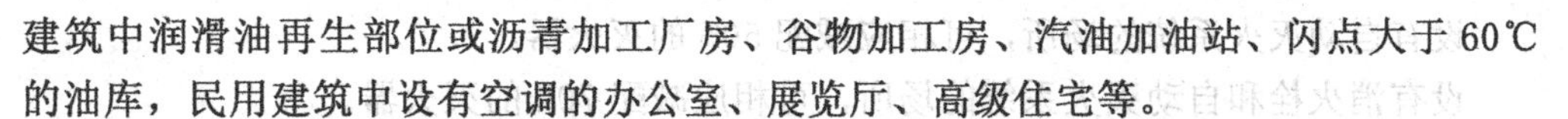

建筑中润滑油再生部位或沥青加工厂房、谷物加工房、汽油加油站、闪点大于60℃的油库，民用建筑中设有空调的办公室、展览厅、高级住宅等。

轻危险级是指火灾危险性较小，可燃物较少，起火后蔓延较慢的场所。如工业建筑中玻璃原料熔化厂房，印染厂的漂炼部位，库房中的水泥库房、圆木堆场，民用建筑中的电影院观众厅、普通旅馆、十层及十层以下的普通住宅等。

（2）灭火器的灭火级别

灭火器的灭火级别是指在一定条件下灭火器能扑灭不同火灾模型的能力。它由数字和字母组成，数字表示灭火级别的大小，字母（A或B）表示灭火级别的单位以及适合扑救火灾的种类。

（3）灭火器的选择

灭火器的选择应考虑配置场所的火灾种类、灭火有效程度、灭火剂对保护物品的污损程度、设置点的环境温度、使用人员的体质和灭火技能等问题。类型选择应符合表3-5的要求。

表3-5　灭火器的选择

扑救火灾的类别	应选择的灭火器类别
A类火灾	水型（清水、酸碱）、泡沫、磷酸铵盐干粉
B类火灾	干粉、泡沫、二氧化碳
C类火灾	干粉、二氧化碳
D类火灾	由设计部门和当地公安消防监督部门协调解决
带电物体火灾	二氧化碳、干粉
A、B、C，带电物体混合火灾	磷酸铵盐干粉

（4）灭火器配置基准

①配置数量基准。每单元最少配置数量：一个灭火器配置场所计算单元内的灭火器配置数量不应少于2具。每点最多配置数量：一个灭火器设置点的灭火器配置数量不宜多于5具。

②增量配置基准。以上的配置基准均系对地上建筑而言，对地下建筑灭火器配置数量，则应按其相应的地面建筑的规定增加30%的灭火器配置数量。

③减量配置基准。根据消防实战经验和实际需要，在已安装消火栓、自动灭火系统的灭火器配置场所计算单元，仍要求配置灭火器以扑救初起小火。但可根据具体情况，适量减配灭火器。

设有消火栓的场所，可相应减配30%的灭火器。

设有自动灭火系统的场所，可相应减配 50% 的灭火器。

设有消火栓和自动灭火系统的场所，可相应减配 70% 的灭火器。

灭火器的配置数量可参照表 3-6。

表 3-6　灭火器的配置数量

场所、用途	适用的灭火器	配置参考数量（具 / 平方米）
甲、乙类火灾危险性仓库	泡沫灭火器、干粉灭火器	1/50 ～ 1/80
甲、乙类火灾危险性厂房	泡沫灭火器、干粉灭火器	1/20 ～ 1/50
甲、乙类火灾危险性生产装置区	泡沫灭火器、干粉灭火器	1/80 ～ 1/100
丙类火灾危险性仓库	清水灭火器、泡沫灭火器	1/80 ～ 1/100
丙类火灾危险性厂房	清水灭火器、泡沫灭火器	1/50 ～ 1/80
丙类火灾危险性生产装置区	清水灭火器、泡沫灭火器	1/100 ～ 1/150
铅镁加工房	金属火灾灭火器	1/20 ～ 1/50
高压电容器室、调压室、油开关、油浸电力变压器室	二氧化碳灭火器	1/20 ～ 1/50
可燃、易燃液体装卸站台	泡沫灭火器、干粉灭火器	按站台长度 0 ～ 15 米 / 具
精密仪器室、贵重文件间、计算机房	二氧化碳灭火器	1/20 ～ 1/50
金融财贸楼、百货楼、展览馆、图书馆、剧场、影院、酒吧、舞厅	清水灭火器、泡沫灭火器	1/50 ～ 1/80
办公楼、教学楼、医院、旅馆	清水灭火器、泡沫灭火器	1/50 ～ 1/100

在社区的公共部位宜设置一定数量的移动式灭火器材，以便社区发生火灾时，居民能就近拿起移动式灭火器材进行初起火灾的扑救。设置的部分宜在多层建筑中的楼梯间、高层建筑中的电梯前室，以及社区内的一些公共部位。日常维护由居委会或指定专门的人员负责。

3. 灭火器的使用

（1）水型灭火器

水型灭火器是指用其中充装水来灭火的灭火器。

①用途

水型灭火器主要用于扑救固体火灾，如木材、纸张、棉麻、织物等的初起火灾。

能够喷雾的灭火器也可用于扑救可燃液体的初起火灾。

②使用方法

清水灭火器适用于扑灭可燃固体物质的火灾，即A类火灾。将清水灭火器提至火场，在距燃烧物大约10米处，将灭火器直立放稳。摘下保险帽，用手掌拍击启杆顶端的凸头。这时二氧化碳储气瓶的密封膜片被刺破，二氧化碳气体进入筒体内，迫使清水从喷嘴喷出。此时应立即一只手提灭火器筒盖上的提圈，另一只手托住灭火器的底圈，将射出的水流对准燃烧最猛烈处喷射。随着灭火器喷射距离的缩短，操作者应逐渐向燃烧物靠近，使水流始终喷射在燃烧处，直至将火扑灭。

清水灭火器在使用过程中应始终与地面保持大致垂直状态，切勿颠倒或横卧，否则会使加压气体泄出而导致灭火剂不能喷射。

（2）泡沫灭火器

泡沫灭火器是指充装泡沫灭火剂的灭火器。

①用途

泡沫灭火器主要用于扑救油品火灾，如汽油、煤油、柴油、苯、甲苯、二甲苯、植物油、动物油脂等的初起火灾；也可用于扑救固体物质火灾，如木材、竹器、棉麻、织物、纸张等的初起火灾。

②使用方法

空气泡沫灭火器在使用时，应手提灭火器迅速赶到火场，在距起火点6米左右处停下。先拔出保险销，然后一只手握住喷枪，另一只手紧握开启压把。空气泡沫的灭火方法与化学泡沫灭火方法相同。

（3）干粉灭火器

干粉灭火器是指充装干粉灭火剂的灭火器。适用于扑救甲、乙、丙类液体，可燃气体和带电设备的初起火灾，以及扑救可燃固体火灾。

①手提式干粉灭火器

使用前，先把灭火器上下颠倒几次，使筒内干粉松动。如果使用的是内装式或储压式干粉灭火器，先拔下保险销，一只手握住喷嘴，另一只手用力按下压把，干粉便会从喷嘴喷射出来。如果使用的是外置式干粉灭火器，应一只手握住喷嘴，另一只手提起提环，握住提柄，干粉便会从喷嘴射出来。

②推车式干粉灭火器

推车式干粉灭火器一般由两人操作。使用时应将灭火器迅速拉到或推到火场，在离起火点大约10米处停下。一人将灭火器放稳，然后拔出开启机构上的保险销，迅速打开二氧化碳钢瓶；另一人则取下喷枪，迅速展开喷射软管，然后一手握喷枪枪管，另一只手钩动扳机，将喷嘴对准火焰根部喷粉灭火。灭火方法同手提式灭火器。

（4）二氧化碳灭火器

二氧化碳灭火器是喷射二氧化碳灭火剂进行灭火的一种灭火器具，利用灭火剂本身作动力喷射。其特点是灭火后不留痕迹，适用于扑救贵重设备、档案资料、仪器、仪表、油脂类及600伏以下的电气装置的初起火灾。

①使用方法

灭火时右手拔去保险销，紧握喇叭木柄，左手按下鸭嘴压把，二氧化碳即可以从喷筒喷出。在使用过程中应连续喷射，防止余烬复燃。灭火器不可颠倒使用，使用时应注意安全。当空气中二氧化碳含量达 8.5% 以上时，会造成呼吸困难、血压升高；含量达到 20% ～ 30% 时，会造成呼吸衰弱，严重者可窒息死亡。

②维护保养

二氧化碳灭火器不应放置在采暖或加热设备附近和阳光强烈照射的地方，存放地点温度不宜超过 42℃；对灭火器每年要检查一次重量，泄漏超过 1/10 时应检修补气，每 5 年进行一次水压试验，合格后方可使用，灭火器一经开启，必须重新充装，维修及充装应由专业单位承担；在搬运过程中应轻拿轻放，防止撞击。

③使用注意事项

灭火器在喷射过程中应保持直立状态，切不可平放或颠倒使用；不戴防护手套时，不要用手直接握喷筒或金属筒，以防冻伤；在室外使用时，应选择在上风方向喷射，若在室外大风条件下使用，因为喷射的二氧化碳气体会被风吹散，灭火效果很差；在狭小的室内空间使用时，灭火后操作者应迅速撤离，以防因二氧化碳窒息而发生意外；用二氧化碳扑救室内火灾后，应先打开门窗通风，然后人再进入，以防窒息。

4. 灭火器的设置要求

灭火器的设置要求主要有以下几点：

①灭火器应设置在明显的地点

灭火器设置在明显地点，能使人们一目了然地知道何处可取灭火器，减少因寻找灭火器而花费的时间，及时有效地将火灾扑灭在初起阶段。

②灭火器应设置在便于人们取用（包括不受阻挡和碰撞）的地点

扑灭初起火灾是有一定时间限度的，能否方便安全及时地取到灭火器，在某种程度上决定了灭火的成败。如果取用不便，那么就是离火再近，也有可能因时间的拖延而使火势蔓延造成大火，从而使灭火器失去作用。

③灭火器的设置不得影响安全疏散

即灭火器以及灭火器的托架和灭火器箱等附件都不得影响安全疏散。

④某些场所应设置灭火器指示标志

对于那些必须设置灭火器而又确实难以做到明显易见的特殊情况，应设有明显的指示标志来指出灭火器的实际设置位置，使人们能迅速及时地取到灭火器。这主要是考虑在大型房间内或因视线障碍等原因而不能直接看见灭火器的设置情况。

⑤灭火器应设置稳固

手提式灭火器（包括设置手提式灭火器的附件）要防止发生跌落等现象；推车式灭火器不要设置在斜坡和地基不结实的地点，以免造成灭火器不能正常使用或伤人事故。

⑥设置的灭火器铭牌必须朝外

这是为让人们能直接明了灭火器的主要性能指标、适用扑救火灾的种类和用法，使人们在拿到符合配置要求的灭火器后就可以正确使用，充分发挥灭火器的作用，有效地扑灭初起火灾。

⑦手提式灭火器的设置位置

手提式灭火器宜设置在挂钩、托架上或灭火器箱内，其顶部离地面高度应小于1.50米，底部离地面高度不宜小于0.15米，便于人们对灭火器进行保管和维护，让扑救人员能安全方便取用，防止潮湿的地面对灭火器的影响。设置在挂钩、托架上或灭火器箱内的手提式灭火器要竖直向上设置。对于那些环境条件较好的场所，如洁净室等，手提式灭火器可直接放在地面上。

⑧灭火器不应设置在潮湿或强腐蚀性的地点

灭火器是一种备用器材，一般来说存放时间较长，如果长期设置在有强腐蚀性或潮湿的地点或场所，会严重影响灭火器的使用性能和安全性能，因此这些地点或场所一般不能设置灭火器。但考虑到某些单位、部门的特殊情况，如实在无法避免，则规定要从技术上或管理上采取相应的保护措施。

⑨设置在室外的灭火器应有保护措施

由于多数推车式灭火器和部分手提式灭火器有可能设置在室外，对灭火器来说室外的环境条件比室内要差得多。因此，为了使灭火器随时都能正常使用，必须要有一定的保护措施。

5. 灭火器的管理

（1）日常管理

灭火器的日常管理参照表3-7。

表3-7 灭火器的日常管理

灭火器种类	放置环境要求	日常管理内容
清水灭火器	环境温度应为4℃～45℃ 通风，干燥	定期检查气压，如发现压力不够时，应重新充气，并查明泄漏原因及部位，予以修复； 使用2年后，应进行水压试验，并在试验后标明日期。
泡沫灭火器	环境温度为4℃～45℃	定期检查气压，如发现压力不够时，应重新充气，并查明泄漏原因及部位，予以修复； 使用2年后，应进行水压试验，并在试验后标明日期。
二氧化碳灭火器	环境温度＞55℃	每年用称重法检查一次重量，泄漏量不得大于充装量的5%，否则重新灌装； 每5年进行一次水压试验，并标明试验日期。
卤代烷灭火器	环境温度为-10℃～45℃ 通风、干燥，远离火源和采暖设备，避免日光直接照射	每隔半年检查一次，如压力表的指针指示在红色区域内，应重新充装； 每隔5年或再次充装灭火剂前应进行水压试验，并标明试验日期。
干粉灭火器	环境温度为-10℃～45℃ 通风、干燥	定期检查干粉是否结块和瓶体压力是否充足； 一经打开使用。不论是否用完，都必须进行再充装，充装时不得变换品种。

（2）灭火器的外观检查

①检查灭火器的铅封是否完好。灭火器一经开启，即使喷射不多，也必须按规定要求再充装，充装后应作密封试验，并重新铅封。

②检查可见部位防腐层的完好程度。

③检查灭火器可见零部件是否完整，有无松动、变形、锈蚀损坏，装配是否合理。

④检查贮压式灭火器的压力表指针是否在绿色区域。如指针在红色区域，应查明原因，检修后重新灌装。

⑤检查灭火器的喷嘴是否畅通，如有堵塞应及时疏通。检查干粉灭火器喷嘴的防潮是否完好、喷枪零件是否完备。

（3）灭火器检修及灭火剂再充装

灭火器的检修以及再充装应由经过培训的专人进行。灭火器经检修后，其性能要求符合有关标准的规定，并在灭火器的明显部位贴上（或附上）不易脱落的标记，标明维修或再充装的日期、维修单位名称和地址。简易式灭火器不得重复灌气维修。严禁将已到报废年限的灭火器继续使用或维修后再使用。

（三）室内外消火栓

1. 室外消火栓

室外消火栓与城镇自来水管网相连接，供消防车取水用。

（1）类型

室外消火栓有地上消火栓和地下消火栓两种类型。地上消火栓适用于气候温暖地区，而地下消火栓则适用于气候寒冷地区。

①地上消火栓

地上消火栓有三个出水口，其中，100毫米口径的出水口一个，65毫米口径的出水口两个。地上消火栓易寻找，连接方便，但易冻结，易损坏。

②地下消火栓

地下消火栓与地上消火栓的作用相同，都是为消防车及水枪提供压力水。所不同的是，地下消火栓安装在地面下，不易冻结，也不易被损坏，但不易寻找，连接不方便。

（2）设置要求

①为了使消防队在灭火时使用方便，消火栓应沿道路布置，在十字路口应设有消火栓，宽度在60米以上的道路宜在道路两边设置消火栓。

②消火栓布置时，距路边不宜小于0.5米并应不大于2米，距建筑物外墙不小于5米。

③消火栓的保护半径不应超过150米，且间距不应大于120米。

（3）维护保养

①每月或重大节日前应进行一次全面检查。

②检查时要放尽管道内锈水，吸干余水或疏通放水阀，排除积水，清除消火栓上沉积的灰尘和污渍，在消火栓轴心上加上润滑油，大小出口上加上牛油，并根据外表

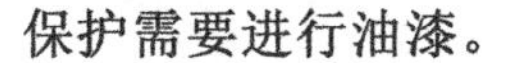

保护需要进行油漆。

③消火栓周围30米内严禁堆物，15米内严禁停车，严禁设栏、设广告围堵消火栓，不能影响消火栓的正常使用。

④消火栓安装必须符合有关要求，消火栓大出口必须朝向马路。因基础设施改造需要搬迁、拆除的，应报请有关消防管理部门审批。

⑤消火栓上所有部件必须保持良好，平时应做到无漏水、无锈蚀、开启方便、操作灵活。

2. 室内消火栓

（1）组成。室内消火栓通常设置在具有玻璃门的消防水带箱内，其箱内由水枪、水带、水喉、消火栓和报警按钮（水泵启动按钮）组成。

（2）室内消火栓布置要求

①凡设有室内消火栓的建筑物，其各层（无可燃物的设备层除外）均应设置消火栓，并应设置在明显的、经常有人出入、使用方便的地方。为了使在场人员能及时发现和使用消火栓，室内消火栓应有明显的标志。消火栓应涂红色，且不应被伪装或遮挡。

②室内消火栓栓口离地面高度应为1.1米。为减小局部水头损失，并便于操作，其出水方向宜向下或与设置消火栓的墙面成90°角。

③消防电梯前室是消防人员进入室内扑救火灾的桥头堡。为便于消防人员向火场发起进攻或开辟通路，在消防电梯前室应设室内消火栓。

④冷库内的室内消火栓为防止冻结损坏，一般应设在常温的厅堂或楼梯间内。冷库进入闷顶的入口处应设有消火栓，以便于扑救顶部保温层的火灾。

⑤同一建筑物内应采用统一规格的消火栓、水带和水枪，以利管理和使用。每根水带的长度不应超过25米。每个消火栓外应设消防水带箱。消防水带箱宜采用玻璃门，不应采用封闭的铁皮门，以便在火灾情况下敲碎玻璃使用消火栓。

⑥消火栓栓口处的出水压力超过0.5MPa时，应设置减压设施。

⑦高层工业与民用建筑，以及水箱不能满足最不利于消火栓水压要求的其他低层建筑，每个消火栓处应设置直接启动消防水泵的按钮，以便及时启动消防水泵，供应火场用水。按钮应设有保护设施，如放在消防水带箱内，或放在有玻璃保护的小壁龛内，以防止误操作。

⑧设有室内消火栓给水系统的建筑物，其屋顶应设置试验和检查用的消火栓。

（3）室内消火栓的使用

发生火灾后，首先用消火栓箱钥匙打开箱门或硬物击碎箱门上的玻璃打开箱门，然后迅速取下挂架上的水带和弹簧架上的水枪，将水带接口连接在消火栓接口上，按动紧急报警按钮，此时消火栓箱上的红色指示灯亮，给控制室和消防泵房送出火灾信号（有的消火栓箱可以直接启动消防水泵供水），按逆时针方向旋转消火栓手轮，即可出水灭火。

（4）室内消火栓的维修管理

室内消火栓给水系统至少每半年（或按当地消防监督部门的规定）要进行一次全

面的检查。检查的项目有：

①室内消火栓、水枪、水带是否齐全完好，有无生锈、漏水，接口垫圈是否完整无缺。

②消防水泵在火警后 5 分钟内能否正常供水。

③报警按钮、指示灯及报警控制线路功能是否正常，有无故障。

④检查消火栓箱及箱内配装的消防部件外观有无损坏，涂层是否脱落，箱门玻璃是否完好无缺。

对室内消火栓给水系统的维护，应做到使各组成设备经常保持清洁、干燥、防止锈蚀或损坏。为防止生锈，消火栓手轮丝杆处转动的部位应经常加注润滑油。设备如有损坏，应及时修复或更换。

二、安全疏散设施

民用建筑应根据其建筑高度、规模、使用功能和耐火等级等因素合理设置安全疏散和避难设施。安全出口和疏散门的位置、数量、宽度及疏散楼梯间的形式，应满足人员安全疏散的要求。

（一）安全出口

1. 安全出口布置的原则

建筑内的安全出口和疏散门应分散布置，且建筑内每个防火分区或一个防火分区的每个楼层、每个住宅单元每层相邻两个安全出口以及每个房间相邻两个疏散门最近边缘之间的水平距离不应小于 5m。

2. 安全出口的数量

公共建筑内每个防火分区或一个防火分区的每个楼层，其安全出口的数量应经计算确定，且不应少于 2 个。

（二）疏散楼梯

1. 疏散楼梯间

楼梯间应能天然采光和自然通风，并宜靠外墙设置。靠外墙设置时，楼梯间、前室及合用前室外墙上的窗口与两侧门、窗、洞口最近边缘的水平距离不应小于 1.0m；楼梯间内不应设置烧水间、可燃材料储藏室、垃圾道；楼梯间内不应有影响疏散的凸出物或其他障碍物；封闭楼梯间、防烟楼梯间及其前室，不应设置卷帘；楼梯间内不应设置甲、乙、丙类液体管道；封闭楼梯间、防烟楼梯间及其前室内禁止穿过或设置可燃气体管道。敞开楼梯间内不应设置可燃气体管道，当住宅建筑的敞开楼梯间内确需设置可燃气体管道和可燃气体计量表时，应采用金属管和设置切断气源的阀门。

2. 封闭楼梯间

不能自然通风或自然通风不能满足要求时，应设置机械加压送风系统或采用防烟楼梯间；除楼梯间的出入口和外窗外，楼梯间的墙上不应开设其他门、窗、洞口；高

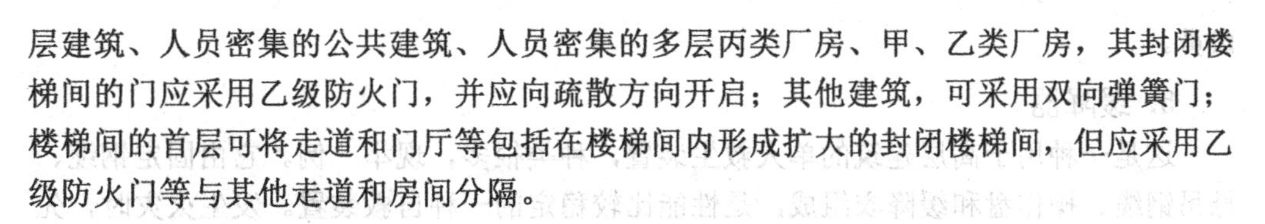

层建筑、人员密集的公共建筑、人员密集的多层丙类厂房、甲、乙类厂房，其封闭楼梯间的门应采用乙级防火门，并应向疏散方向开启；其他建筑，可采用双向弹簧门；楼梯间的首层可将走道和门厅等包括在楼梯间内形成扩大的封闭楼梯间，但应采用乙级防火门等与其他走道和房间分隔。

3. 防烟楼梯间

应设置防烟设施；前室可与消防电梯间前室合用；前室的使用面积：公共建筑、高层厂房（仓库），不应小于6.0m^2。住宅建筑，不应小于4.5m^2；与消防电梯间前室合用时，合用前室的使用面积；公共建筑、高层厂房（仓库），不应小于10.0m^2；住宅建筑，不应小于6.0m^2；疏散走道通向前室以及前室通向楼梯间的门应采用乙级防火门；除楼梯间和前室的出入口、楼梯间和前室内设置的正压送风口和住宅建筑的楼梯间前室外，防烟楼梯间和前室的墙上不应开设其他门、窗、洞口；楼梯间的首层可将走道和门厅等包括在楼梯间前室内形成扩大的前室，但应采用乙级防火门等与其他走道和房间分隔。

三、救生器材与装置

（一）救生器材

1. 安全绳

有的高层建筑和超高层建筑中备有安全绳。需用时，可把安全绳的一头挂在窗口或阳台里侧的牢固物体上，人可沿安全绳以1米／秒的速度下降，其救生高度可达40层楼。

在紧急情况下，如果没有安全绳，可将室内的窗帘、床单、被罩等拧在一起作为安全绳，也能顺利逃生。如果限于长度难以到达地面，也可借助绳索转移至下一层，然后再逃离起火层。

2. 救生袋

其形状就像一只袋子，逃生者只要钻进这只长口袋，周围的摩擦力足以使人安全地滑落到地面。救生袋在一些高层建筑中很常见。

3. 网式救生通道（救生袋）

网式救生通道（救生袋）是一种固定在高层建筑上像网状一样的救生滑道，其形状有方体形、圆柱形等，使用时有的成一定斜度，有的与地面垂直，主要用于楼层逃生。当发生火灾时，被困者在上面将预先设置好的救生网放下，由下面的工作人员将下面的一端固定在地面上，被困者进入网中顺势滑下，即可获救。网式救生通道（救生袋）一般预先设置在楼层中，作应急使用。

4. 防火毯

这种毯子可装在与灭火器相似的圆筒里，如遇火灾，取出筒里浸满了水冻胶的毛毯披在身上，可以从熊熊火海中穿行而过，安全脱险。但遇浓烟时，还需用毛巾捂住口鼻。

5. 缓降器

这是一种用于高层建筑的单人救生装置，种类很多，现举一例。它由固定钢缆、悬吊钢缆、操作盘和缓降衣组成，是性能比较稳定的一种自救装置。发生火灾时，先把固定钢缆像套马索一样系在室内牢固物体上，穿上降落衣，把悬吊钢缆端头降落伞式的钩扣与固定钢缆端头扣牢，人便可翻出窗外，手握操纵盘，旋转操纵盘上的手柄，使人体缓缓降至地面。悬吊钢缆可使人从二十二层楼上安全降下，平时可放在窗外、抽屉里，外出旅行还可放在行李包中，全部重量仅 5.5 千克。

6. 防烟逃生面罩

适用范围：办公大楼、工厂企业、饭店宾馆、住宅学校、医院、卡拉 OK 厅、火车、渡轮、外出旅游等。

①使用方法

扭开胶罐盖，面罩即弹出，打开面罩；戴上面罩，用嘴巴咬紧呼吸器，夹实鼻子；锁紧头部软带；蹲低身体，爬行逃离；离开火场，除去面罩。

②注意事项

下列情况下禁止使用：超过有效日期；火警过后；使用时罐盖已被拆封；缺氧及毒气泄漏。

（二）应急照明与疏散指示标志

建筑物发生火灾时，正常电源往往被切断，为了便于人员在夜间或浓烟中疏散，需要在建筑物中安装应急照明和疏散指示标志。

1. 设置应急照明和疏散指示标志的场所

除建筑高度小于 27m 的住宅建筑外，民用建筑、厂房和丙类仓库的下列部位应设置疏散照明：

①封闭楼梯间、防烟楼梯间及其前室、消防电梯间的前室或合用前室、避难走道、避难层（间）；

②观众厅、展览厅、多功能厅和建筑面积大于 200m^2 的营业厅、餐厅、演播室等人员密集的场所；

③建筑面积大于 100m^2 的地下或半地下公共活动场所；

④公共建筑内的疏散走道；

⑤人员密集的厂房内的生产场所及疏散走道。

2. 建筑内疏散照明的地面最低水平照度

①对于疏散走道，不应低于 1.0lx；

②对于人员密集场所、避难层（间），不应低于 3.0lm；对于病房楼或手术部的避难间，不应低于 10.0lm；

③对于楼梯间、前室或合用前室、避难走道，不应低于 5.0lx；

④消防控制室、消防水泵房、自备发电机房、配电室、防排烟机房以及发生火灾

时仍需正常工作的消防设备房应设置备用照明，其作业面的最低照度不应低于正常照明的照度。

3. 应急照明和疏散指示标志的安装要求

疏散照明灯具应设置在出口的顶部、墙面的上部或顶棚上；备用照明灯具应设置在墙面的上部或顶棚上。

公共建筑、建筑高度大于54m的住宅建筑、高层厂房（库房）和甲、乙、丙类单、多层厂房，应设置灯光疏散指示标志，并应符合下列规定：

①应设置在安全出口和人员密集场所的疏散门的正上方；

②应设置在疏散走道及其转角处距地面高度1.0m以下的墙面或地面上。灯光疏散指示标志的间距不应大于20m；对于袋形走道，不应大于10m；在走道转角区，不应大于1.0m。

四、防火门、窗与防火卷帘

（一）防火门

为保证防火墙的阻火性能，在防火墙中不应开设门窗。但有时为满足使用上的需要，只好在墙上开门或窗，这就在防火墙上造成了薄弱的部位，因此必须利用防火门窗来弥补这一不足。防火门除了具有普通门的作用外，还应具有防火、隔烟的特殊功能。

1. 防火门的分类、代号与标记

（1）按材质分类及代号

木质防火门，代号：MFM。

钢质防火门，代号：GFM。

钢木质防火门，代号：GMFM。

其他材质防火门，代号：**FM。（** 代表其他材质的具体表述大写拼音字母）

（2）按门扇数量分类及代号

单扇防火门，代号为1。

双扇防火门，代号为2。

多扇防火门（含有两个以上门扇的防火门），代号为门扇数量用数字表示。

（3）按结构型式分类及代号

门扇上带防火玻璃的防火门，代号为b。

防火门门框：门框双槽口代号为s，单槽口代号为d。

带亮窗防火门，代号为1。

带玻璃带亮窗防火门，代号为bl。

无玻璃防火门，代号略。

（4）按耐火性能分类及代号

防火门按耐火性能的分类及代号见表3-8。

表 3-8　防火门按耐火性能分类

<table>
<tr><th>名称</th><th colspan="2">耐火性能</th><th>代号</th></tr>
<tr><td rowspan="5">隔热防火门（A 类）</td><td colspan="2">耐火隔热性≥0.50h 耐火完整性≥0.50h</td><td>A0.50（丙级）</td></tr>
<tr><td colspan="2">耐火隔热性≥1.00h 耐火完整性≥1.00h</td><td>A1.00（乙级）</td></tr>
<tr><td colspan="2">耐火隔热性≥1.50h 耐火完整性≥1.50h</td><td>A1.50（甲级）</td></tr>
<tr><td colspan="2">耐火隔热性≥2.00h 耐火完整性≥2.00h</td><td>A2.00</td></tr>
<tr><td colspan="2">耐火隔热性≥3.00h 耐火完整性≥3.00h</td><td>A3.00</td></tr>
<tr><td rowspan="4">部分隔热防火门（B 类）</td><td rowspan="4">耐火隔热性≥0.50h</td><td>耐火完整性≥1.00h</td><td>B1.00</td></tr>
<tr><td>耐火完整性≥1.50h</td><td>B1.50</td></tr>
<tr><td>耐火完整性≥2.00h</td><td>B2.00</td></tr>
<tr><td>耐火完整性≥3.00h</td><td>B3.00</td></tr>
<tr><td rowspan="4">非隔热防火门（C 类）</td><td colspan="2">耐火完整性≥1.00h</td><td>C1.00</td></tr>
<tr><td colspan="2">耐火完整性≥1.50h</td><td>C1.50</td></tr>
<tr><td colspan="2">耐火完整性≥2.00h</td><td>C2.00</td></tr>
<tr><td colspan="2">耐火完整性≥3.00h</td><td>C3.00</td></tr>
</table>

（5）其他代号、标记

①下框代号。有下框的防火门代号为 k。

②平开门门扇关闭方向代号。门扇顺时针方向关闭代号为 5；门扇逆时针方向关闭代号为 6。双扇防火门关闭方向代号，以安装锁的门扇关闭方向表示。

2. 防火门的设置规定

①设置在建筑内经常有人通行处的防火门宜采用常开防火门。常开防火门应能在火灾时自行关闭，并应具有信号反馈的功能；

②除允许设置常开防火门的位置外，其他位置的防火门均应采用常闭防火门。常闭防火门应在其明显位置设置“保持防火门关闭”等提示标识；

③除管井检修门和住宅的户门外，防火门应具有自行关闭功能。双扇防火门应具

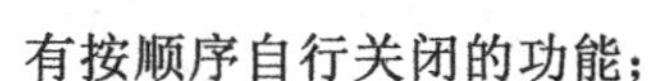

有按顺序自行关闭的功能；

④除规定外，防火门应能在其内外两侧手动开启；

⑤设置在建筑变形缝附近时，防火门应设置在楼层较多的一侧，并应保证防火门开启时门扇不跨越变形缝；

⑥防火门关闭后应具有防烟性能；

⑦甲、乙、丙级防火门应符合现行国家标准《防火门》GB 12955 的规定。

（二）防火窗

1. 防火窗的产品命名、分类与代号

（1）防火窗产品命名

防火窗产品采用其窗框和窗扇框架的主要材料命名，具体名称见表 3-9。

表 3-9　防火窗产品名称

产品名称	含义	代号
钢质防火窗	窗框和窗扇框架采用钢材制造的防火窗	GFC
木质防火窗	窗框和窗扇框架采用木材制造的防火窗	MFC
钢木复合防火窗	窗框采用钢材、窗扇框架采用木材制造或窗框采用木材、窗扇框架采用钢材制造的防火窗	GMFC
其他材质防火窗的命名和代号表示方法，按照具体材质名称，参照执行。		

（2）防火窗分类与代号

①防火窗按其使用功能的分类与代号见表 3-10。

表 3-10　防火窗的使用功能分类与代号

使用功能分类名称	代号
固定式防火窗	D
活动式防火窗	H

②防火窗按其耐火性能的分类与代号见表3-11。

表3-11 防火窗的耐火性能分类与代号

耐火性能分类	耐火等级代号	耐火性能
隔热防火窗，A	A0.50（丙级）	耐火隔热性≥0.50h，且耐火完整性≥0.50h
	A1.00（乙级）	耐火隔热性≥1.00h，且耐火完整性≥1.00h
	A1.50（甲级）	耐火隔热性≥1.50h，且耐火完整性≥1.50h
	A2.00	耐火隔热性≥2.00h，且耐火完整性≥2.00h
	A3.00	耐火隔热性≥3.00h，且耐火完整性≥3.00h
非隔热防火窗，C	C0.50	耐火完整性≥0.50h
	C1.00	耐火完整性≥1.00h
	C1.50	耐火完整性≥1.50h
	C2.00	耐火完整性≥2.00h
	C3.00	耐火完整性≥3.00h

2. 防火窗的设置规定

设置在防火墙、防火隔墙上的防火窗，应采用不可开启的窗扇或具有火灾时能自行关闭的功能。

防火窗应符合现行国家标准《防火窗》GB 16809的有关规定。

（三）防火卷帘

防火分隔部位设置防火卷帘时，应符合下列规定：

（1）除中庭外，当防火分隔部位的宽度不大于30m时，防火卷帘的宽度不应大于10m；当防火分隔部位的宽度大于30m时，防火卷帘的宽度不应大于该部位宽度的1/3，且不应大于20m；

（2）不宜采用侧式防火卷帘；

（3）除另有规定外，防火卷帘的耐火极限不应低于对所设置部位墙体的耐火极限要求。

当防火卷帘的耐火极限符合现行国家标准《门和卷帘耐火试验方法》GB/T 7633有关耐火完整性和耐火隔热性的判定条件时，可不设置自动喷水灭火系统保护。

当防火卷帘的耐火极限仅符合现行国家标准《门和卷帘耐火试验方法》GB/T

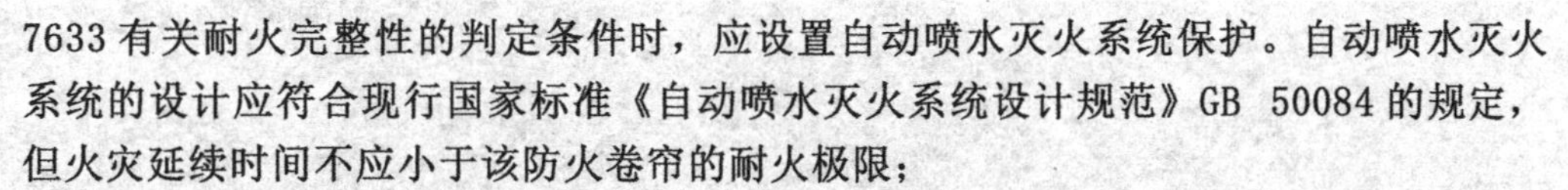

7633有关耐火完整性的判定条件时，应设置自动喷水灭火系统保护。自动喷水灭火系统的设计应符合现行国家标准《自动喷水灭火系统设计规范》GB 50084的规定，但火灾延续时间不应小于该防火卷帘的耐火极限；

（4）防火卷帘应具有防烟性能，与楼板、梁、墙、柱之间的空隙应采用防火封堵材料封堵；

（5）需在火灾时自动降落的防火卷帘，应具有信号反馈的功能；

（6）其他要求，应符合现行国家标准《防火卷帘》GB 14102的规定。

第一节 高层建筑外墙火灾防控概述

一、高层建筑外墙立面火灾的危害及特性

[illegible]

[illegible]

（一）火灾蔓延途径多，蔓延迅速

[illegible]

（二）火灾发展受外部环境影响大

[illegible]

第四章　高层建筑外墙火灾防控

第一节　高层建筑外墙火灾防控概述

一、高层建筑外墙立面火灾的危害及特性

近年来发生的一系列火灾中，火焰从外墙面突破防火分区的问题越来越受到人们的关注。高层建筑外墙立面火灾一旦发生，不仅造成巨大的财产损失，还会导致重大人员伤亡。外墙立面火灾已经成为近年来消防科研、建筑防火设计及灭火救援所面临的一类突出的火灾防控技术难题。

高层建筑外墙立面火灾除了具有高层建筑所具有的火灾特性之外，还具有自身的一些特点。

（一）火焰烟气传播途径多、蔓延迅速

由于建筑外墙结构复杂，可燃材料较多，如部分现有建筑存在可燃易燃保温材料、可燃铝塑板构成的幕墙系统、户外广告牌及可燃装饰材料、可燃塑料雨棚等，都会成为促进火焰蔓延的媒介，导致外墙火灾蔓延迅速。幕墙与建筑墙体之间通常有一定的空腔，火灾中火焰和烟气会沿着这一空腔迅速向上传播，形成明显的烟囱效应。特殊的建筑外墙造型也会促进火灾中火焰和烟气的传播，如外墙表面的竖向伸出结构等。除了上述通过外墙及其附属物竖向蔓延的途径之外，火灾也可能穿越外墙系统或通过起火楼层之上的外墙开口蔓延至建筑内部，如通过窗户开口传播到室内，引发建筑内部火灾，进而导致火灾从建筑内部突破防火分区。

（二）火灾发展受外部环境影响大

由于火灾发生于外墙立面，因此火灾的发展受到外部环境的影响极大，特别是风

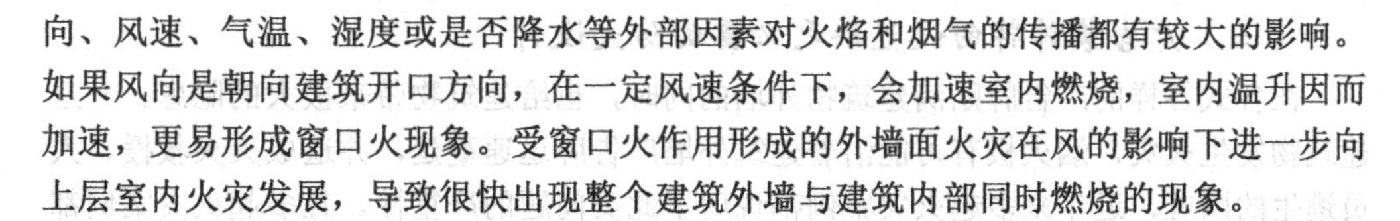
向、风速、气温、湿度或是否降水等外部因素对火焰和烟气的传播都有较大的影响。如果风向是朝向建筑开口方向，在一定风速条件下，会加速室内燃烧，室内温升因而加速，更易形成窗口火现象。受窗口火作用形成的外墙面火灾在风的影响下进一步向上层室内火灾发展，导致很快出现整个建筑外墙与建筑内部同时燃烧的现象。

（三）火灾中人员疏散困难

由于外墙面火灾的发展会封锁建筑外墙开口，这就给消防人员从建筑外墙开口对内部人员的施救造成了很大的困难。并且外墙火灾中往往伴随着大量的燃烧物等垮塌掉落，如火灾中由于支撑幕墙面板的铝合金框架或型钢框架受火变形，导致铝塑板、玻璃、石材幕墙面板等大面积垮落，严重影响疏散通道出口的安全，同时也威胁到建筑下方消防灭火人员的安全。

（四）灭火救援难度大

目前，我国多数城市现有的消防扑救高度仅有50多米，对高层建筑的扑救能力有限。而外墙面火灾蔓延迅速，当消防部门接警来到现场时，火往往已经蔓延到了50m以上的建筑部位，极难扑救。并且部分建筑外墙面为可燃保温材料，保温材料外围是幕墙材料，火灾在保温材料中蔓延时，外围坚固的幕墙材料则成为不利于灭火救援的因素。

二、火灾从外墙面突破防火分区的主要原因

火灾从外墙面突破防火分区的主要原因有以下几点。

（一）外墙保温材料及系统阻止火焰蔓延的能力不足

从相关的建筑外墙保温系统火灾案例和调查了解的情况来看，由于外墙保温材料及系统阻止火焰蔓延的能力不足，火灾从外墙面突破防火分区的概率很高，而且频繁出现立体火灾。火灾发生时，多个楼层同时燃烧，导致建筑物内部的喷淋和消火栓系统供水不足、烟气容易从建筑物外窗及进风口进入疏散通道、楼梯间及避难层，给火灾自救和人员疏散逃生带来了极大的困难。

（二）幕墙系统的防火设计存在缺陷

高层建筑一般按楼层划分防火分区或将某楼层划分为若干防火分区，各楼层或防火分区之间设置符合规范要求的防火墙、窗间墙、窗槛墙，但目前很多豪华外部装修采用玻璃或金属幕墙将整个楼面或楼体四周都包上，这样就破坏了窗槛墙、窗间墙的防火分隔作用和外墙门窗洞口将火焰、烟气、热量有效排至室外的作用。此外，幕墙结构与外墙之间的间隙，存在隐匿燃烧的可能，在发生火灾时很容易导致烟囱效应，将大大加快火势的发展。同时，有毒的燃烧烟气还可能通过幕墙结构与外墙之间的间隙进入起火源上部楼层的房间，导致重大的人员伤亡。

（三）广告装饰牌的设置缺乏必要的防火设计

在各式各样的广告牌贴满建筑物外墙的同时，也给建筑物带来极大的隐患。一旦建筑物发生火灾，烟火极有可能沿着建筑外墙广告牌迅速蔓延，并造成灭火救援、人员逃生的困难，近年来多起火灾案例都说明了此类问题的严重性。且多起火灾案例都说明，许多建筑使用方在进行户外广告设置或外墙装饰时，只考虑广告的宣传和外墙装饰效果，没有从消防安全的角度去考虑广告牌的设置位置、大小、材质等问题。

第二节 高层建筑外墙保温系统火灾防控

一、国内外相关规定及研究

（一）德国相关规定及研究

1. 德国建筑条例中的相关规定

（1）外墙表面和覆盖层，包括其保温材料和基层结构必须为难燃材料。

（2）对于由不燃建筑材料组成的透明屋顶，在型材不燃的前提下，型材截面允许使用可燃的连接密封材料和保温材料。

（3）在疏散楼梯间及其相关区域内，其覆盖层、抹灰层及保温材料、吊顶及配件必须使用不燃建筑材料。

（4）在主要走廊和开放式通道中，其覆盖、抹灰以及保温材料、吊顶必须使用不燃建筑材料。

2. 德国外墙保温规定

建筑高度＜ 7m：可采用 B2 级保温材料，且系统不低于 B2 级；

7m ≤建筑高度＜ 22m：保温材料不低于 B2 级，可采用 B1 级保温系统；

建筑高度≥ 22：要求采用 A 级保温材料。

医院、幼儿园等特殊建筑必须采用 A 级保温材料。

德国外墙系统实验方法为 DIN 4102-20，B1 级采用 25kg 木垛火实验，A 级用约为 40kg 的木垛火实验，类似英国 BS 8414，但是火源规模比英国 BS 8414 小，实验装置尺寸、判定标准也有所不同。

（二）欧盟技术认可组织相关规定

ETAG 004，《具有抹面复合的外墙保温系统欧洲技术认可指南》规定：

1. 要求

根据建筑最终的使用要求，外保温系统（External Thermal Insulation Composite Systems，ETICS）的防火能力应满足相关法律法规、行政条例的规定，

并且根据CEN分级标准（prEN 13501-1）进行详细说明。

2. 系统测试

ETICS的对火反应，包括产烟和带火熔滴，应根据下列要求进行测试：①根据CEN建立的分级标准（prEN 13501-1）进行A1～E的分级检测，若无性能检测和要求则为F级；②对火反应分级检测及相关测试要进行两次：一次是对整体系统的检测；另一次是对保温材料自身的检测。

3. 保温材料测试

鉴于一些成员国已经对保温材料自身的防火性能做出了详细的要求，因此有必要注明保温材料的燃烧性能等级。检测依据的标准为prEN 13501-1。

这一检测给出了火焰在外保温系统的保温材料中蔓延的可能性，有些成员国要求使用防火隔离带。

应由ETA申请者提议保温防火隔离带产品作为系统的一部分，其作用可根据技术指标清单或者大尺寸燃烧实验进行评估。

4. 使用有效性的评估判定方法

（1）系统：ETICS的燃烧性能检测依据标准为EN 13501-1，采用A1～F级的分级方法，对系统整体和保温材料分别做出分级，除了机械稳定性的要求外，现有消防法规还可对固定措施等提出要求。

（2）保温材料：保温材料的燃烧性能检测依据标准为EN 13501-1，采用A1-F级的分级方法，若有防火隔离带作为系统的一个组成部分，则需提供大尺寸燃烧实验数据或者相关资料。

5. 委员会决议：EC OJ对于System 1的ETICS，应符合以下要求：

规范要求的外墙用途；

燃烧性能等级为A，B或C；

材料的燃烧性能在生产过程中易调控。

（三）英国相关规定及研究

建筑规范中的相关规定如下：

（1）非住宅类建筑涉及外墙部分要求：外墙和屋顶应具有足够的抵御火焰蔓延的能力，以限制火焰从一栋建筑蔓延至另一栋建筑。

（2）非住宅类建筑外墙表面的燃烧性能要求：外墙表面应满足规范规定。

（3）非住宅类建筑保温材料／制品要求：当建筑高度≥18m时，外墙构造使用的所有保温制品、填充材料（不含垫圈、密封材料及类似制品）等，应采用A2-s3，d2级及以上级别的材料，这一限制不适用于空心墙砌体。

对于非住宅类建筑：

①当建筑高度＜18m，且相关边界值＜1000mm时，建筑外墙表面材料为B级或B级以上级别的材料。

②当建筑高度＜18m，且相关边界值≥1000mm，建筑为有裙房的多于一层的集

会或文娱用房时，裙房、主楼距离地面10m以下及主楼距离裙房屋顶10m以下的外墙表面为C级或C级以上级别的材料。

③当建筑高度≥18m，且相关边界值＜1000mm时，建筑外墙表面材料为B级或B级以上级别的材料。

④当建筑高度≥18m，且相关边界值≥1000mm时，建筑外墙表面距离地面318m的部分材料为B级或B级以上级别的材料，其他部分可为C级或C级以上级别的材料。

（4）住宅类建筑外墙表面要求：相关边界值在1000mm以内的建筑外墙表面宜为0级（国际标准），或者B-s3，d2级及以上的级别（欧洲标准）。在实际使用中，外墙上的可燃材料总量可能需要依据该规范中的相关规定进行限制。

（5）外墙表面测试标准：

①英国标准：（分级可从不燃到4级）。

BS 476 Part 4：测试制品产生的热贡献及是否产生火焰；

BS 476 Part 6：测试制品的火焰蔓延指数，包括总指数和分指数，指数越小，对火焰蔓延的贡献越小；

BS 476 Part 7：测试制品表面火焰传播，根据结果可将制品划分为1级（最好）到4级（最差）；

BS 476 Part 11：测试制品在750℃条件下的放热量。

②欧盟标准：（根据EN 13501，分级为A1至F）。

EN 11925：测试制品着火难易程度的小规模试验；

EN 13823：简称单体燃烧试验，模拟房间角落小火灾，测试制品对火灾的贡献；

EN ISO 1182：不燃性测试；

EN ISO 1716：测试制品的燃烧热值。

（四）加拿大相关规定及研究

1. 允许使用可燃构件的建筑

（1）泡沫塑料保温材料表面的火焰蔓延等级不能高于500。

（2）在允许使用可燃构件的建筑中，作为墙体或顶棚组件组成部分的泡沫塑料，应采取措施予以保护。

2. 要求使用不燃构件的建筑

（1）可燃保温材料，除了泡沫塑料外，火焰蔓延等级不高于25，可用于要求采用不燃构件的建筑中，且不需要采用（3），（4）规定的措施进行保护。

（2）当泡沫塑料保温材料表面的火焰蔓延等级不高于25，且采用下述材料组成的绝热层进行保护时，可用于要求采用不燃构件的建筑：

①厚度不低于12.7mm的石膏板，且机械固定于支撑构件上；

②板条抹灰，且机械固定于支撑构件上；

③砖石砌体；

④混凝土；

⑤或满足 CAN/ULC-S124 标准中 B 级要求的绝热层。

（3）可燃保温材料的火焰蔓延等级大于 25 且不高于 500 时，若采用（2）中所述材料组成的绝热层进行保护，可用于要求采用不燃构件的建筑外墙；而对于建筑中无水喷淋系统和建筑高度大于 18m 的情况，保温材料应由下述材料组成的绝热层进行保护：

①厚度不低于 12.7mm 的石膏板，且机械固定于支撑构件上，密封和填充所有接缝

②板条抹灰，且机械固定于支撑构件上；

③砖石砌体或混凝土，厚度不小于 25mm；

④或满足 CAN/ULC-S101 标准中要求的，10min 内平均温升不超过 140℃、最大温升不高于 180℃的绝热层。

（4）可燃保温材料的火焰蔓延等级大于 25 且不高于 500 时，若采用（2）中所述材料组成的绝热层进行保护，可用于要求采用不燃构件的建筑内墙、天花板内部、屋面构件内部；而对于建筑中无水喷淋系统和建筑高度大于 18m 的情况，保温材料应由下述材料组成的绝热层进行保护：

① X 型厚度不低于 15.9mm 的石膏板，且机械固定于支撑构件上，密封和填充所有接缝；

②非承重砖石砌体或混凝土，厚度不小于 50mm；

③承重砖石砌体或混凝土，厚度不小于 75mm；

④或满足 CAN/ULC-S101 标准中要求的，20min 内平均温升不超过 140℃、最大温升不高于 180℃的绝热层，且 40min 内被测制品保持完整性。

（5）可燃保温材料，包括泡沫塑料，安装于屋面板上、地面以下基础墙外及混凝土地面下时，可用于要求采用不燃构件的建筑。

（6）热固性泡沫保温材料的火焰蔓延等级不高于 500，作为工厂预装外墙板组分且无空隙时，若满足下述条件，可用于要求采用不燃构件的建筑：

①泡沫塑料两侧采用厚度不小于 0.38mm 的钢板保护；

②墙板的火焰蔓延等级不高于其所连接的房间或区域所限定的火焰蔓延等级值；

③不包含 B 或 C 类用房；

④建筑高度不高于 18m。

（7）工厂预装外墙板、内墙板、天花板中含有火焰蔓延等级不高于 500 的泡沫塑料保温材料，若满足下述条件，可用于要求采用不燃构件的建筑：

①建筑有水喷淋系统；

②建筑高度不高于 18m；

③不包含 A、B 或 C 类用房；

④工厂预装板内无空隙；

⑤工厂预装板按照 CAN/ULC-S138 检测，满足文件的标准要求；

⑥且墙板的火焰蔓延等级不高于其所连接的房间或区域所限定的火焰蔓延等级值。

（五）我国相关规定

我国出台了《民用建筑外墙外保温系统及外墙装饰防火暂行规定》。对于外墙保温系统及保温材料，针对住宅建筑、其他民用建筑、幕墙式建筑三大类建筑，分别对保温材料及系统做出了燃烧性能等级要求。《国务院关于加强和改进消防工作的意见》中关于保温方面规定：公共建筑营业、使用期间不得进行外保温材料施工作业；居住建筑节能改造作业期间应撤离居住人员，严格分离用火、用焊作业与保温施工作业；外保温材料一律不得使用易燃材料，严格限制使用可燃材料；加快研发和推广具有良好防火性能的新型建筑保温材料；采取严格的管理措施和有效的技术措施，提高外保温材料系统的防火性能。

二、我国外墙保温材料现状及建议

近年来，保温材料行业在我国得到了蓬勃快速发展。各类材料都有自身的优缺点，其中有机保温材料具有热导率低、密度小、吸水率低、抗压强度和柔韧性适中、易于安装施工等优点，然而非阻燃制品为易燃材料，阻燃制品的燃烧性能通常只能达到B1级，无机保温材料优点是防火性能好，但是多数热导率高、吸水率高或者柔韧性差、生产能耗大，安装施工相对困难；有机无机复合保温材料优点是燃烧性能级别可根据组分调节，达到B1～A级，缺点是A级复合材料往往存在类似无机保温材料的缺陷，真空绝热板除外，但真空绝热板（VIP）存在施工、使用过程中真空系统易遭破坏的问题。此外还有气凝胶保温材料等新型产品，然而这类材料由于原材料及生产工艺等问题，造成制品价格相对较高，应用受到一定的限制。

因此，有机保温材料应大力推广阻燃技术，使用低烟、低毒保温材料；无机保温材料应升级生产技术，降低生产能耗，提高材料保温效率；复合保温材料研究重点是如何在各项技术指标中找到平衡点，真空绝热板应研究更为稳定可靠的真空封装技术；气凝胶保温材料等新型产品应通过原料控制及生产工艺的改进，降低成本，使之具有更强的市场竞争力；对于阻燃有机保温材料，还应加大构造防火的研究，通过构造防火，提高系统整体的防火能力。

三、外墙保温实体防火性能研究

（1）BS 8414标准火源评价外墙保温系统更加严格，安全性较高，适用于外墙保温系统防火安全性能的评价。

（2）采用B1级难燃的聚异氰脲酸酯（PIR）、聚氨酯（PUR）和聚苯乙烯（XPS或EPS）泡沫板作为保温材料，并以30cm宽的无机板材做防火隔离带的外墙薄抹灰系统具有良好防火安全性能。

（3）采用氧指数不低于26%的B2级聚氨酯等（PUR/PIR）热固性泡沫板作为保温材料的外墙薄抹灰系统，在有隔离带和水泥砂浆保护层的情况下，具有良好防火安全性能。而采用氧指数不低于26%的B2级热塑性聚苯乙烯泡沫板作为保温材料，即使在有隔离带和水泥砂浆保护层的情况下，仍然具有火灾危险，即相同燃烧性能等级的材料，热固性材料在实体火灾实验中表现出更好的防火性能，而热塑性泡沫由于受火熔融滴落，很容易导致保护层下方的泡沫材料体积变小而形成空腔，最后导致整个保温系统垮塌。

（4）材料的种类对外墙保温系统的防火安全性能影响很大。氧指数大于 26%，燃烧性能等级在 B2 级以上时，热固性泡沫塑料（如 PIR、PUR）比热塑性泡沫塑料（如 XPS、EPS）作为保温材料的系统防火安全性高。

（5）氧指数大于 26%，燃烧性能等级在 B2 级以上时，燃烧时表面可形成稳定炭化层的热固性泡沫塑料（如 PIR）比燃烧时炭化层易脱落的热固性泡沫塑料（如 PF）作为保温材料的系统防火安全性高。

（6）同一种类的泡沫塑料，燃烧性能等级越高，外墙保温系统的防火安全性能越好。氧指数小于 26%，燃烧性能等级达不到 B2 级要求的 B3 级泡沫塑料，即使在有隔离带和水泥砂浆保护层的情况下，火灾危险性仍然很大，不能作为外墙保温材料。

（7）对于燃烧时熔融滴落的热塑性泡沫塑料（如 XPS 或 EPS）或炭化层易脱落的热固性泡沫塑料（如 PF）来说，设置防火隔离带可以非常有效地提高系统的防火安全性，对热塑性聚苯乙烯泡沫塑料保温系统尤其重要。

（8）采用耐碱玻纤网格布增强的水泥砂浆保护层，能有效提高系统的防火安全性。对热塑性聚苯乙烯泡沫塑料保温系统来说，尤其重要。

（9）将有机保温板材通过迷你防火隔离带分隔成更小的防火结构单元的新型构造方式，能够有效的阻止火焰在外墙保温系统内部或系统外部的蔓延，提高系统的机械稳定性，并提高整个系统的防火性能。

（10）在系统构造方式相同条件下，泡沫塑料的燃烧增长速率指数、热释放速率峰值和氧指数是影响薄抹灰系统火灾蔓延的关键因素。从系统表面火焰蔓延、内部隐匿燃烧和室内烟气层热辐射风险考虑，在窗口火作用下，燃烧性能等级为 B1 级芯材的薄抹灰系统风险较低，B2(D)级具有一定的内部隐匿燃烧和室内烟气层热辐射风险，B2（E）级和 B3 级存在较高的上述风险。

（11）在窗口火作用下，尤其是在风向窗户内吹的情况下，将火灾蔓延限制在起火楼层是不现实的，有必要研究其他技术抑制手段。

（12）从人员疏散角度考虑，起火楼层之上的 2 层和 3 层高度 9m 以下的室内区域烟气温度暴露风险较小，但 2 层 0.9m 高度以上、3 层 1.8m 高度以上的区域存在较高烟气温度暴露风险。

第三节 高层建筑幕墙系统火灾防控

建筑幕墙是由支承结构系统与幕墙面板组成的，可以相对于主体建筑结构有一定位移能力或自身具有一定的变形能力，且不承担主体结构所受作用的建筑外围护结构，具有很强的外部装饰效果。随着经济的发展和人民生活水平的不断提高，以及建筑师设计理念的不断更新，人们开始要求建筑除了具有基本的居住、使用功能外，还要具有美观、舒适低碳节能环保等特性。幕墙系统由于其独特的建筑美学装饰效果，及能够减轻建筑自身重量、缩短建设周期、提高经济效益等特点，被广泛应用于高层建筑及超高层建筑工程中。然而，随着近年来城市化进程的不断加速，各大中心城市的高层建筑越来越多，并且出现了很多具有大体量裙房的城市综合体和超高层商住楼，而由于城市可用的建筑用地有限，这些高层、超高层建筑只有继续向上发展，高层建筑的密度也就越来越大；这些建筑的外部幕墙系统，由于其结构及材料的防火、耐火性差，大大增加了高层建筑的火灾危险性。由于这类建筑结构中，在墙体（贴有保温材料）和幕墙之间留有一定的空腔，易形成烟囱效应，加快了火焰向上的蔓延速度，加大了扑救难度。因此，高层建筑幕墙系统的防火，特别是幕墙－保温系统的防火是当前急需解决的问题。

一、幕墙系统火灾特征

高层建筑幕墙系统火灾除了具有高层建筑所具有的火灾特性之外，还具有自身的一些特点。

（一）火焰、烟气传播途径多，烟囱效应明显

部分建筑采用可燃的普通铝塑板作为幕墙板，材料本身在火灾中会成为传递火灾的介质，由于幕墙是将整个建筑包裹起来，上下楼层之间及同一楼层水平方向上都连续分布着幕墙板，那么幕墙材料的燃烧就容易破坏上下楼层之间作为独立防火分区，或者同一楼层内部划分的防火分区的作用。由于建筑墙体和幕墙面板之间通常有一定的空腔，火灾中火焰和烟气会沿着这一空腔迅速向上传播，形成明显的烟囱效应。具有幕墙结构的建筑，由于节能保温的要求，建筑都要求进行保温处理，在幕墙和建筑墙体之间还会有一层保温材料，以前建成的高层建筑，往往还采用了易燃、可燃的有机保温材料，并且很多工程在保温材料表面没有施加玻璃纤维网格布和抹灰层的保护，导致易燃可燃保温材料暴露于墙体和幕墙板之间的空隙中，一旦发生火灾，由于烟囱效应加上保温材料燃烧时产生大量的热，会促使火焰迅速向上层蔓延，往往还没等消防救援队伍到达，火灾就已经达到了建筑顶部。

（二）疏散、灭火救援难度大

对于面板采用不燃材料的幕墙系统，如采用玻璃、石材作为幕墙面板材料，由于支承结构体系不耐火，如型钢表面温度达到 300℃以后，其强度和弹性模量均显著降低，当温度升高到钢材的临界温度值时（承重钢构件失去承载能力的温度，通常为540℃），其屈服应力仅为常温下屈服应力值的 40% 左右，铝合金型材的耐火性更差，在 250 ～ 330℃时，即失去承载能力，在火灾中往往会由于支撑面板的铝合金框架或型钢框架受火变形，导致玻璃、石材幕墙面板大面积垮落，严重影响疏散通道出口的安全，同时也威胁到建筑下方消防灭火人员的安全。且玻璃幕墙火灾中“冷桥”现象

突出，尽管在玻璃幕墙结构设计中考虑了“冷桥”问题，采用塑胶材料进行了处理，但是承受的温度变化范围有限（-40～+50℃），火灾中辐射温度会超出这一范围，导致结构膨胀过大，造成玻璃脱落，并且这类脆性幕墙面板材料在高温中也容易发生炸裂脱落。对于采用铝单板和铝塑板作为幕墙面板的体系，普通铝塑板中的塑料芯材是可燃材料，在火灾中易燃烧并导致幕墙面板垮落，很多防火铝塑板为C级材料，C级材料虽然是难燃材料，但是在大火中还是会发生燃烧，贡献烟气和热量；而铝单板及其合金面板，由于材料熔点低，在火灾中极易熔化变形并垮塌，这类炙热或者带火垮落的幕墙面板对疏散及消防灭火人员都造成了极大的威胁，使得疏散、灭火救援难度加大。此外，在火灾初期，由于玻璃幕墙等的阻挡，消防人员很难从外部向楼内射水灭火。

二、相关规定

我国的《高层民用建筑设计防火规范》对建筑幕墙的设置规定：

（1）窗槛墙、窗间墙的填充材料应采用不燃烧材料；当外墙采用耐火极限不低于1.00h的不燃烧体时，其墙内填充材料可采用难燃材料。

（2）无窗槛墙或窗槛墙高度小于0.80m的建筑幕墙，应在每层楼板外沿设置耐火极限不低于1.00h、高度不低于0.80m的不燃烧体裙墙或防火玻璃裙墙。

（3）建筑幕墙与每层楼板、隔墙处的缝隙，应采用防火封堵材料封堵。

《玻璃幕墙工程技术规范》（JGJ 102-2003）规定：

（1）玻璃幕墙与周边防火分隔构件、楼板、隔墙等之间的缝隙应进行防火封堵设计，防火封堵构造系统遇火时应在规定的耐火时间内保持相对稳定性，其填充材料耐火极限应符合设计要求。

（2）玻璃幕墙与各层楼板、隔墙外沿之间的缝隙当采用岩棉或矿物棉封堵时，其厚度不应小于100mm并填充密实；楼层间水平防烟带的岩棉或矿物棉宜采用厚度不小于1.5mm的镀锌钢板承托。

（3）无窗槛墙的玻璃幕墙，应在每层楼板外沿设置耐火极限不低于1.00h、高度不低于0.80m的不燃烧实体裙墙或防火玻璃裙墙。

（4）同一幕墙玻璃单元，不宜跨越建筑物的两个防火分区。

三、高层建筑幕墙系统火灾防控措施

（一）材料防火

与幕墙有关的材料主要有支承框架材料（型钢、铝合金型材等）、面板材料（玻璃、石材、铝单板、铝塑板等）、密封胶、结构胶、泡沫棒等。对于人员密集、防火等级要求高的公共建筑，支承材料应优选钢材，并对钢材进行防火处理，常见的方法是使用钢结构防火料进行防火保护。对于要求采光效果好，使用玻璃面板的幕墙体系，在有条件的情况下优选单片防火玻璃做面板或者是用单片防火玻璃作为隔离带进行防火分区。铝塑板由于质轻、韧性好等特性还是具有广泛的应用前景，但是应杜绝使用普通铝塑板，统一采用防火铝塑板，优选A级防火铝塑板，其中的塑料芯材建议使用无机阻燃剂进行阻燃改性。

（二）构造防火

严格按照《高层民用建筑设计防火规范》及相关幕墙规范进行防火封堵处理，并在幕墙与建筑墙体之间的空腔内设置防火分隔。设计、施工时要保证防火封堵材料的质量。对于类似沈阳万鑫酒店的幕墙－保温系统构造，已经建成投入使用的高层建筑，考虑到全部拆除幕墙－保温系统改造的造价高、难度大的问题，若要提高这类建筑的防火性能，可从窗户的改造入手，建议窗框用钢质材料，玻璃采用单片防火玻璃，以防止外墙火焰通过窗户蔓延到室内。

（三）自动灭火设施

若幕墙系统中有可燃材料，或含有机保温材料，可借鉴室内自动喷淋系统，在每层楼板处或者窗户四周设置水喷淋系统及烟气、温度探测系统，并能够联动。

（四）疏散出口保护

在疏散通道的户外出口上方设置挑檐等防护设施，其挑出宽度和材质强度应足够阻挡上方掉落的幕墙面板。

第四节 高层建筑外墙广告装饰牌火灾防控

随着经济社会的发展，各社会成员都十分注重自主品牌和自我形象的宣传，户外广告业由此应运而生并得到迅速发展，在各式各样的广告牌贴满建筑物外墙的同时，也给建筑物带来极大的隐患。一旦建筑物发生火灾，烟火极有可能沿建筑外墙广告牌迅速蔓延，并造成灭火救援、人员逃生的困难，近年来多起火灾案例都说明了此类问题的严重性。几乎所有的高层公共建筑、高层商住楼的外墙都有大型的广告牌，并且许多大型广告牌跨越多个楼层或防火分区，甚至整个楼层，这样就破坏了窗槛墙、窗间墙的防火分隔作用和外墙门窗洞口将烟火、热量有效排至室外的作用。

一、广告牌的设置与管理

目前国内户外广告的设计形式多种多样，对于墙体广告牌设置按悬挂（镶嵌）方式通常有以下三种类型。

（1）设计时在墙体上预留广告位置，根据商业需要设置相应内容的广告牌。这类广告牌大部分是贴墙制作，广告牌背后为实体墙，广告牌不遮挡窗户，但易造成火场浓烟积聚，高温高热。

（2）设计时未预留广告牌位置，只是按墙面大小设置广告牌，而广告牌有的紧贴墙体、有的相距墙体 20cm 左右。此类广告牌容易遮挡窗户、孔洞，火灾时会阻挡或延缓烟、热的排放和消防扑救及被困人员的逃生。

（3）广告牌的设置距离建筑外墙体较远，这类广告牌火灾时虽不阻挡烟、热散发，但容易造成火势蔓延扩大，妨碍消防水枪（炮）对火势的堵截。

多起火灾案例都说明，许多建筑使用方在进行户外广告设置或外墙装饰时，只考虑广告的宣传和外墙装饰效果，没有从消防安全的角度去考虑广告牌的设置位置、大小、材质等问题。户外墙体广告牌通常审批有三个环节：一是规划部门实地勘查审批；二是工商部门对内容进行审核；三是城管部门对是否与周围环境协调，是否影响人员、车辆通行以及采光通风等进行全面审查。但这三个环节在审批内容和过程中，均不涉及消防安全问题，从而产生了广告牌“隐患”，这给火灾时灭火救援造成极大的危害，也成为火灾迅速扩散的帮凶。

二、国内外规范情况

目前，我国的《高层民用建筑设计防火规范》（以下简称《高规》）和《建筑设计防火规范》（以下简称《建规》）对外墙的消防安全设计要求不明确，仅仅对消防扑救提出要求：高层建筑的底边至少有一个长边或周边长度的 1/4 且不小于一个长边长度，不应布置高度大于 5.00m、进深大于 4.00m 的裙房，且在此范围内必须设有直通室外的楼梯或直通楼梯间的出口。以及消防车道与高层建筑之间，不应设置妨碍登高消防车操作的树木、架空管线等。

《建筑设计防火规范》（《高规》《建规》整合修订送审稿）规定：厂房、仓库、公共建筑的外墙每层均应设置可供消防救援人员进入的窗口，窗口的净尺寸不得小于 0.8m×1.0m，窗口下沿距室内地面不宜大于 1.2m，该窗口间距不应大于 20m，窗口的玻璃应易于破碎，并应设置可在室外识别的明显标志。

国外规范也没有专门针对广告牌的设置问题提出要求，主要是针对消防扑救对外墙面提出的要求。如新加坡规范将建筑物按其用途分为 8 类：一类为小型住宅，二类为其他住宅，三类为公用事业建筑，四类为办公建筑，五类为商铺，六类为厂房，七类为公众聚集场所，八类为储藏建筑。规范特别规定建筑外墙应设置开口，便于消防援救人员进入建筑物实施救援。其中规定：援救开口的宽度不应小于 0.85m，高度不应小于 1m；从内侧楼板标高算起，开口下沿高度不应大于 1.1m，开口上沿高度应高于 1.8m。

新加坡规范还规定对于三类、四类、五类或七类建筑，当使用高度在 10～60m 时，应当在除一楼以外的其他楼层设置救援开口，开口应当直接开向入口通道。对于六类或者八类建筑，应当在入口通道上方设置援救开口，并且开口应在外墙上 60m 使用高度范围内均匀分布。

从国内外相关规范的情况来看，几乎都是针对消防援救时对建筑扑救面的外墙提出开口的要求，但都忽略了建筑外墙在已有开口的情况下，如何保证开口不被遮挡的因素，没有相关规定。从而在国内的许多建筑外墙上设置了广告牌或装饰墙板后，仍然是作为消防验收合格的建筑使用，这恰恰给消防安全埋下了很大的隐患。

关于广告牌的材料使用方面，日本《建筑基准法》规定：设在建筑物楼顶或设在其他区域的高度超过3m的广告牌/广告塔或其他装饰塔，其主要部分应采用不燃材料制作，或采用不燃材料实施包覆。

第五节 高层建筑外墙构造对火焰蔓延的影响

在建筑火灾中，火焰沿外墙竖向蔓延主要有两种方式：一种是火灾沿着外墙可燃物竖向蔓延；另一种是室内火焰和热烟气透过窗户等开口或楼板与外墙连接处的缝隙，在热辐射和卷吸等作用下，引燃上部楼层的可燃物而造成竖向蔓延。当前，基本所有建筑均设置外墙开口。由于外墙开口具有采光性好、通风性好等优点，现代建筑所设置的开口数量越来越多，面积也越来越大，且外立面造型多样化，许多建筑外立面都有促进火焰、烟气传播的转角、凹槽、凸面等结构，随之带来的火灾危险性也就相应增高。建筑中预防火焰竖向蔓延最实用和有效的构造措施是在两楼层之间设置窗槛墙和挑檐。然而，一系列的建筑火灾表明现行的外墙构造防控措施并不能有效地阻止火灾竖向蔓延。

一、国内外相关规定及研究

我国仅在部分建筑中要求设置一定高度的窗槛墙：

（1）窗槛墙、窗间墙的填充材料应采用不燃烧材料。当外墙采用耐火极限不低于1.00h的不燃烧体时，其墙内填充材料可采用难燃烧材料。

（2）无窗槛墙或窗槛墙高度小于0.80m的建筑幕墙，应在每层楼板外沿设置耐火极限不低于1.00h、高度不低于0.80m的不燃烧体裙墙或防火玻璃裙墙。

（3）锅炉房、变压器室的门均应直通室外或直通安全出口；外墙上的门、窗等开口部位的上方应设置宽度不小于1.0m的不燃烧体防火挑檐或高度不小于1.20m的窗槛墙。

（4）每个单元设有一座通向屋顶的疏散楼梯的单元式住宅，每个防火分区只设一个安全出口时，窗间墙宽度、窗槛墙高度大于1.2m且为不燃烧体墙。

《住宅建筑规范》GB 50368规定住宅建筑上下相邻套房开口部位间应设置高度不低于0.8m的窗槛墙或设置耐火极限不低于1.00h的不燃性实体挑檐，其出挑宽度不应小于0.5m，长度不应小于开口宽度。

美国《国际建筑规范》在关于开口处垂直分隔的要求中规定，当水平方向上相邻开口间距在1524mm以内且当下一楼层开口并非是耐火极限不低于45min的防火保护开口时，在相邻楼层间的外墙开口需进行竖向分隔以阻止火焰在建筑外部蔓延。

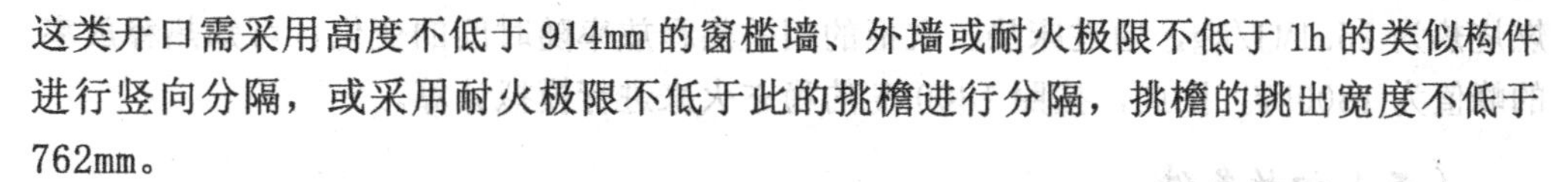

这类开口需采用高度不低于914mm的窗槛墙、外墙或耐火极限不低于1h的类似构件进行竖向分隔，或采用耐火极限不低于此的挑檐进行分隔，挑檐的挑出宽度不低于762mm。

在国外，如美国、加拿大、日本等一些国家、机构和组织（如ARUP）已经非常重视火灾通过外窗竖向蔓延的问题，并对如何阻止火灾竖向蔓延做了较深入的研究。在我国，由于我们缺乏对建筑火灾外表竖向蔓延的机理和控制技术的研究，导致设计者只能参照国外的做法和沿用一些经验做法，其设计方式和设计数据的合理性、科学性都需要进一步研究。随着科学技术的飞速发展，涌现了大量新材料和新技术，如高强度防火玻璃、窗喷技术等，这些都为防止火灾竖向蔓延提供了很好的选择，为适应现代建筑发展的需要，为推广新产品和新的建筑形式在我国的发展，对建筑火灾外表竖向蔓延机理和控制技术进行研究，是非常必要的。

二、建筑窗槛墙及挑檐的计算机模拟分析

（一）模拟对象

模拟居住类建筑（宾馆客房），模拟对象选取国内某消防研究所高层火灾实验塔的201和301房间，分别位于二、三楼层且垂直上下分布。窗槛墙模拟201和301房间之间的窗槛墙，每隔200mm设置一个温度热电偶模拟点，共设置10个模拟点。挑檐模拟中为了更好地分析挑檐对火灾蔓延的影响，去掉了201房间的上下两处窗槛墙，同时在挑檐上方靠近301房间窗槛墙处每隔200mm设置一个温度热电偶模拟点。

（二）火灾荷载

宾馆客房内的燃料主要包括棉被、沙发、衣柜、桌椅、可燃装饰材料等，布置在房间内的家具材料基本为丙类固体可燃材料。在这些物品中最具危险性的燃料是纺织品、易燃塑料等某些物品。宾馆客房内的火灾荷载一般可分为以下两类：①不可移动的燃料，如地板、墙壁上的可燃物，房间的装饰设备（如灯、插座等）；②可移动燃料，如房间内的桌椅、书本、窗帘等物品。这些可燃物品有些有防火保护材料保护，有的则没有，在计算模拟过程中，为保守设计，一般不考虑防火保护材料的作用。

（三）火灾增长速率

火灾一般经历早期生长、完全燃烧、后期衰减三个阶段，NFPA指出早期火灾生长按t2规律进行。这里在进行火灾模拟过程中，并未考虑火灾的早期生长、完全燃烧、后期衰减三个阶段，对火灾的发生发展过程简化处理为稳态燃烧。

（四）火灾功率

宾馆客房内起火一般是由电器使用不当或吸烟引起，假设最先着火的家具为床垫，而后引燃附近的衣柜等。根据NIST提供的数据资料，同时利用NIST开发的HAZARD Ⅰ软件包中的FIREDATA，得到床垫的燃烧热为34.3MJ/kg，衣柜的燃烧热为15.9MJ/kg，设定衣柜30s后被引燃，利用MLTFUEL程序可得到在这种燃烧情况下的

燃烧热为25.1MJ/kg，通过床垫、衣柜的相关热释放率随时间的变化，可知热释放率的峰值为1800kW，因此，按照1800kW的稳态火来进行模拟计算。

（五）初始条件

（1）环境情况：假设该计算区域内与外界环境非常接近，设环境温度为25℃，压力为1atm（1atm=101.325kPa）。房间内火灾的蔓延不受外界风力的影响，风速为0m/s。

（2）开口情况：在火灾模拟过程中，设定通往外界环境的所有窗户均处于开启状态，所有房门均打开。

（3）起火地点：为使计算结果更具真实性，保守考虑火灾易发的地点，将起火地点设在201房间的靠外墙处。

（六）火灾蔓延判定标准

判断火蔓延到邻近区域的标准是邻近区域内的物体所接受的热辐射是否超出了该物体的临界热辐射值。火灾从初始起火房间向外部蔓延的主要途径是房间开口，开口形式可以是门、墙上的开口或者玻璃破碎后的窗户等。该模拟中，保守采用100℃作为判断普通窗户玻璃破碎的温度极限值，270℃作为钢化玻璃破碎的温度极限值。窗户玻璃破碎后，为了避免引燃上部房间内的可燃物，热烟气的温度不得超过200℃。因为，窗口处的可燃物通常为窗帘或木制窗框等，故参考布匹和松木的燃点温度。

（七）计算网格尺寸选取

由于软件的网格尺寸对计算结果的精度影响较大，因此在进行模拟之前选取合适的网格大小十分重要。相关学者对FDS的网格划分进行了详细的研究，结果表明火灾最小长度尺寸可以用火源特征直径。D^*表示，即

$$D^*=\left(\frac{Q}{\rho_0 c_0 T_0 \sqrt{g}}\right)^{\frac{2}{5}}$$

式中：Q为热释放速率（W）；ρ_0为环境空气密度（$kg\cdot m^{-3}$），c_0为空气比热容（$J\cdot kg^{-1}\cdot K^{-1}$）；T0为环境温度（K）；g为重力加速度（$m\cdot s^{-2}$）。

当网格尺度小于0.1 D^*的时候，FDS可以很好地模拟建筑物发生火灾时的烟气沉积与流动；当网格尺度小于0.05 D^*的时候，可以精确地计算火焰区域中的化学反应及湍流效应。

常温标准大气压下，空气密度值为1.225kg/m³，空气比热容为1010J/（kg·K），计算得到D^*等于1.2。为了精确地计算火焰区域中的化学反应及湍流效应，网格尺寸应小于0.06m，因此设置模拟区域内的网格大小为0.05m×0.05m×0.05m。

（八）模拟数据分析

窗槛墙高度为1.2m点的温度基本维持在120℃左右，该点的温度大于普通玻璃破碎的温度极限值100℃，但小于钢化玻璃破碎的温度极限值270℃，同时不会引燃上部房间内的可燃物，因此1.20m高度的窗槛墙能有效阻止火灾的竖向蔓延。

挑檐宽度为0.8m点的温度基本维持在140℃左右，该点的温度大于普通玻璃破碎的温度极限值100℃，但小于钢化玻璃破碎的温度极限值270℃，同时不会引燃上部房间内的可燃物，因此宽度为0.8m的挑檐能阻止火灾的竖向蔓延。

此外，通过对窗槛墙加挑檐构造的模拟发现：0.2m窗槛墙加0.6m挑檐，0.6m窗槛墙加0.4m挑檐，0.8m窗槛墙加0.2m挑檐也能有效阻止火灾的竖向蔓延。

研究表明：

（1）在相同的火灾场景下，挑檐阻止火焰竖向蔓延的效果更好，设置挑檐更能有效地阻止火灾竖向蔓延。

（2）对于住宅类（酒店客房类）建筑，相关的计算机模拟及实体火灾实验尽管得到的数据不完全一致，但都反映出相同的趋势，因此相对保守考虑，在两种形式的模拟实验中选取大值，即当窗槛墙达到1.2m或挑檐达到0.8m时，能够阻止火灾竖向蔓延。

（3）当采用挑檐和窗槛墙组合设置的情况下，0.2m窗槛墙加0.6m挑檐能够阻止火灾竖向蔓延。

第六节　高层建筑外墙火灾防控建议措施

一、高层建筑外墙保温系统和幕墙系统防火建议措施

根据对比分析国内外相关规范，结合公安部四川消防研究所及相关单位开展的实验研究和国内的具体情况，针对外墙保温系统防火问题，提出以下建议。

（1）应根据保温系统的类型（外保温、内保温、结构保温）、建筑类型（非幕墙建筑、幕墙式建筑）、建筑高度、建筑功能等分类，分别做出保温材料燃烧性能等级的要求（处理方式规定）。

（2）对于新型保温材料、保温系统，可采用系统实验进行测试认证，同时限定由非A类保温材料组成系统的应用范围。

（3）对于高层建筑，当建筑高度超过常规消防扑救能力时（50m），外墙保温系统应当采用不燃保温材料，其燃烧性能等级不应低于A2级。

（4）对于幕墙式建筑，考虑到空腔形成的烟囱效应，需要提高对保温材料的燃烧性能等级要求，建筑高度大于24m时应采用A级材料。

（5）对于非幕墙式高层建筑，当建筑高度在消防扑救能力范围以内时，外墙保

温材料的燃烧性能等级建议适当放宽，可采用难燃的聚异氰脲酸酯（PIR）、聚氨酯（PU）、酚醛（PF）等热固性泡沫塑料作为保温材料，并采用固定可靠的厚保护层保护，且在每一层楼板处均设置防火隔离带。

（6）高度小于24m的非幕墙建筑，可采用难燃B1级聚苯乙烯热塑性泡沫塑料或氧指数不低于26%的B2级聚氨酯等热固性泡沫板作为保温材料，并采用固定可靠的厚保护层保护，且在每一层楼板处均设置防火隔离带。

（7）为确保不同有机泡沫板材外墙保温系统的防火安全，建议外保温抹灰层或防护层的厚度增加。抹灰层应采用耐碱玻璃纤维布或适当的材料增强，窗户等开口部位应加强防火保护。

（8）防火隔离带应采用在高温下不会收缩变形的无机板材或无机保温砂浆，燃烧性能不低于A2级，施工时应可靠固定并处理好接缝，防止火灾时发生脱落或火焰穿透接缝。

（9）在系统构造方式相同条件下，可燃类保温材料选材应基于以下原则：

优先使用B1（B、C）级材料；

有条件使用B2（D、E）级材料；

杜绝使用B3级的保温材料。

（10）根据国外规范的情况，应在外墙保温系统防火条文中，细化对外墙装饰材料的燃烧性能要求。

（11）在经过系统研究，确立各项具体参数的基础上，可将水喷淋系统和外墙防火分区构造措施引入到外墙防火中，特别是用于带空腔的外墙保温系统的防火。

（12）通过借鉴欧洲对保温材料和保温系统的分级方法并结合北美特别是加拿大对防火保护层的标准要求，通过系统的研究，探索出适应我国国情且同时满足节能与防火目标的建筑墙体保温标准及施工验收规范。

二、建筑外墙广告装饰牌及建筑构造防火安全设计建议措施

通过几起火灾案例及实际建筑户外广告的使用和管理情况进行分析，以及国内外规范对比分析的情况，结合目前我国的国情，对建筑户外广告牌及装饰墙板的设置应有相应的限制要求，建议在《高规》和《建规》整合修编时予以考虑。具体分以下几种情况。

（1）从广告牌的类型考虑，有电致式和非电致式广告牌，电致式广告牌有自身发热甚至发生火灾的可能，而许多外保温墙体没有采用不燃材料制作，具有潜在的火灾隐患。因此要求户外电致广告牌不应设置在外保温墙体上。

（2）建筑的外墙窗口是消防灭火救援、被困人员逃生的途径之一，不能被障碍物遮挡，因此要求：

①在建筑外墙有窗口的部位（含避难层、间）不应设置广告牌或装饰板；

②户外广告牌的设置不应影响消防队员灭火救援行动。

（3）为避免火灾严重影响建筑内的烟气排放及可能形成的烟囱效应，对广告牌

及装饰墙板的设置位置和使用材料予以规定：

①户外广告牌宜紧贴无窗口、无孔洞实体外墙制作，且宜采用不燃烧材料；

②户外广告牌或装饰墙板不应设置在可能形成烟火迅速扩散蔓延，造成火灾扩大的位置；

③单纯从救援角度考虑，户外广告除框架外，宜采用软质易熔的材料制成。

以上建议，有利于消防扑救火灾时对广告牌及装饰外墙板的破拆；有利于火灾烟气的排放，营救被困人员；有利于防止火灾的迅速蔓延等。

（4）窗槛墙达到 1.2m 或挑檐达到 0.8m，可以阻止火灾竖向蔓延；当采用挑檐和窗槛墙组合设置的情况下，0.2m 窗槛墙加 0.6m 挑檐能够阻止火灾竖向蔓延。

第五章 高层建筑内部火灾防控

第一节 高层建筑内部火灾防控概述

高层建筑火灾与普通低层建筑火灾相比，具有火势蔓延速度快、疏散困难、扑救难度大、火险隐患多等显著的特点。

一、火势蔓延速度快

高层建筑内部的陈设和装修材料大多是可燃或易燃物品，数量多，火灾荷载大，火灾时极易造成大面积燃烧，特别是高层建筑的楼梯间、电梯井、管道井、风道、电缆井等竖向井道多，如果防火分隔、防火封堵处理不好，发生火灾时就好像一座座高耸的烟囱，成为火势迅速蔓延的途径。加上高楼受气流和风速的影响，使火势更加猛烈、迅速。尤其是高级宾馆、综合楼和图书馆、办公楼等高层建筑，往往室内可燃物较多，一旦起火，燃烧猛烈，蔓延迅速。

建筑物内起火，烟火扩散的方向，先是向上，遇到顶棚等转向水平方向，再沿着墙壁向上、向下运动，随着空气的对流，越烧越烈。一旦烧透房顶、门窗或设备孔洞等，就会迅速向外蔓延。据测定，在火灾初期阶段，因空气对流，在水平方向烟气扩散速度为0.3～0.8m/s。在火灾燃烧猛烈阶段，由于高温状态下的热对流作用，水平方向烟气扩散速度为0.5～3m/s；烟气沿各种竖向管井垂直向上扩散速度则可达3～4m/s。假如一座高度为100米的高层建筑发生火灾，在无阻挡的情况下，0.5min左右，烟气就会顺竖向管井扩散到顶层，其扩散速度是水平方向的十倍以上。

二、人员疏散困难

由于高层建筑的特点，高层建筑起火时，要使人员迅速疏散到地面或建筑物内不受火灾威胁的安全部位，是十分艰难的。

（一）疏散距离长

建筑物高、楼层多，垂直疏散距离长，疏散到地面或其他安全场所的时间也会长些。据测试，50 层高的大楼，每层按 240 人计，如果使用一座宽 1.10m 的楼梯，将高层建筑内的人员疏散到室外，在一般情况下通过楼梯疏散要 2h11min。可见人员实际疏散速度比烟气流动的速度要慢 100 多倍，而且人的疏散又与烟火蔓延的方向相反，不得不迎着烟雾和热气流进行疏散，这进一步增加了疏散的艰巨性和危险性。所以，人们有时往往因来不及疏散而被烟火熏死、烧死。

（二）人员集中，疏散设施少

高层民用建筑容纳人数多在千人以上，有的达数万人（美国纽约世贸中心就是其中之一）。而楼梯不可能设得很多，因此，难以在较短的时间内将人员全部撤离危险区，而且在慌乱中，还难免发生挤伤、踩踏、摔死等惨剧。

（三）普通电梯关闭

起火时，普通电梯不能做安全疏散用。一是电梯井拔烟火的作用很强，容易扩大火势；二是电梯井内浓烟充塞，不能保证安全；三是为防止电气线路和设备助燃扩大火势，非消防用电均要切断。

由于各种竖井拔气力大，火势和烟雾向上蔓延快，增加了疏散的难度。

（四）楼梯的安全性

楼梯是高层建筑唯一的疏散设施。楼梯间如不能有效地防止烟火侵入，烟气就会很快灌满楼梯间，不仅不能保证人员安全疏散，而且还将成为火势蔓延的通道。

随着中国经济的飞速发展，高层建筑的高度记录也不断刷新，虽然全国各地逐步配备了登高消防车，但是最高的也只有 101m，远远不能满足处置超高层建筑火灾的要求，利用登高车疏散逃生效果也不是很理想，靠建筑外部的救援是非常有限的。普通电梯在火灾时因不防烟火或停电等原因而无法使用。因此，多数高层建筑安全疏散主要是靠建筑自身的疏散楼梯，而建筑内部火灾防控措施如果不完善，楼梯间内一旦窜入烟气，就会严重影响疏散。这些，都是高层建筑发生火灾时人员疏散的不利条件。

三、内外扑救难度大

高层建筑的火灾扑救工作，与普通建筑有很大差别，难度相当大。

（一）登高困难，不易接近火点

据测定，年轻的消防人员如携带二节水带和一支水枪徒步登楼，在 24m 高度内，体力尚能保持正常，超过这个高度，体力就难以支持。当高层建筑失火时，消防队员徒步登高，不仅消耗体力，还会与自上而下的疏散人员发生“对撞”，贻误灭火时机。至于消防电梯，因经济等因素，设置数量终究有限，且火灾时需要运送的人员和器材又比较多，需要花去很多时间，往往耽误控制初期火灾的有利时机。

高层民用建筑由于功能需要，主体建筑下部往往连接如裙房类的各种附属建筑，将主体建筑包裹在中央，消防车不易接近，降低了扑救效率。当前，高层建筑的建筑标准逐步提高，平面布置不断变化，设置空调系统和外墙采用固定窗扇、幕墙的建筑不断增多，这些建筑起火时，烟、热将更加集中，消防人员更难接近火点，当垂直交通设施失效时（如楼梯间不能防火、防烟），消防人员就无法接近起火层，大大增加了扑救的难度。

（二）用水量大，供水困难

高层建筑发生火灾时，需要灭火、冷却和控制火势蔓延扩大的消防用水量是相当大的。但由于经济技术、投资等原因，并非所有的高层建筑都设置了自动化消防设备。目前扑救高层建筑火灾主要靠消火栓系统，但它的水量约每秒几十升，只能满足一般中期火灾的消防用水量。从国内外火灾实例看，高层建筑火灾的实际用水量需要每秒上百升至几百升。因此，除依靠建筑物本身的供水能力外，还要由消防人员千方百计向高层建筑接力供水。由于受水带耐压强度和消防车供水高度的限制，高层及超高层建筑常因供不上水而贻误灭火时机。

（三）需要特种登高、排烟消防车辆和抢险、救生装备

对高层建筑火灾，普通消防车辆是难以奏效的，需要登高车、救助车、照明车、大功率泵浦车、化学灭火车和消防直升机等专门的灭火和抢险装备。目前我国这类特种消防车辆和装备还很不足，已有的登高车可达高度一般为 30 ～ 50m，最多也只能达到 101m。对于百米以上的建筑，各种登高消防车也是无能为力的。

因此，高层建筑发生火灾时从室外进行扑救相当困难，一般要立足于自救，即主要靠室内消防设施。但由于目前我国经济技术条件所限，高层建筑内部的消防设施还不可能非常完善，尤其是二类高层建筑仍以消火栓系统扑救为主，扑救高层建筑火灾往往遇到较大困难，如热辐射强、火势蔓延速度快、高层建筑的消防用水量不足等。因此，加强高层建筑内部的火灾防控措施，是防止火灾蔓延，提高高层及超高层建筑火灾扑救能力的有效办法。

四、建筑内部火险隐患多

高层建筑通常是使用功能多，场所复杂，部门单位多，各单位有自己的管理模式。如有的高层建筑设有商业营业厅，可燃物仓库，人员密集的礼堂、餐厅等；有的办公建筑出租给十几家或几十家单位使用，安全管理不统一；综合性建筑功能复杂，设备繁多，装修量大，火灾荷载大，可燃物性质不同，品种各异。这样自然形成了潜在的火险隐患，一旦发生火灾，可能很快酿成大规模的火灾扩散，难以控制。

为防止高层建筑火灾的迅速蔓延，为高层建筑火灾时人员的及时疏散创造有利条

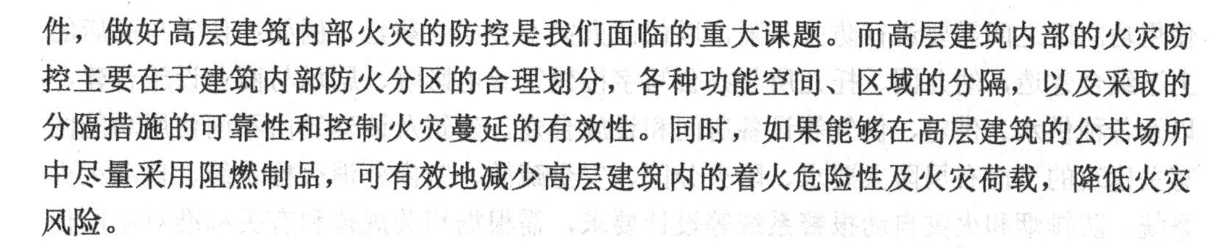

件，做好高层建筑内部火灾的防控是我们面临的重大课题。而高层建筑内部的火灾防控主要在于建筑内部防火分区的合理划分，各种功能空间、区域的分隔，以及采取的分隔措施的可靠性和控制火灾蔓延的有效性。同时，如果能够在高层建筑的公共场所中尽量采用阻燃制品，可有效地减少高层建筑内的着火危险性及火灾荷载，降低火灾风险。

第二节 高层建筑内部平面布置

高层建筑内部平面布置设计是高层建筑防火设计很重要的一个环节。高层民用建筑内往往具备有许多不同用途的功能房间和场所，尤其是综合性建筑更是如此。一方面这些不同功能的房间和场所在不同程度上能满足使用者的需求，但另一方面这些不同功能的房间和场所也具有不同的火灾危险性，由于在高层建筑内不同楼层、不同平面位置的人员疏散要求不一样，这些不同功能的房间和场所发生火灾时给人员安全疏散可能带来不同程度的危险。当这些不同功能的房间和场所相互间的火灾危险性差别较大时，疏散设施需要尽量分开设置，如商业经营与居住部分。通过建筑内平面的合理布置，可以将火灾危险性大的空间相对集中并方便地划分为不同的防火分区，或将这样的空间布置在对建筑结构或人员疏散影响较小的部位等，以尽量降低火灾的危害。因此，在设计和使用时要结合规范的防火要求、建筑的功能需要和建筑创意等因素，充分考虑它们的特点和安全性，科学、合理、安全地布置在高层建筑内部的不同位置，既满足使用的需要，又达到安全的要求。

一、平面布置的一般要求

高层民用建筑的平面布置需要考虑其使用功能和人员安全疏散等要求，对于不同使用性质及功能的建筑，由于火灾危险性相差较大，这类建筑不宜组合建造。

（1）高层民用建筑不应与甲、乙、丙、丁、戊类厂房（仓库）组合建造或贴邻建造。由于甲、乙、丙、丁、戊类厂房（仓库）火灾危险性相对较大，组合建造或贴邻建造对高层民用建筑具有很大的火灾安全威胁。与高层建筑使用功能无关的库房，不应布置在高层民用建筑内。商店、展览、宾馆、办公等建筑中的自用物品暂存库房、商品临时周转库房、档案室和资料室等库房可以酌情考虑。

（2）存放和使用甲、乙类物品的商店、作坊和储藏间，严禁附设在民用建筑内，易燃、易爆物品在民用建筑中存放或销售，火灾或爆炸的后果较严重，对存放或销售这些物品的建筑的设置位置要严格控制，一般要采用独立的单层建筑。

二、特殊用房、场所的平面布置要求

对于同一性质的建筑，当在同一建筑物内设置两种或两种以上使用功能时，不同使用功能区之间需要进行防火分隔，以保证火灾不会相互蔓延。例如：住宅与商店的上下组合建造，幼儿园、托儿所与办公写字楼建筑或电影院、剧场与商业设施合建，以及各种供水、供电、供气等设备房间和设施合建。建筑及该建筑内不同使用功能区有关建筑的平面布局防火要求、防火分区、安全疏散、室内外消火栓系统、自动灭火系统、防排烟和火灾自动报警系统等设计要求，需根据相关规范和有关标准对不同使用功能的防火规定和防火分隔情况等综合考虑确定。

（一）商业用房

1. 地下商店

（1）营业厅不宜设置在地下三层及三层以下。

（2）不应经营和储存火灾危险性为甲、乙类物品属性的商品。

（3）商店总建筑面积不宜大于 20000m2。

（4）当地下或半地下商店总建筑面积大于 20000m2 时，应采用无门、窗、洞口的防火墙、耐火极限不低于 2.00h 的楼板分隔为多个建筑面积不大于 20000m² 的区域。

相邻区域确需局部水平或竖向连通时，应采用符合下列规定的下沉式广场等室外开敞空间、防火隔间、避难走道、防烟楼梯间等方式进行连通。

（1）下沉式广场等室外开敞空间应能防止相邻区域的火灾蔓延和便于安全疏散，应满足：

①同防火分区通向下沉式广场等室外开敞空间的开口最近边缘之间的水平距离不应小于 13m。室外开敞空间除用于人员疏散外不得用于其他商业或可能导致火灾蔓延的用途，其中用于疏散的净面积不应小于 169m2（图 5-1）。

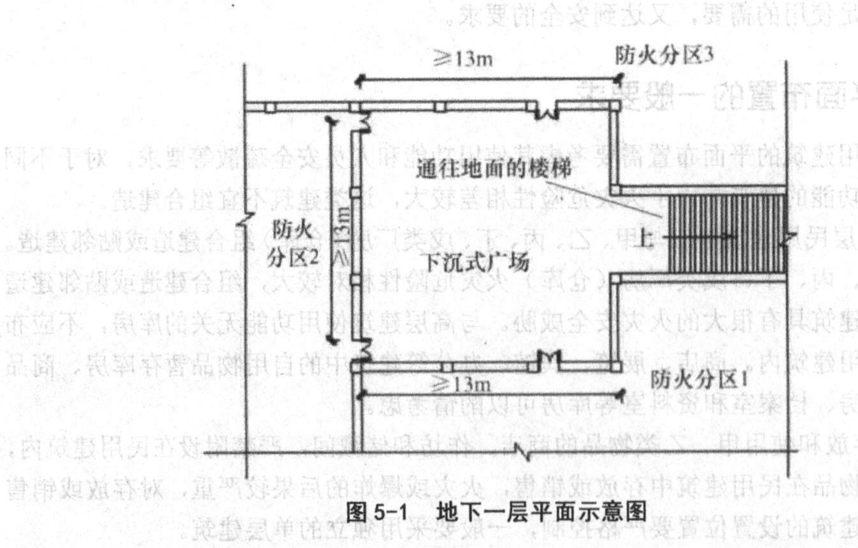

图 5-1　地下一层平面示意图

②下沉式广场等室外开敞空间内应设置不少于 1 部直通地面的疏散楼梯。当连接下沉广场的防火分区需利用下沉广场进行疏散时，疏散楼梯的总净宽度不应小于任一

防火分区通向室外开敞空间的设计疏散总净宽度（图 5-1）。

③确需设置防风雨篷时，防风雨篷不应完全封闭，四周开口部位应均匀布置，开口的面积不应小于室外开敞空间地面面积的 25%，开口高度不应小于 1.0m；开口设置百叶时，百叶的有效排烟面积可按百叶通风口面积的 60% 计算（图 5-2）。

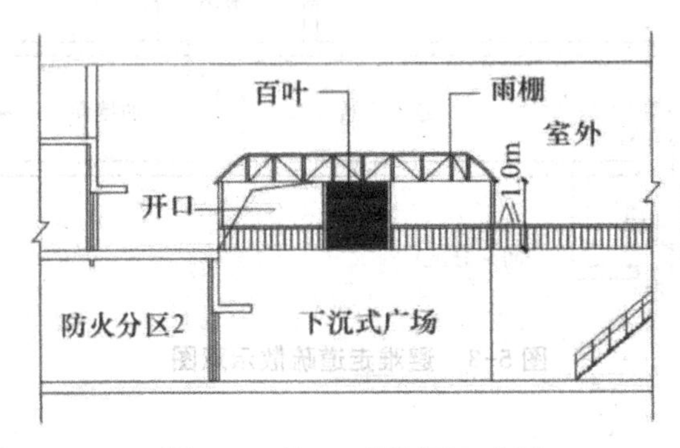

图 5-2　地下一层剖面示意图

（2）防火隔间的墙应为耐火极限不低于 3.00h 的防火隔墙，且应满足：

①防火隔间的建筑面积不应小于 6.0m²；

②防火隔间的门应采用甲级防火门，防火隔间的门在发生火灾时必须能够可靠地关闭；

③不同防火分区通向防火隔间的门不应计入安全出口，门的最小间距不应小于 4m；

④防火隔间内部装修材料的燃烧性能应为 A 级；

⑤不应用于除人员通行外的其他用途。

（3）避难走道应满足：

①楼板的耐火极限不应低于 1.50h；

②走道直通地面的出口不应少于 2 个，并应设置在不同方向；当走道仅与一个防火分区相通且该防火分区至少有 1 个直通室外的安全出口时，可设置 1 个直通地面的出口（图 5-3、图 5-4）；

③走道的净宽度不应小于任一防火分区通向走道的设计疏散总净宽度；

④走道内部装修材料的燃烧性能应为 A 级；

⑤防火分区至避难走道入口处应设置防烟前室，前室的使用面积不应小于 6.0m²，开向前室的门应采用甲级防火门，前室开向避难走道的门应采用乙级防火门；

⑥走道内应设置消火栓、消防应急照明、应急广播和消防专线电话。

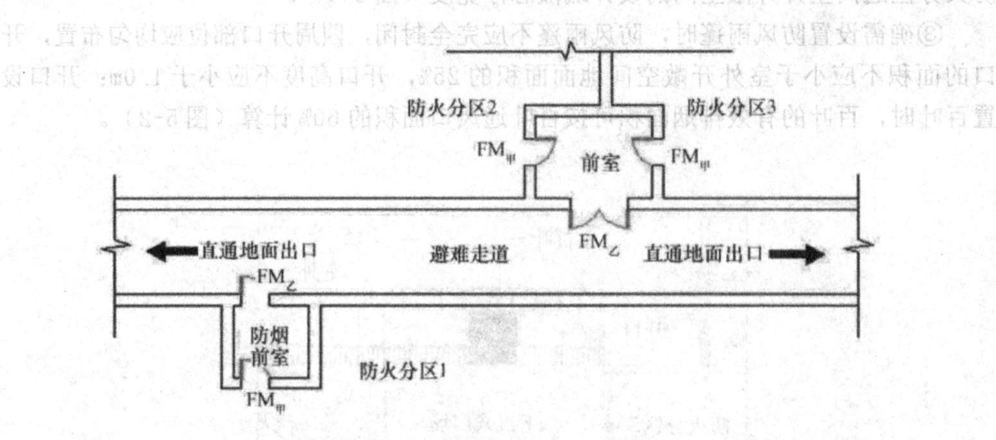

图 5-3　避难走道疏散示意图

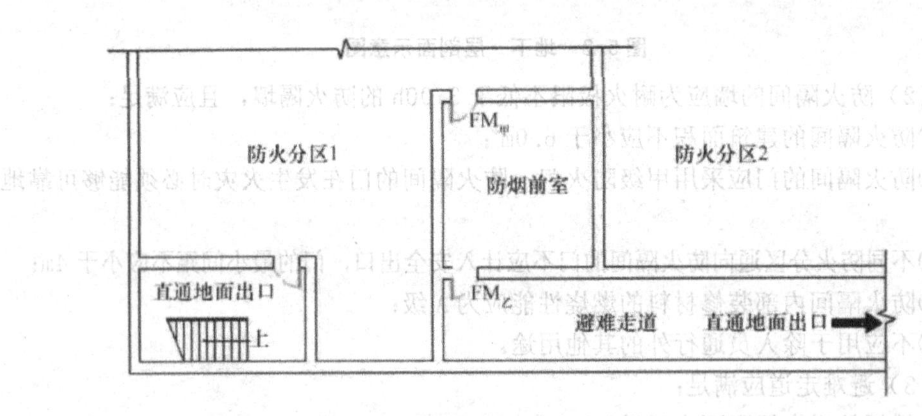

图 5-4　避难走道疏散示意图

（4）防烟楼梯间的门应采用甲级防火门。

2. 商业服务网点

住宅底部（地上）设置小型商业服务网点时，该用房层数不应超过二层、建筑面积不超过 3000m²，采用耐火极限大于 1.50h 的楼板和耐火极限大于 2.00h 且不开门窗洞口的隔墙与住宅用房完全分隔。该用房、住宅的疏散楼梯和安全出口应分别独立设置。

商业服务网点中每个分隔单元之间应采用耐火极限不低于 2.00h 且无门、窗、洞口的防火隔墙相互分隔，每个分隔单元内的安全疏散距离不应大于袋形走道两侧或尽端的疏散门至安全出口的最大距离。

（二）住宅与其他使用功能合建的建筑

住宅建筑与其他使用功能的建筑合建时，应符合下列要求。

（1）住宅部分与非住宅部分之间，应采用耐火极限不低于 2.50h 的不燃性楼板

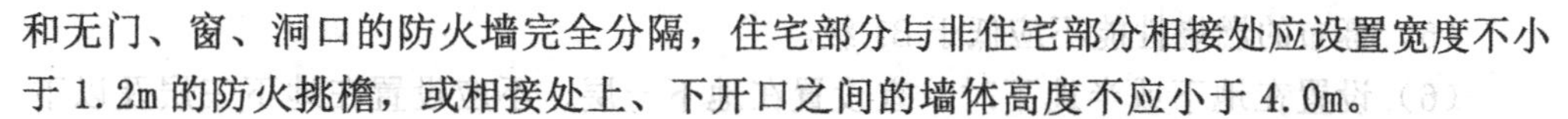

和无门、窗、洞口的防火墙完全分隔，住宅部分与非住宅部分相接处应设置宽度不小于1.2m的防火挑檐，或相接处上、下开口之间的墙体高度不应小于4.0m。

（2）住宅部分与非住宅部分的安全出口和疏散楼梯应分别独立设置；为住宅部分服务的地下车库应设置独立的疏散楼梯或安全出口。

（三）歌舞娱乐放映游艺场所

歌舞厅、录像厅、夜总会、卡拉OK厅（含具有卡拉OK功能的餐厅）、游艺厅（含电子游艺厅）、桑拿浴室（不包括洗浴部分）、网吧等歌舞娱乐放映游艺场所（不含剧场、电影院）的布置应符合下列规定。

（1）宜布置在一、二级耐火等级建筑物内的首层、二层或三层的靠外墙部位，不应布置在地下二层及以下楼层。

（2）不宜布置在袋形走道的两侧或尽端。

（3）受条件限制必须布置在地下一层时，地下一层地面与室外出入口地坪的高差不应大于10m。

（4）受条件限制必须布置在地下或四层及以上楼层时，一个厅、室的建筑面积不应大于200m²。

（5）厅、室之间及与建筑的其他部位之间，应采用耐火极限不低于2.00h的防火隔墙和不低于1.00h的不燃性楼板分隔，设置在厅、室墙上的门和该场所与建筑内其他部位相通的门均应采用乙级防火门。

（四）老年人建筑及儿童活动场所

老年人建筑及托儿所、幼儿园的儿童用房和儿童游乐厅等儿童活动场所不应设置在高层建筑内，宜设置在独立的建筑内。当必须设置在高层建筑内时，应设置在建筑物的首层或二、三层，并应设置独立的安全出口和疏散楼梯。这些活动场所的吊顶，应采用不燃材料；当采用难燃材料时，其耐火极限不应低于0.25h。

（五）观众厅、会议厅、多功能厅

高层建筑内的观众厅、会议厅、多功能厅等人员密集场所，宜布置在首层、二层或三层。必须布置在其他楼层时，应符合下列规定。

（1）一个厅、室的疏散门不应少于2个，且建筑面积不宜大于400m²。

（2）应设置火灾自动报警系统和自动喷水灭火系统等自动灭火系统。

（3）幕布的燃烧性能不应低于B1级。

（六）剧场、电影院、礼堂场所

设置在其高层建筑内的剧场、电影院、礼堂场所，应满足下列要求。

（1）至少应设置1个独立的安全出口和疏散楼梯。

（2）应采用耐火极限不低于2.00h的防火隔墙和甲级防火门与其他区域分隔。

（3）一个厅、室的疏散门不应少于2个，且建筑面积不宜大于400m²。

（4）应设置火灾自动报警系统和自动喷水灭火系统等自动灭火系统。

（5）幕布的燃烧性能不应低于B1级。

（6）设置在地下或半地下时，宜设置在地下一层，不应设置在地下三层及以下楼层，防火分区的最大允许建筑面积不应大于1000m2；当设置自动喷水灭火系统和火灾自动报警系统时，该面积不得增加。

（七）锅炉房、变配电房等用房

（1）燃油或燃气锅炉、油浸变压器、充有可燃油的高压电容器和多油开关等，宜设置在建筑外的专用房间内。

（2）受条件限制必须贴邻民用建筑布置时，应采用防火墙与所贴邻的建筑分隔，且不应贴邻人员密集场所，建筑的耐火等级不应低于一、二级。

（3）必须布置在高层民用建筑内时，不应布置在人员密集场所的上一层、下一层或贴邻，并应符合下列规定。

①燃油或燃气锅炉房、变压器室应设置在首层或地下一层的靠外墙部位，但常（负）压燃油或燃气锅炉可设置在地下二层或屋顶上。设置在屋顶上的常（负）压燃气锅炉，距离通向屋面的安全出口不应小于6m。

采用相对密度（与空气密度的比值）不小于0.75的可燃气体为燃料的锅炉，不得设置在地下或半地下。

②锅炉房、变压器室的疏散门均应直通室外或安全出口。

③锅炉房、变压器室等与其他部位之间应采用耐火极限不低于2.00h的防火隔墙和不低于1.50h的不燃性楼板分隔。在隔墙和楼板上不应开设洞口，必须在隔墙上开设门、窗时，应设置甲级防火门、窗。

④锅炉房内设置的储油间，其总储存量不应大于1m^3，且储油间应采用防火墙与锅炉间分隔；必须在防火墙上开门时，应设置甲级防火门。

⑤变压器室之间、变压器室与配电室之间，应设置耐火极限不低于2.00h的防火隔墙。

⑥油浸变压器、多油开关室、高压电容器室，应设置防止油品流散的设施。油浸变压器下面应设置能储存变压器全部油量的事故储油设施。

⑦锅炉的容量应符合现行国家标准《锅炉房设计规范》GB 50041的规定。油浸变压器的总容量不应大于1260kV•A，单台容量不应大于630kV•A。

⑧应设置火灾报警装置。

⑨应设置锅炉、变压器、电容器和多油开关等和建筑规模相适应的灭火设施。

⑩燃气锅炉房应设置爆炸泄压设施，燃油或燃气锅炉房应设置独立的通风系统。

（八）柴油发电机房

（1）发电机房宜布置在建筑物的首层及地下一、二层。不应布置在人员密集场所的上一层、下一层或贴邻。

（2）应采用耐火极限不低于2.00h的防火隔墙和不低于1.50h的不燃性楼板与其他部位分隔，门应采用甲级防火门。

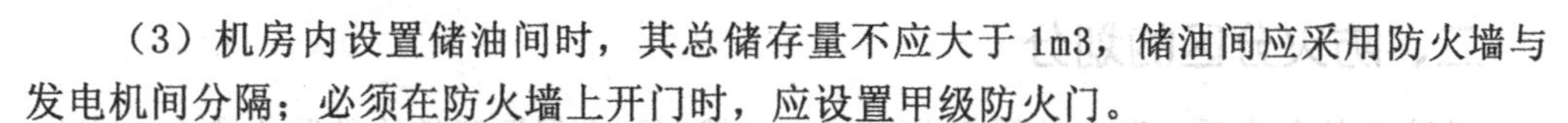

（3）机房内设置储油间时，其总储存量不应大于1m3，储油间应采用防火墙与发电机间分隔；必须在防火墙上开门时，应设置甲级防火门。

（4）应设置火灾报警装置。

（5）建筑内其他部位设置自动喷水灭火系统时，应设置自动喷水灭火系统。

（6）发电机应采用丙类柴油作燃料。

（九）燃气供给管道

设置在建筑物内的锅炉、柴油发电机，其进入建筑物内的燃料供给管道应符合下列规定。

（1）应在进入建筑物前和设备间内，设置自动和手动切断阀。

（2）储油间的油箱应密闭且应设置通向室外的通气管，通气管应设置带阻火器的呼吸阀。油箱的下部应设置防止油品流散的设施。

（十）液化石油气

（1）当高层建筑采用瓶装液化石油气作燃料时，应设集中瓶装液化石油气间。

（2）液化石油气总储量不超过1.00m3的瓶装液化石油气间，可与裙房贴邻建造。

（3）总储量超过1.00m3而不超过3.00m3的瓶装液化石油气间，应独立建造，且与高层建筑和裙房的防火间距不应小于10m。

第三节　高层建筑防火分区及防火分隔

从建筑使用功能上考虑，使用者总是希望将建筑的内空间设计得通达四方，特别是具有商业功能的场所，希望视觉开阔，宽大通透，但通畅无阻的室内空间则为某一局部火灾的蔓延发展成为大规模的火灾创造了最有利的条件。为了防止这种现象的发生，就必须从设计上将一栋建筑中较大的面积有机地划分成若干个小的防火区域，这就是防火分区。对建筑特殊部位和房间进行防火分隔，其目的与防火分区是相同的。但是，防火分隔在划分的范围、分隔的对象、分隔的要求等方面与防火分区有所不同。

一、防火分区的分类

防火分区，按照防止火灾向防火分区以外扩大蔓延的功能可分为两类：其一是竖向防火分区，是指用耐火性能较好的楼板及窗间墙（含窗下墙），在建筑物的垂直方向对每个楼层进行的防火分隔，用以防止多层或高层建筑物层与层之间竖向发生火灾蔓延；其二是水平防火分区，是指用防火墙或防火门、防火卷帘等防火分隔物将各楼层在水平面上分隔成的若干防火区域，它可以阻止火灾在楼层的水平方向蔓延。

二、防火分区的划分

从防火的角度看，防火分区划分得越小，越有利于保证建筑物的防火安全。但如果划分得过小，则势必会影响建筑物的使用功能，这样做显然是行不通的。防火分区面积大小的确定应根据建筑物的使用性质、重要性、火灾危险性、建筑物高度、消防扑救能力以及火灾蔓延的速度等因素来进行综合考虑。

我国现行的《建筑设计防火规范》《人民防空工程设计防火规范》《高层民用建筑设计防火规范》等均对建筑的防火分区面积做了规定，在工程的设计、审核和检查时，必须结合实际，严格执行。

高层建筑的每个防火分区最大允许建筑面积不应超过表 5-1 的规定。

表 5-1　每个防火分区最大允许建筑面积

建筑类别	每个防火分区建筑面积
一类建筑	1000
二类建筑	1500
地下室	500

在实际工程中防火分区的划分与分隔可根据实际情况进行适当的调整。

（1）防火分区应采用防火墙分隔。如确有困难时，可采用防火卷帘加冷却水幕或闭式喷水系统，或采用防火分隔水幕分隔。

（2）设有自动灭火系统的防火区，其允许最大建筑面积可按表 5-1 规定增加 1.00 倍；当局部设置自动灭火系统时，增加面积可按局部面积的 1.00 倍计算。

（3）高层建筑内的商业营业厅、展览厅等，当设有火灾自动报警系统和自动灭火系统，且采用不燃烧或难燃烧材料装修时，地上部分防火分区的允许最大建筑面积为 $4000m^2$；地下部分防火分区的允许最大建筑面积为 $2000m^2$。

（4）当高层建筑与其裙房之间设有防火墙等防火分隔设施时，其裙房的防火分区允许最大建筑面积不应大于 $2500m^2$，当设有自动喷水灭火系统时，防火分区允许最大建筑面积可增加 1.00 倍。

（5）高层建筑内设有上下层相连通的走廊、敞开楼梯、自动扶梯、传送带等开口部位时，应按上下连通层作为一个防火分区，其允许最大建筑面积之和不应超过表 5-1 的规定。当上下开口部位设有耐火极限大于 3.00h 的防火卷帘或水幕等分隔设施时，其面积可不叠加计算。

（6）高层建筑中庭防火分区面积应按上、下连通的面积叠加计算，当超过一个防火分区面积时，应符合以下规定：

①与中庭相通的过厅、通道等，应设乙级防火门或耐火极限大于 3.00h 的防火卷帘分隔。

②中庭每层回廊应设有自动喷水灭火系统。

③中庭每层回廊应设火灾自动报警系统。

三、防火分区与防火分隔单元的区别

防火分区与防火分隔的意义大体是相同的，但是却是两个完全不同的概念，它们的区别有以下几点。

（1）防火分区与防火分隔单元都是防止火灾蔓延扩展而分隔出来的局部区域或空间。

（2）防火分区与防火分隔单元对分隔构件的要求是不相同的。防火分区的分隔构件是防火墙和其他特定的构件，如楼板、窗间墙、窗槛墙以及甲级防火门、特级防火卷帘等。防火分隔单元的分隔构件只要求其是具有一定耐火极限的分隔构件和楼板，其耐火极限略低于防火墙。防火墙不是一般的分隔墙，首先要求必须是不燃烧体实体墙，耐火极限不低于3.00h。其次，必须直接砌筑在建筑物基础上，或砌筑在耐火极限不低于防火墙的钢筋混凝土框架上。防火隔间的分隔墙只要求其是具有一定耐火极限的不燃烧体隔墙即可。

（3）防火墙在构造上有严格的要求，并保证在防火墙一侧的屋架、梁、楼板等构件受火灾破坏时防火墙仍不能垮塌。防火分隔墙则没有这些构造要求。这样，防火分隔墙的设置和防火隔间的划分就不受建筑基础和框架的制约。这对于建筑内火灾危险性较大或较为重要房间和区域的防火分隔较为有利。例如：设置在建筑内的歌舞娱乐放映游艺场所，要求“一个厅室”形成一个防火分隔单元，就是要用耐火极限不低于2.00h的不燃烧体墙和耐火极限不低于1.00h的楼板与其他部位隔开，形成独立单元。单元与单元之间的分隔墙上不允许开门，且独立单元的疏散门为乙级防火门。独立单元与相邻单元或场所的分隔墙，其分隔的性质和作用与防火墙相当，但耐火极限要低，而且不必构筑在建筑基础和框架上。这与防火墙有很大差别，它便于设置。建筑内需要单独划分防火分隔单元的部位还有：医院中的手术室；居住建筑中的托儿所和幼儿园；建筑内的消防控制室，消防水泵房，固定灭火装置的设备室（钢瓶间，泡沫液设备间）；通风空调机房；排烟机房；住宅建筑底层的商业服务网点；燃油、燃气锅炉房，可燃油浸电力变压器室，充可燃油的高压电容器，多油开关室等。这些防火分隔单元的分隔墙都不是严格意义上的防火墙。

（4）防火分区在疏散要求上与防火分隔单元不同。对防火分区，要求每个防火分区的安全出口不应少于2个（特殊情况另有规定）。这里的安全出口是指直通室外的出口，保证人员安全疏散的楼梯，通向符合安全疏散要求的避难走道的入口，相邻防火分区墙上符合要求的出口等。防火分隔单元虽然也是防火空间区域，但是对其疏散出口的要求没有防火分区严格。对于歌舞娱乐放映游艺场所，规范规定每个单元的疏散出口不少于2个。对于设在高层建筑内的托儿所、幼儿园、游乐厅等儿童活动场所，应设单独出入口。对于设置在建筑内的消防控制室应设直通室外的安全出口。对于设置在建筑内的消防水泵房，其出口直通室外或直通安全出口。设置在建筑内的锅炉房、充可燃油变压器、多油开关及充油高压电容器室，应设直接对外的安全出口，或在外墙上开门。防火分区的出口是指安全出口，而防火隔间的出口既有安全出口，也有疏散出口。防火分区的安全出口，按每个防火分区不少于2个计算；而防火隔间的疏散出口，除歌舞娱乐放映游艺场所不少于2个外，其余都没有最低数量的要求，而是按需要设置。

（5）防火分区与防火隔间的划分方法和范围不同。防火分区可分为水平防火分区和竖向防火分区。水平防火分区是用防火墙、防火卷帘、防火门窗外墙上的窗间墙等分隔构件在地面或楼面上，按规定的建筑面积划分为若干防火空间单元。竖向防火分区是用具有一定耐火极限的楼板，外墙的窗槛墙为分隔构件，在竖向将建筑物分隔为若干防火空间单元。防火分隔单元则是按具有相同使用功能的房间、单元进行分隔的。当为房间时，一般不跨越楼层；当为单元时，则可跨越楼层。防火分隔单元具有与防火分区基本相同的作用和意义，可以说是特殊的防火分区，只是在处理上不按防火分区对待。

四、中庭的防火分隔

中庭通常是指建筑内部的庭院空间，可以跨越多层空间，其最大的特点是形成具有位于建筑内部的“室外空间”，是建筑设计营造一种与外部空间既隔离又融合的特有形式，或者说是建筑内部环境分享外部自然环境的一种方式。“中庭”能使建筑的内部空间达到最大范围连接性，并形成整体的内部空间视觉效果以及大面积自然采光，其庄重美观、内部采光性能好、环境舒适，但同时也带来了一系列消防安全新的问题。

（一）中庭建筑的火灾危险性

1. 易燃、可燃物多

中庭大部分都设置于宾馆和商贸楼等公共场所，满足诸多功能的需求，建筑标准高，内部装修豪华，在装潢过程中，为追求效果，大量使用木质、化纤及高分子合成等易燃、可燃材料，发生火灾时极易形成气体火灾且难以控制。

2. 易形成“烟囱效应”，烟火蔓延快

由于建筑内、外部空气的温度及密度有差异，在建筑内部垂直方向上形成的自然空气流动现象，称为“烟囱效应”。建筑中庭空间形似烟囱，特别是跨越多层甚至几十层的建筑空间，当大楼发生火灾，室内火场温度升高时，往往会形成“烟囱效应”，风助火势，火借风威，烟气顺着中庭快速向垂直和水平方向扩散，造成竖向、横向延烧。

3. 疏散困难

具有中庭的建筑一般都有相当的高度，电梯、自动扶梯是主要的垂直交通工具，且通常都设置在中庭的位置，人们习惯于通过中庭的这些交通工具上下楼层活动。而火灾时因断电致使电梯和自动扶梯不能使用，人员只能依赖楼梯进行紧急疏散。然而，这类建筑供人员疏散使用的步行楼梯在设计时位置安排通常比较隐蔽，每天进出的大量流动人员对楼内结构、疏散路线并不熟悉。火灾时，大量人员同时疏散，极易出现拥挤、混乱，造成疏散通道堵塞，加上火场内烟气浓度大，有害气体成分多，极易造成群死群伤的悲惨局面。

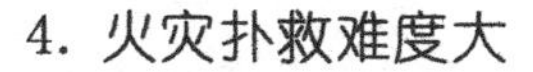
4. 火灾扑救难度大

中庭建筑不同于建筑外部，消防车很难到达位于建筑内部的中庭开展灭火救援。

（1）在从室外到达中庭的通道上往往有很多阻挡消防车行进的障碍物，如设在通道上的门、连通上下层的自动扶梯、连通通道两边二层或三层的连廊等。这些对消防车的顺利进入都会造成不利的因素。

（2）由于建筑中庭有各种各样的形式，包括矩形、圆形、椭圆形、弧形等，且有大有小，致使消防车在中庭内展开作业的空间受到各种条件的限制，很难施展消防车扑救的能力。

（3）消防队员很可能还要在中庭内不同的楼层进行灭火，需要调集大量兵力。

（4）消防队员不得不沿着疏散人员逃生的相反方向进入，这就会在出入的通道上与逃生人员发生相撞。

（5）中庭火灾扩散迅速，需要阻止火势扩大的开口很多，消防人员很难确定从何处着手。

（6）烟雾迅速扩散并充满空间，严重影响消防活动。

（7）火灾时，屋顶和壁面玻璃爆裂散落，对消防队员构成严重威胁。

（二）中庭的防火分隔

高层建筑中庭内部的空间十分高大，若采用防火卷帘加以分隔，需要使用大量的防火卷帘，造价高，而且发生火灾时，这些防火卷帘是否能全部迅速降落下来尚有疑问，为此必须认真研究中庭建筑防火技术措施的可靠性及可行性。

根据国内外高层建筑中庭防火设计的实际做法，并参考国外有关防火规范的有关规定，我们提出如下防火措施。

（1）中庭回廊的隔墙应采用耐火极限不低于 1.00h 的不燃烧体，并砌至梁、板底部。

（2）房间与中庭回廊相通的门、窗应设能自行关闭的乙级防火门、窗。

（3）与中庭相通的过厅、通道等应设乙级防火门或耐火极限大于 3.00h 的防火卷帘分隔。

（4）为了控制火势，中庭每层回廊应设自动喷水灭火系统，喷头间距应采用 2.0～2.8m。

（5）中庭每层回廊应设火灾自动报警系统。

（6）由于自然排烟受到自然条件及建筑物本身热压、密闭性等因素的影响，因此，只允许净空高度不超过 12m 的中庭可采用自然排烟，但可开启的天窗或高侧窗的面积不应小于该中庭地面面积的 5%，其他情况下应采用机械排烟设施。

（7）中庭的内装修材料应采用不燃材料，管道的保温材料等宜采用难燃或不燃材料对中庭采取上述措施后，中庭的防火分区面积可不按上、下层连通的面积叠加计算，这样容易满足防火分区的划分要求。

五、自动扶梯开口的防火分隔

大型公共建筑内，常设有自动扶梯。由于自动扶梯体积庞大，而且往往成组设置而占地宽阔、开口大，火灾发生时易于穿过此处蔓延扩大，因此，建筑内设有自动扶梯时，应按上、下层连通作为一个防火分区计算建筑面积。

目前，对自动扶梯进行防火分隔的方法有：

（1）在自动扶梯上方四周安装喷水头，喷头间距为 2.00m 左右，并设挡烟垂壁。发生火灾时，喷头开启喷水，可以起到防火分隔作用，阻止火势竖向蔓延。

（2）在自动扶梯四周安装水幕喷头。目前我国已建成的一些安装自动扶梯的高层建筑采用这种方法较多，如北京京广中心地上 1 ～ 4 层的自动扶梯洞口的分隔处就设置了水幕系统。

（3）在自动扶梯四周设置防火卷帘；或在其两对面设防火卷帘，另外两对面设置固定防火墙，如北京国际贸易中心和长富宫饭店的自动扶梯就采用了这种方法。设防火卷帘的地方，宜在卷帘旁设一扇平开甲级防火门，以利疏散。

另外，对于楼板上的洞口，还可以采用设水平防火卷帘或侧向防火卷帘的防火分隔方式。

六、避难层用作高层建筑防火隔断的措施

避难层主要作为高层建筑内人员在发生火灾时安全脱险的一项有效措施，它既是高层建筑火灾人员临时安全栖息场所，也是阻止火灾迅速向上蔓延有效手段之一。从这两点意义上讲，高层建筑避难层的设置非常重要。

（一）避难层设置位置

1. 公共建筑

通常建筑高度超过 100m 的高层公共建筑应考虑设置避难层。而避难层的设置首先应满足人员的临时避难和消防登高救援，目前我国大部分城市的消防登高车云梯的高度约为 50m，考虑到消防登高车的云梯登高能力，要求高层建筑的第一避难层距地面不宜超过 15 层。当上部疏散人员抵达第一避难层时，因疏散楼梯间的人太多，或体力不支来不及疏散，暂时滞留在避难层的人群可等候消防人员通过消防登高车来营救。如果建筑物层高为 3.0m，15 层的高度为 45m，满足消防登高车的云梯登高能力。如果建筑物的层高为 3.60m，那么 15 层的高度就达到 54m。这样 50m 高的消防登高车要达到这一层则有些困难。因此高层建筑或超高层建筑的安全疏散主要是靠疏散楼梯间和避难层。那么第一避难层距地面层数可以从两方面考虑：一是建筑物层高，如果建筑物的层高较高，则层数相应减少；二是要根据当地城市消防部门所配置的消防登高车的云梯高度来确定第一避难层地面的高度。总之，第一个避难层的楼地面至灭火救援场地地面的高度不应大于 50m，两个避难层之间的高度不宜大于 45m。

2. 住宅建筑

在现行的《高层民用建筑设计防火规范》中只规定了建筑高度超过 100m 的公共建筑应设置避难层，因此目前在高层住宅楼中很少设置避难层。主要原因是：高层住宅内人员数量比高层公共建筑要少，住宅人员对建筑情况比较熟悉，住宅的分户墙多为实体墙，每家每户实际上可以看作一个小的防火分区，管理比较困难，经济上不划算。

（二）避难层设计

避难层的设计主要从以下几个方面考虑。

（1）能提供足够的面积供疏散人员避难。高层建筑发生火灾时，集聚在避难层的人员密度是要大一些，但又不至于过分拥挤。考虑到我国人员的体型情况，就席地而坐来讲、平均每平方米容纳 5 个人还是可以的。因此，避难层的净面积应能满足设计避难人数避难的要求，并宜按 5.0 人 /m2 计算。

（2）要有良好的通风和排烟设施。避难层可以采用全敞开式、半敞开式、封闭式三种类型。全敞开式避难层为不设围护结构的全敞开空间，一般设在建筑物的顶层或屋顶上。半敞开式避难层四周设有高度不低于 1.2m 的防护墙，上部设有可从内部开启的封闭窗，采用自然排烟方式，可防止烟气的侵害。封闭式避难层为设有耐火的围护结构，室内具备应急照明、独立的空调和防排烟系统，门窗为防火门窗。

（3）避难层与疏散楼梯间及消防电梯间应有通畅的交通组织流线。进入避难层的入口，要有明显的、易于识别的引导标志，使得疏散人群能安全地疏散和避难。

（4）通向避难层的防烟楼梯应在避难层分隔、同层错位或上下层断开。这可以达到两个目的：一是发生火灾时，处于极度紧张的人员不容易找到避难层，通过此设计，上层楼梯必须经过避难层才能进入到下层的楼梯，这样可使需要到避难层躲避的人员能尽早进入避难层；二是使可能已经进行避难层下层楼梯段的烟气不能再窜至避难层上层的楼梯段，为避难层上段人员的安全疏散提供保障。

（5）做好避难层上下防烟防火隔断措施。现行《高层民用建筑设计防火规范》没有对避难层的设计形式提出要求，实际中，许多高层建筑的避难层设置为敞开式或半敞开式。而设置成敞开式的避难层，火灾时易受烟火蔓延影响。从国内外高层建筑火灾调研的情况看，当避难层下部楼层发生较大火灾时，烟火会沿建筑外墙向上蔓延，并使整个建筑包围在烟火之中。据测定，建筑物在 30m 高处的风速为 8.7m/s，60m 高处的风速为 12.3m/s，90m 高处的风速达到 15m/s。由于设置避难层的建筑中第一个避难层一般在建筑第 15 层左右，建筑高度约为 45m，第二个避难层在 30 层左右，建筑高度约为 90m，烟火在风速的作用下会充满敞开或半敞开的避难层，使其失去避难功能。因此，在有条件的情况下避难间应尽量采用半敞开式或封闭式结构。

按现行《高层民用建筑设计防火规范》要求，避难层的上下楼板与其他楼层的楼板一样都为不燃烧体，耐火极限 1.50h，其非承重外墙为不燃烧体，耐火极限 1.00 h，房间隔墙为不燃烧体，耐火极限 0.75h，即避难层的围护构件与其他楼层一样无特别防火要求。从高层建筑较大火灾实例来看，火灾从发生到扑灭的时间都普遍超过 1.50h，有的甚至达到十几小时。如果避难层的上下楼板和围护构件的耐火极限不提

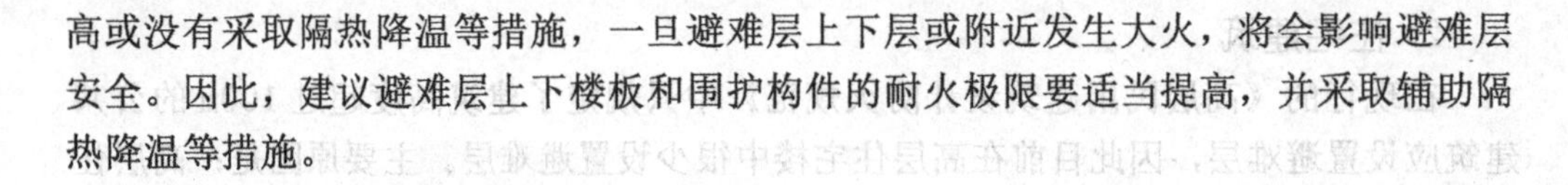

高或没有采取隔热降温等措施，一旦避难层上下层或附近发生大火，将会影响避难层安全。因此，建议避难层上下楼板和围护构件的耐火极限要适当提高，并采取辅助隔热降温等措施。

七、高层建筑幕墙的防火分隔

建筑幕墙以其自重轻、装饰艺术效果好、耐候密封性俱佳、便于施工、维护简便等优点，广泛地应用在高层建筑中。但是高层民用建筑幕墙层与层之间的防火分隔是高层建筑内部火灾防控的一个不可轻视的环节。

（一）火灾蔓延的危险性

在安装有玻璃幕墙的高层建筑中，如果火灾发生在某个楼层，随着火势的蔓延，该楼层的室内温度迅速升高，室内的空气压力逐步增大，幕墙中的玻璃在火焰的熏烤下很快破裂，将有更多的室外空气即时补充到室内，助火势进一步增大，促使火焰烧至上一楼层的板底和幕墙结构的内侧。在高温、高热气流的作用下，从破碎的窗户中窜出的火苗，开始侵袭上层幕墙结构。如果楼板和幕墙结构之间存在缝隙，火焰会迅速地从这个层间缝上窜到上一楼层。最终导致建筑内部的火灾通过幕墙蔓延扩散。

（二）高层建筑幕墙的防火分隔

1. 幕墙的安装方式

在实际应用中，建筑玻璃幕墙安装方式通常有内嵌式和外挂式。内嵌式建筑玻璃幕墙通常设有窗槛墙和窗间墙；外挂式建筑玻璃幕墙通常与实体墙之间形成有一定的间隙。这两种方式由于安装形式不同，其结构阻止火焰传播的能力也不一样，内嵌式玻璃幕墙安装结构阻止火灾蔓延能力要强于外挂式玻璃幕墙安装结构。

2. 内嵌式玻璃幕墙防火分隔

内嵌式玻璃幕墙中的窗间墙、窗槛墙，其填充材料应采用不燃烧材料。当其外墙面采用耐火极限不低于 1.00h 的不燃烧体时，其墙内填充材料可采用难燃烧材料。

图 5-5 为高层建筑楼层与楼层之间设防火窗槛墙的建筑幕墙构造示意图，图 5-6 为两水平防火分区之间设防火窗间墙的建筑幕墙构造示意图。窗间墙的宽度在防火墙处不应小于 2.00m，在内转角的防火墙处其宽度保证相邻窗间墙边缘之间的水平距离不小于 4.00m。当确有困难无法设置窗间墙或窗间墙宽度不足时，可采用耐火极限不低于 1.2h 的防火玻璃替代。

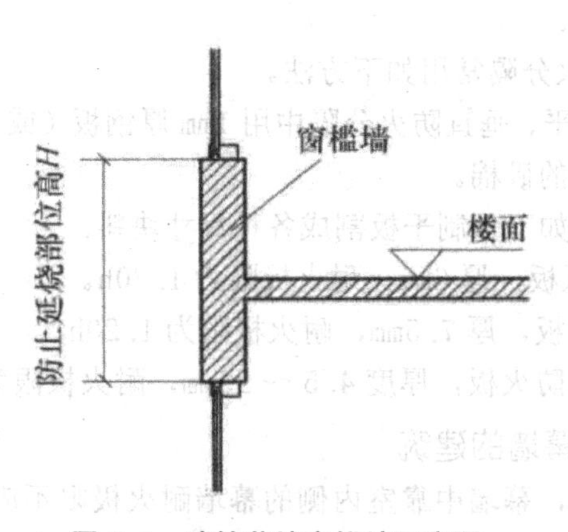

图 5-5 建筑幕墙窗槛墙示意图

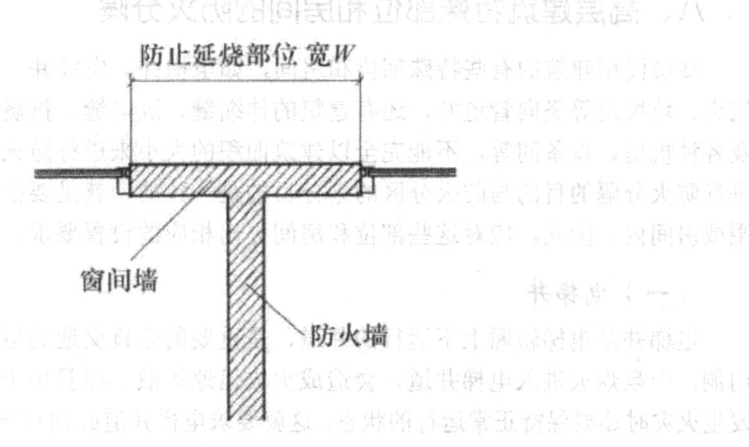

图 5-6 建筑幕墙窗间墙示意图

3. 外挂式玻璃幕墙防火分隔

（1）无窗槛墙的建筑幕墙应在每层楼板外沿设置耐火极限不低于 1.00h、高度不低于 1.2m 的不燃性实体墙裙或防火玻璃墙裙。

（2）当室内设置自动喷水灭火系统时，无窗槛墙的建筑幕墙应在每层楼板外沿设置耐火极限不低于 1.00h、高度不应小于 0.8m 的不燃性实体墙裙或防火玻璃墙裙。

（3）建筑幕墙与每层楼板、隔墙处的缝隙应采用防火封堵材料封堵。

（4）外挂式建筑幕墙与实体墙之间的空隙，要进行防火分隔。防火分隔应与幕墙框料相连，不应与玻璃相连。若必须与玻璃相连时，该玻璃应采用耐火极限为 1.00h 的防火玻璃。

（5）外挂式建筑幕墙与实体墙之间的空隙一般为 3 ～ 5cm，若无特殊装饰要求，可用细石混凝土填实；若有装饰性要求，可用矿棉填实，外用铝扣板或装饰板封口。用这种方法处理时，应沿幕墙柱每隔 1 ～ 1.5m 用不锈钢或铝板将立柱与实墙体连接，以防负风压时形成空隙。

（6）建筑幕墙防火分隔常用如下方法。

①矿棉填充：在水平、垂直防火分隔中用1mm厚钢板（或2mm厚铝板）双面封口，里面填充5mm以上厚度的矿棉。

②预制平板：可用如下预制平板割成各种尺寸块料。

a. FC纤维水泥加压板，厚6mm，耐火极限为1.20h。

b. 纤维增强硅酸钙板，厚7.5mm，耐火极限为1.20h。

c. 埃特板、平板、防火板，厚度4.5～25mm，耐火极限为0.90～2.00h。

4. 对于设置双层幕墙的建筑

当未设置外墙体时，幕墙中靠室内侧的幕墙耐火极限不应低于1.00h，可开启外窗应采用乙级防火窗或耐火极限不低于1.00h的C类防火窗。

八、高层建筑特殊部位和房间的防火分隔

高层民用建筑的有些特殊部位和房间，如电梯井、电缆井、管道井、排烟道、排气道、垃圾道等竖向管道井，还有建筑的伸缩缝、沉降缝、抗震缝等各种变形缝，以及各种机房、设备间等，不能完全以建筑面积的大小来进行防火分区的划分，但对其进行防火分隔的目的与防火分区的划分目的是一致的，就是要把火灾控制在局部的范围或房间内。因此，应对这些部位和房间提出相应的设置要求。

（一）电梯井

电梯井是电梯轿厢上下运行的井道，是重要的垂直交通通道，每层都要开设电梯门洞，一旦烟火进入电梯井道，会造成火灾迅速扩散。而且用于消防扑救的电梯，在发生火灾时还要保持正常运行的状态，这就要求电梯井道必须有严格的防火分隔措施。

电梯井应独立设置，且井内严禁敷设可燃气体和甲、乙、丙类液体管道，并不应敷设与电梯无关的电缆、电线等。电梯井井壁除开设电梯门洞和底部及顶部的通气孔洞外，不应开设其他洞口。电梯门不应采用栅栏门。

（二）电缆井、管道井

高层建筑内的电缆井、管道井等竖向管道井往往上下贯通距离较长，除了其他部位的烟火可能通过这些井道蔓延外，电缆井内的电缆本身就有可能发生火灾而导致自身蔓延。因此，电缆井、管道井要符合下列要求。

（1）电缆井、管道井应分别独立设置。

（2）其井壁应为耐火极限不低于1.00h的不燃烧体。

（3）井壁上的检查门应采用丙级防火门。

（4）电梯井、管道井与房间、走道等相连通的孔洞，其空隙应采用防火封堵进行严密封堵。

（5）需采取在每层楼板处用相当于楼板耐火极限的防火封堵系统作为防火措施分隔。

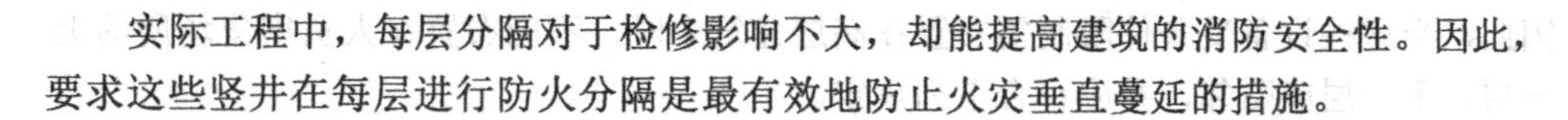

实际工程中，每层分隔对于检修影响不大，却能提高建筑的消防安全性。因此，要求这些竖井在每层进行防火分隔是最有效地防止火灾垂直蔓延的措施。

（三）排烟道、排气道

高层建筑中的排烟道、排气道等竖向管井虽然体积尺寸相对较小，仍然是烟火竖向蔓延的通道，特别是厨房室内的火灾可通过排烟道内部传播，尤其是烟道内积了油垢后很容易发生火灾。因此，排烟道、排气道等竖向管井的设置应满足以下要求。

（1）排烟道、排气道与电缆井、管道井及垃圾道等都应分别独立设置。

（2）管道的材料要选用耐火极限不低于 1h 的不燃性材料。

（3）管道开口上应安装烟气止回阀和防火隔离门，防止串味和串火。

（四）垃圾道

垃圾火灾并不鲜见，但人们却不以为然，以为这类火灾没有什么损失。其实垃圾道中经常堆积纸屑、棉纱、破布、塑料等可燃杂物，遇有烟头等火种极易引起火灾造成火灾纵向燃烧，仍然可能危及建筑物和居民的安全，后果不堪设想。垃圾道的设置应满足以下要求。

（1）垃圾道宜靠外墙设置，不应设在楼梯间内，垃圾道的排气口应直接开向室外。

（2）垃圾斗宜设在垃圾道前室内，该前室应采用丙级防火门。

（3）垃圾斗应采用不燃烧材料制作，并能自行关闭。

（五）伸缩缝、沉降缝、抗震缝

建筑物的伸缩缝、沉降缝、抗震缝等各种变形缝是火灾蔓延的途径之一，尤其是纵向变形缝，它具有很强的拔烟火作用。重庆的中天大厦火灾，其产生的高温烟气引燃了设置在大楼变形缝内抽油烟管道周围的可燃物，并进而引燃了敷设在变形缝内的电缆蔓延成灾，造成 14 ～ 21 层与变形缝（管道井）相邻的房间局部燃烧。因此，必须做好伸缩缝、沉降缝、抗震缝的防火处理。

（1）变形缝的基层应采用不燃材料，其表面装饰层宜采用不燃材料，严格限制可燃材料使用。

（2）变形缝内不准敷设电缆、可燃气体管道和甲、乙、丙类液体管道。

（3）如上述电缆、管道需穿越变形缝时，应在穿过处加不燃材料套管保护，并在空隙处用防火封堵材料严密封堵。

（六）锅炉房、变（配）电房

设置在高层建筑内的燃油或燃气锅炉、油浸电力变压器、充有可燃油的高压电容器和多油开关等存在较大的安全隐患。燃油、燃气的锅炉具有爆炸危险性；油浸变压器由于存有大量可燃油品，发生故障产生电弧时，将使变压器内的绝缘油迅速发生热分解，析出氢气、甲烷、乙烯等可燃气体，压力骤增，造成外壳爆裂而大量喷油，或者析出的可燃气体与空气混合形成爆炸性混合物，在电弧或火花的作用下极易引起燃烧爆炸。变压器爆裂后，将随高温变压器油的流淌而蔓延，容易形成大范围的火灾。

因此，当这些设备受条件限制需布置在高层建筑中时，不应布置在人员密集场所的上一层、下一层或贴邻，并应符合下列规定。

（1）燃油和燃气锅炉房、变压器室应布置在建筑物的首层或地下一层靠外墙部位，但常（负）压燃油、燃气锅炉可设置在地下二层，当常（负）压燃气锅炉房距安全出口的距离大于6.00m时，可设置在屋顶上。采用相对密度（与空气密度比值）大于等于0.75的可燃气体作燃料的锅炉，不得设置在建筑物的地下室或半地下室。

（2）锅炉房、变压器室的门均应直通室外或直通安全出口；外墙上的门、窗等开口部位的上方应设置宽度不小于1.0m的不燃烧体防火挑檐或高度不小于1.2m的窗槛墙。

（3）锅炉房、变压器室与其他部位之间应采用耐火极限不低于2.00h的不燃烧体隔墙和1.50h的楼板隔开。在隔墙和楼板上不应开设洞口，当必须在隔墙上开门窗时，应设置耐火极限不低于1.20h的防火门窗。

（4）设置锅炉房内的储油间，其总储存量不应大于1.0m3，且储油间应采用防火墙与锅炉间隔开，在防火墙上开门时，应设置甲级防火门。

（5）变压器室之间、变压器室与配电室之间，应采用耐火极限不低于2.00h的不燃烧体墙隔开。

（6）油浸电力变压器、多油开关室、高压电容器室，应设置防止油品流散的设施。油浸电力变压器下面应设置储存变压器全部油量的事故储油设施。

（7）锅炉的容量应符合现行国家标准《锅炉房设计规范》GB 50041的规定。油浸电力变压器的总容量不应大于1260kV•A，单台容量不应大于630kV • A。

（8）应设置火灾报警装置和除卤代烷以外的自动灭火系统。

（9）燃气、燃油锅炉房应设置防爆泄压设施和独立的通风系统。采用燃气作燃料时，通风换气能力不小于6次/h，事故通风换气次数不小于12次/h；采用燃油作燃料时，通风换气能力不小于3次/h，事故通风换气能力不小于6次/h。

（七）发电机房

民用建筑中使用柴油发电机供电的情况越来越多，可燃液体的用量也越来越大，当柴油发电机房布置在高层建筑和裙房内时，应采取下列措施。

（1）宜布置在建筑物的首层或地下一、二层，不应布置在地下三层及以下。柴油的闪点不应小于55℃。

（2）应采用耐火极限不低于2.00h的隔墙和1.50h的楼板与其他部位隔开，门应采用甲级防火门。

（3）机房内应设置储油间，其总储存量不应超过8.00h的需要，且储油间应采用防火墙与发电机间隔开；当必须在防火墙上开门时，应设置能自动关闭的甲级防火门。

（4）应设置火灾自动报警系统和除卤代烷1211、1301以外的自动灭火系统。

（八）消防控制室

消防控制室是建筑物消防安全监控中心，也是火灾时消防队员首先到达进行消防

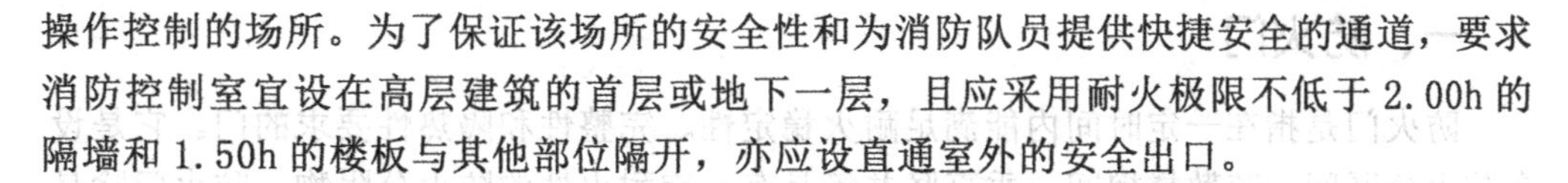
操作控制的场所。为了保证该场所的安全性和为消防队员提供快捷安全的通道，要求消防控制室宜设在高层建筑的首层或地下一层，且应采用耐火极限不低于 2.00h 的隔墙和 1.50h 的楼板与其他部位隔开，亦应设直通室外的安全出口。

（九）消防水泵房

高层建筑内独立设置的消防水泵房，其耐火等级不应低于二级。在高层建筑内设置消防水泵房时，应采用耐火极限不低于 2.00h 的隔墙和 1.50h 的楼板与其他部位隔开，并应设甲级防火门。

（十）自动灭火系统的设备间

高层建筑内设置的自动灭火系统设备间，应采用耐火极限不低于 2.00h 的隔墙、1.50h 的楼板和甲级防火门与其他部位隔开。

（十一）地下室储藏间

存放可燃物平均重量超过 30kg/m^2 的地下室内储藏间，其房间的隔墙耐火极限不应低于 2.00h，房间的门应采用甲级防火门。

（十二）地下室、半地下室的楼梯间

当地下室发生火灾时，烟火唯一的传播方向就是向上，而地下室、半地下室的楼梯间是人员向地面疏散的唯一通道。因此，地下室、半地下室的楼梯间不能有烟火的侵入。其在首层应采用耐火极限不低于 2.00h 的隔墙与其他部位隔开并宜直通室外。当必须在隔墙上开门时，应采用乙级防火门。地下室或半地下室与地上层不应共用楼梯间，当必须共用楼梯间时，应在首层与地下或半地下层的出入口处，设置耐火极限不低于 2.00h 的隔墙和乙级防火门隔开，并应有明显标志。

第四节　高层建筑防火分区中的分隔措施

当建筑物发生火灾时，为了把火势控制在一定空间内，阻止其蔓延扩大，需要防火设施进行防火分隔。防火分区除设置防火墙外，防火门、窗、卷帘以及玻璃加喷淋、防火水幕、防火隔离带也是建筑物采用的防火分隔措施之一。防火门、窗通常用在防火墙上、楼梯间出入口或管井开口部位，要求能隔断烟、火。防火门、窗对防止烟、火的扩散和蔓延、减少损失起着重要的作用，因此，必须对其有严格要求。卷帘、玻璃加喷淋、防火水幕、防火隔离带等分隔方式通常是在设置防火墙确有困难的场所或部位才采用，为使其火灾时真正起到隔火、隔烟的作用，在实际工程应用时也应有严格的要求。

一、防火门

防火门是指在一定时间内能满足耐火稳定性、完整性和隔热性要求的门。它是设在防火分区间、疏散楼梯间、垂直竖井等具有一定耐火性的防火分隔物。防火门除具有普通门的作用外，更具有阻止火势蔓延和烟气扩散的作用，可在一定时间内阻止火势的蔓延，确保人员疏散。防火门一般设在两个防火分区之间、封闭楼梯间、防烟楼梯间、电梯及楼梯前室等部位。

（一）防火门的分类

新版标准从国外标准中引入了部分隔热防火门和非隔热防火门的概念和要求，对防火门的分类由原来仅按隔热防火门分类，改为按完全隔热防火门（A类）、部分隔热防火门（B类）和非隔热防火门（C类）进行分类。

1. A类防火门

又称为完全隔热防火门，在规定的时间内能同时满足耐火隔热性和耐火完整性要求，耐火等级分别为0.5h（丙级）、1.0h（乙级）、1.5h（甲级）和2.0h、3.0h。

2. B类防火门

又称为部分隔热防火门，其耐火隔热性要求为0.5h，耐火完整性等级分别为1.0h、1.5h、2.0h、3.0h。

3. C类防火门

又称为非隔热防火门，对其耐火隔热性没有要求，在规定的耐火时间内仅满足耐火完整性的要求，耐火完整性等级分别为1.0h、1.5h、2.0h、3.0h。

（二）防火门的种类

防火门有很多种类，有木质防火门、钢质防火门、钢木防火门、无机防火门等。

1. 木质防火门

用难燃木材或难燃木材制品作门框、门扇骨架、门扇面板，门扇内若填充材料，则填充对人体无毒无害的防火隔热材料，并配以防火五金配件所组成的具有一定耐火性能的门。它的优点是自重轻、启闭灵活且外观可装饰性好、花样较多，缺点是价格较高，多用于中高档次的民用建筑或建筑中的重要场合。

2. 钢质防火门

用钢质材料制作门框、门扇骨架和门扇面板，门扇内若填充材料，则填充对人体无毒无害的防火隔热材料，并配以防火五金配件所组成的具有一定耐火性能的门。它的价格适中，但其自重大、开启较费力且式样单调、不够美观，因此多用于工业建筑和一般档次的民用建筑，或建筑中对美观要求低、平时人流量小的部位（如机房、车库等）。

3. 钢木质防火门

用钢质和难燃木质材料或难燃木材制品制作门框、门扇骨架、门扇面板，门扇内

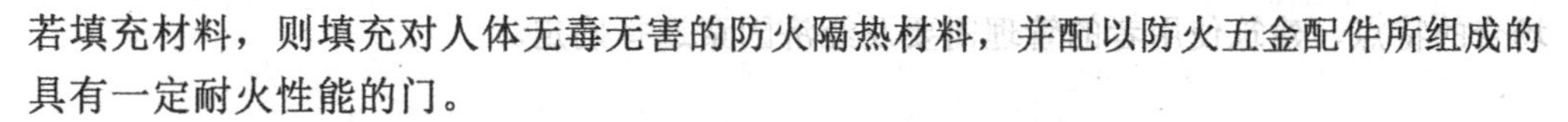

若填充材料，则填充对人体无毒无害的防火隔热材料，并配以防火五金配件所组成的具有一定耐火性能的门。

4. 其他材质防火门

采用除钢质、难燃木材或难燃木材制品之外的无机不燃材料或部分采用钢质、难燃木材、难燃木材制品制作门框、门扇骨架、门扇面板，门扇内若填充材料，则填充对人体无毒无害的防火隔热材料，并配以防火五金配件所组成的具有一定耐火性能的门。

（三）防火门的形式

防火门按照开启状态还分为常闭防火门和常开防火门。常闭防火门一般由防火门扇、门框、闭门器、密封条等组成，双扇或多扇常闭防火门还装有顺序器。常闭防火门通常不需要电气专业提供自控设计，但也有些特殊情况，如疏散通道上的常闭防火门，当建设方有防盗等管理上的要求时，应由电气专业配合设计，确保发生火灾时能够从内部开启，确保不存在安全隐患。而对于常开防火门，它是除具有常闭防火门的所有配件外，还必须增加防火门释放开关，而且必须由电气专业提供自控设计。通常会在人流物流较多的疏散通道上应用到。

（四）防火门的设置

需要注意的是，在工程设计中，除要严格按照规范要求的场合、部位、宽度、等级和开启方向设置防火门以外，还需要有如下考虑。

1. 门扇对疏散宽度的影响

防火门一般都设在疏散路径上（如楼梯间、前室、走道等），建筑平面细部设计时稍不注意就可能造成门扇开启后遮挡疏散路径、减少其有效宽度，违反人员疏散的基本要求。在疏散路径转折处和高层住宅中这种现象尤为突出，应引起重视、加以避免。

2. 通向相邻分区的疏散口问题

在一定条件下，当设有通向相邻防火分区的甲级防火门时，高层建筑中允许每个分区只设一个安全出口。应当注意的是，由于防火门只能单向开启，如果相邻的两个分区都只有一个安全出口，则应当在防火墙上分设两樘防火门并分别向两侧开启，才能满足两个分区间互相疏散的需要。

3. 启闭方式的选择

最常采用的是常闭防火门，它的门扇一直处于闭合状态，人员通过时手动打开，通过后门扇自行关闭；若安装推闩五金件就更利于加快疏散速度。但是，设于公共通道的常闭防火门存在着平时使用时影响通风采光、遮挡视线、通行不便的缺点，如管理不善，其闭门器和启闭五金件常常会被毁坏、失灵，造成安全隐患。近年出现的常开防火门恰好解决了上述问题，平时它的门扇被定门器固定在开启位置，火灾时定门器自动释放，恢复与常闭防火门相同的功能。由于增加了定门器和自动释放系统，有时还要与自动报警系统联动，采用常开防火门势必增加工程造价。现行防火规范没有对防火门采用何种启闭方式作强制规定，可由设计者综合考虑建筑的标准高低、使用场合的特点、建筑使用者的管理需要及经济因素选择确定。

二、防火门使用中的问题及处置

（一）出现的问题

一些单位为了使用上的方便将常闭防火门长期处于开启状态（尤其是商场等公共活动场所使用疏散通道频繁的建筑）；有的公共娱乐场所为了考虑到装修效果，追求整体上的统一和美观，通常在公安消防机构验收后，立刻拆掉或换作普通门；有的医院为方便重症患者，在突出门槛处设置缓冲支架，使得防火门关不严；一些人在搬运大件物品受阻时，使劲开启防火门，使常闭防火门闭门器超越最大极限，轻则造成常闭防火门闭门器损坏，致使防火门不能正常回位，重则导致防火门门框和门板破坏，使其失去应有的阻火、隔烟的作用，完全丧失了其应有的功能，根本无法保障人员的安全疏散之需要。上述现象的出现，导致了防火门在火灾中不能充分发挥其应有的作用，此外，还极有可能因防火门的损坏造成阻塞安全疏散现象的发生。导致上述现象的原因主要是：一是当前国人的消防安全意识淡薄；二是建设单位、使用单位管理不善，对其管理没有引起高度重视；三是宣传不到位。

（二）需要采取的措施

一是在辖区内广泛开展消防设施使用、维护、管理宣传教育，努力提高人们的消防安全意识和自我保护意识；二是对安装有防火门的单位广泛开展消防安全知识宣传教育培训，力争让大家都了解防火门的使用、维护、管理基本常识，自觉参与到生命之门的维护、管理、使其时刻处于战备状态；三是在防火门附近张贴防火门用途，功能、正确使用状态及使用基本要求方面的宣传材料，如在常闭防火门显眼位置写上：“常闭防火门、请随时关闭”，让顾客和群众了解防火门的基本常识；四是经常开展以保护消防设施设备为主题的宣传活动，动员人人参与防火门等消防设施的保护。

三、防火窗

防火窗是指用钢窗框、钢窗扇、防火玻璃组成的，能起隔离和阻止火势蔓延的窗。防火窗从功能上可划分为固定式防火窗、活动式防火窗、隔热防火窗和非隔热防火窗。从耐火隔热性能来看，按照最新国家标准 GB 16809《防火窗》，甲级窗不低于 1.5h，乙级窗不低于 1h，丙级窗不低于 0.5h。

四、防火卷帘

防火卷帘门是现代高层建筑中不可缺少的防火设施，除具备普通卷帘门的作用外，还具有防火、隔烟、抑制火灾蔓延、保护人员疏散的特殊功能，广泛应用于高层建筑、大型商场等人员密集的场合。

在一些公共建筑物中（如百货楼的营业厅、展览楼的展览厅等），因面积太大，

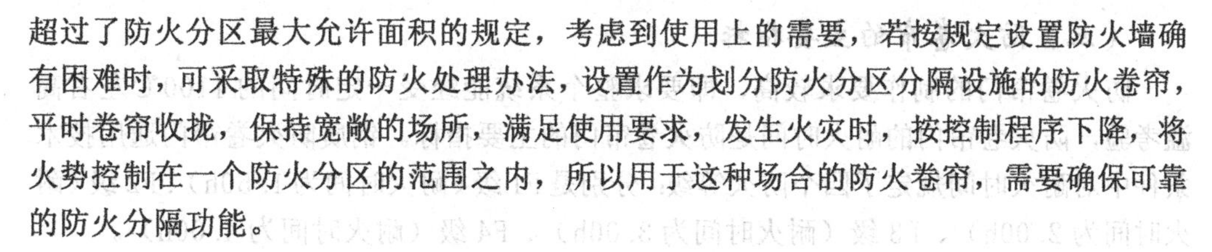

超过了防火分区最大允许面积的规定，考虑到使用上的需要，若按规定设置防火墙确有困难时，可采取特殊的防火处理办法，设置作为划分防火分区分隔设施的防火卷帘，平时卷帘收拢，保持宽敞的场所，满足使用要求，发生火灾时，按控制程序下降，将火势控制在一个防火分区的范围之内，所以用于这种场合的防火卷帘，需要确保可靠的防火分隔功能。

（一）防火卷帘设置部位

防火卷帘一般可在以下部位设置：

（1）非疏散用的墙上开口。

（2）中庭与周围相连通空间进行防火分隔的部位。

（3）电缆井、管道井、排烟道、垃圾道等竖向管道井的检查门。

（4）划分防火分区，控制分区建筑面积所设防火墙和防火隔墙上的门。

（5）规范或设计特别要求防火、防烟的隔墙分户门。

（6）民用建筑内的附属库房，剧场后台的辅助用房。

（7）除住宅建筑外，其他建筑内的厨房。

（8）附设在住宅建筑内的机动车库。

根据工艺的不同，防火卷帘设置的位置也不同，除了设置在防火墙外，在两个防火分区之间没有防火墙的也应设置防火卷帘。但是，除中庭外，当防火分隔部位的宽度不大于30m时，防火卷帘的宽度不应大于10m；当防火分隔部位的宽度大于30m时，防火卷帘的宽度不应大于该部位宽度的1/3，且不应大于20m；建筑物设置防火墙或防火门有困难，采用防火卷帘门代替时，必须同时用水喷淋系统保护。

（二）防火卷帘的控制

防火卷帘主要用于大型超市（大卖场）、大型商场、大型专业材料市场、大型展馆、厂房、仓库等有消防要求的公共场所。当火警发生时，防火卷帘门在消防中央控制系统的控制下，按预先设定的程序自动放下（下行），从而起到阻止火势向其他范围蔓延的作用，为实施消防灭火争取宝贵的时间。

在通常情况下，大型建筑根据国家消防法的规定配置了消防中央控制系统。当火灾发生时，安装在房顶的烟感传感器（简称烟感）首先接到烟雾信号，同时向中央控制系统报警，消防中央控制系统通过识别后接通火警所在区域的防火卷帘门电源，使火灾区域的防火卷帘按一定的速度下行。当卷帘下行到离地面约1.5m位置时，停止下行，以利于人员的疏散和撤离。防火卷帘门在中间停留一定时间后，再继续下行，直至关闭。防火卷帘门的下行速度和中间停留时间可在安装时进行调整。在某些场合，建筑内不配备消防中央控制系统，防火卷帘门仅借助于防火卷帘门的消防控制电器箱使防火卷帘门按规定程序运行。在这种情况下，当火警发生时，烟雾传感器接收的火警信号直接传至防火卷帘门的消防控制电器箱。在停电的情况下，只能通过拉动铁链将防火卷帘门放下。防火卷帘门配备有手动下降机构，但只能单向放下，不能提升。

（三）防火卷帘的主要指标

防火卷帘门的制作要求较高，即要求整个系统能经受一定时间的1100℃左右高温考验，防火卷帘门的耐火时间是防火卷帘门的主要指标。钢质防火卷帘门通用技术条件中对耐火时间规定了四个防火等级：分别是F1级（耐火时间为1.50h）、F2级（耐火时间为2.00h）、F3级（耐火时间为3.00h）、F4级（耐火时间为4.00h）。

（四）防火卷帘的维护管理

钢质防火卷帘是公共场所防火分区和防火隔断的重要消防设施，它是机械与电器相结合的消防产品，安装好的防火卷帘应始终处于正常状态。需要注意的是，钢质防火卷帘在使用过程中，专用设备应有专人使用和保管，管理人员应具有一定电工及机械基础知识。在操作使用过程中，操作人员不得擅自离开操作地点，应密切注意启闭情况和执行情况，在启闭时卷帘下面不准有人站立、走动，以防止行程开关失灵，卷帘卡死，电机受阻和发生其他事故，防火分区和防火隔断的钢质防火卷帘平时不会作频繁使用，一旦区域发生火情，卷帘应有效地投入使用。带有联动控制、中央控制中心控制的防火卷帘必须根据一套控制指令程序进行降落。在使用过程中一旦发现异常情况应立即采取紧急措施，切断输入电源，排除故障。防火卷帘应建立定期保养制度，并做好每个卷帘的保养记录工作，备案存档。长期不启动的卷帘半年必须保养一次，内容为消除灰尘垃圾，涂刷油漆，对传动部分的链轮滚子加润滑油等，检查电器线路和电器设备是否损坏，运转是否正常，能否符合各项指令，如有损坏和不符要求时应立即检修。

根据目前实际工程中对防火卷帘使用情况的考查，我们发现防火卷帘存在着防烟效果差、降落可靠性低，同时许多防火卷帘还存在着其他的质量问题。大面积使用防火卷帘，会导致建筑内防火分区可靠性降低，火灾蔓延隐患大，因此，设计中要尽量减少防火卷帘的使用。

五、玻璃加喷淋分隔

除传统的防火墙、防火门、防火窗、防火卷帘等建筑防火分隔措施外，目前在许多工程应用中采用玻璃加水喷淋技术作为在设置防火墙或实体墙确有困难的场所或部位采用。例如，在有些大型商业设施的走道两侧设置的商店橱窗或商店分隔，为了表现友好的商业氛围和购物环境，采用了通透的视觉效果分隔措施，这些措施大部分采用的是玻璃分隔。而为起到防火分隔的作用效果，就采用对玻璃加水喷淋技术对玻璃进行降温实现防火分隔之目的。

研究表明，普通防火玻璃施用水膜能有效地经受火灾的高温，水膜的蒸发潜热被用于保护防火玻璃，防火玻璃保持完整性和绝缘性的时间可由6min延长到100min，且防火玻璃表面的温度维持在90℃以下；采用水喷淋保护，高强度单片铯钾防火玻璃的防火性能大大增强，通过实验使得在最佳喷淋状态下的高强度单片铯钾防火玻璃可以达到A类I级的标准。即在同时满足耐火完整性、耐火隔热性要求，其耐火等级不小于 90min；在水喷淋保护下，单片防火玻璃不仅能阻隔火灾和烟气的直接蔓延，而且具有良好的隔热性能，其背火面温度为 50℃左右，背火面的热辐射通量只有国标规定的临界辐射通量的 1.2%，完全满足人员疏散安全要求。

结合钢化玻璃在实际工程中的应用，为达到防火分隔的目的，钢化玻璃在火灾条件下应能达到或接近相关防火规范的技术要求。实体火灾试验证明钢化玻璃经水喷淋系统保护后能保持其完整性并具有较低的背火面温度等，从而达到防火分隔的技术要求。

目前已有专门用于保护热增强型玻璃或钢化玻璃的特殊喷头，其流量系数 K=64，是 3mm 玻璃泡快速反应闭式喷头。喷头的有效防护功能在于喷头喷水的特殊设计和喷头快速响应的热敏能力。该喷头水量完全分布在玻璃上，相同情况下用水量为国外相关产品的 80%。布水均匀，完整保护玻璃，玻璃上无布水空白点。

六、防火水幕分隔

水幕系统（也称水幕灭火系统）利用密集喷洒所形成的水墙或水帘，对简易防火分隔物进行冷却，提高其耐火性能，或阻止火焰穿过开口部位，直接用作防火分隔的一种自动喷水消防系统。它是由水幕喷头、雨淋报警阀组或感温雨淋阀、供水与配水管道、控制阀及水流报警装置等组成。

水幕系统的工作原理与雨淋喷水系统基本相同。所不同的是水幕系统喷出的水为水帘状，而雨淋系统喷出的水为开花射流。由于水幕喷头将水喷洒成水帘状，所以说水幕系统不是直接用来灭火的，其作用是冷却简易防火分隔物（如防火卷帘、防火幕），提高其耐火性能，或者形成防火水帘阻止火焰穿过开口部位，防止火势蔓延。

水幕系统主要用于需要进行水幕保护或防火隔断的部位，这些部位由于工艺需要而无法设置防火墙等措施，如设置在建筑内的大型剧院、会堂、礼堂的舞台口以及与舞台相连的侧台、后台的门窗洞口等防火分区分隔处或设备之间，阻止火势蔓延扩大，阻隔火灾事故产生的辐射热，对泄漏的易燃、易爆、有害气体和液体起疏导和稀释作用。

水幕系统不具备直接灭火的能力，是用于挡烟阻火和冷却隔离的防火系统。防火分隔水幕系统利用密集喷洒形成的水墙或多层水帘，封堵防火分区处的孔洞，阻挡火灾和烟气的蔓延。防护冷却水幕系统则利用喷水在物体表面形成的水膜，控制防火分区处分隔物的温度，使分隔物的完整性和隔热性免遭火灾破坏。

（一）水幕系统的设置原则

（1）在高层民用建筑超过 800 个座位的剧院、礼堂的舞台口和设有防火卷帘、防火幕的部位可以设置水幕系统。

（2）高层建筑内设有上下层相连通的走廊、敞开楼梯、自动扶梯、传送带等开口部位，当上下层建筑面积叠加超过一个防火分区面积时，可采用水幕系统。

（3）除舞台口外，防火分隔水幕不宜用于宽度超过 15m，高度超过 8m 的开口。

（二）组件及设置要求

1. 水幕喷头

水幕喷头按构造和用途可分为幕帘式、窗口式和檐口式三种类型，在幕帘式喷头中又分单隙式、双隙式和雨淋式三种。水幕喷头按口径分为小口径（6m、8m、10m）和大口径（12.7m、16m、19m）两类。

2. 喷头的选型

（1）防火分隔水幕应采用开式喷头使之形成水墙或采用水幕喷头使之形成水帘。

（2）防护冷却水幕应采用水幕喷头。

3. 喷头的布置

（1）喷头要均匀布置，不要出现空白点。

（2）用于防护冷却水幕的喷头，宜布置成单排将水直接喷到被保护物上。

（3）为了保证水幕的厚度，采用水幕喷头时，喷头不应少于3排；采用开式喷头时，喷头不应少于2排。

（4）为保证水幕的均匀，同一配水支管上的喷头口径应一致。

七、防火隔离带

有些高大空间的建筑，如会展中心、展览馆等，由于要满足功能空间的需要，防火分区的分隔不能采用如防火墙、卷帘、玻璃加喷淋等措施进行防火分隔，而需要采用防火隔离带进行防火分隔。

室内防火隔离带就是防火间距的概念，即在建筑室内按划分的防火分区，在需要分隔的部位以一定宽度、高度的空间形成带状的空间区域，同时利用该空间区域设置的消防设施发挥整体阻隔火势的作用，使之成为阻止火灾从一个区域蔓延至另一个区域的逻辑防火分隔措施。原则上，室内防火隔离带应能阻止火焰和烟气蔓延，并具有扑救条件及安全疏散的能力。

（一）室内防火隔离带宽度要求

室内防火隔离带宽度与隔离带两侧区域的火灾荷载多少、燃烧物特性有密切的关系。在已经有的实际工程中室内防火隔离带宽度从6～12m不等，都是通过采用热辐射引燃经验公式估算或计算模拟分析得出的。

1. 根据热辐射引燃经验公式估算

火源对室内防火隔离带另一侧的热辐射包含火焰的直接辐射与热烟气层的辐射两部分。通常，由于设置隔离带的建筑空间一般都比较高大，蓄烟和排烟能力较强，烟气层温度不高。因此烟气层的热辐射可忽略不计，只考虑火焰的热辐射。

室内隔离带的估算可参照下式：

$$q_t = \frac{Q}{12\pi R^2}$$

式中：Q 为火源热释放速率（kW）；R 为可燃物距火源中心的距离（m）；qt 为可燃物接收到的火源热辐射（kW/m^2）。

在确定火源的热释放功率和引燃可燃物的最小辐射热流后，选取 1.2 ～ 1.6 的安全系数，最后得出室内防火隔离带的宽度。

2. 用 FDB 软件进行模拟计算

通过采用计算机模拟分析可选取室内防火隔离带的宽度。在计算中应严格设置模拟计算的边界条件，科学选取室内空间高度、风速（通风条件）、火灾荷载、燃烧速率等参数，在所有主动消防设施失效的前提下进行模拟计算，用安全判据判定计算结果是否可行。

（二）室内防火隔离带阻止烟气蔓延要求

为了防止烟气从起火区域通过防火隔离带蔓延至另一个区域，应在防火隔离带两侧与相邻交界处设置挡烟设施。

1. 挡烟垂壁的设置

挡烟垂壁可以为建筑原有的结构梁或在梁下设置。挡烟垂壁的高度应根据火灾时人员疏散所需要的清晰高度确定。人员疏散最小清晰高度由下式计算：

$$H_q = 1.6 + 0.1H$$

式中：H_q 为满足人员疏散的最小清晰高度（m）；H 为室内排烟空间的建筑净高度（m）。

挡烟垂壁的设置高度 L 应大于等于 $(H - H_q)$，如图 5-7 所示。

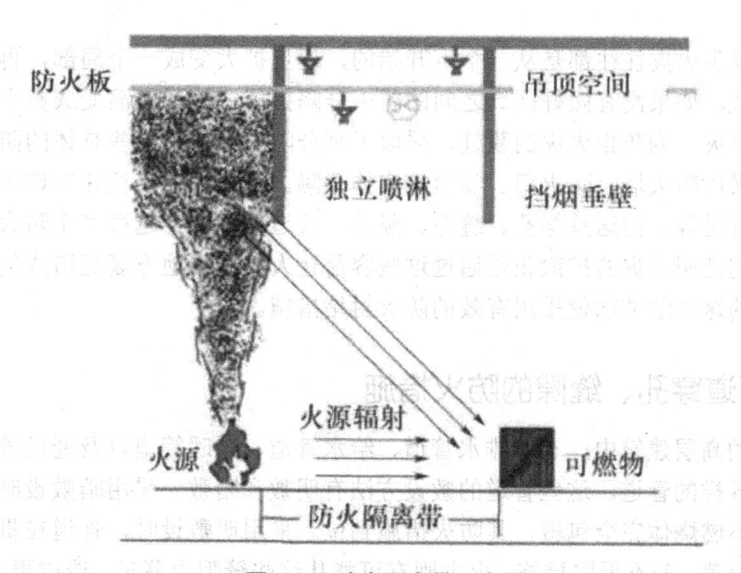

图 5-7　防火隔离带示意图

2. 其他防烟封堵

在穿越防火隔离带的洞口处应采用防火封堵材料进行封堵，通风管道在穿越防火隔离带处应设置自行关闭的防烟防火阀进行隔断。

3. 排烟

在防火隔离带两侧与相邻交界处设置挡烟设施后，就在各自的区域形成了储烟仓。火灾时产生的烟气会聚集在储烟仓内，但不断产生的烟气会充满储烟仓，最终烟气会越过挡烟垂壁向隔离带区域蔓延。为防止烟气的扩散、蔓延，应在储烟仓区域内设置排烟系统。

排烟系统根据建筑的实际情况可设置机械排烟或自然排烟方式，在不具备自然排烟条件的场所设置防火隔离带时，应设置机械排烟系统。排烟量的大小应根据能保证储烟仓区域内的烟气沉降不低于挡烟垂壁的设置高度而确定。

（三）疏散及扑救

作为室内防火隔离带，既可以作为火灾时人员的辅助疏散通道，也是消防队员火灾时展开灭火救援的重要通道。因此，在防火隔离带内不得采用可燃材料装修，不得布置展位和堆放可燃物。

第五节 高层建筑防火分区中穿孔、缝隙、管道的防火措施

建筑物发生火灾往往都是从一个点开始的，逐步扩大变成一个局部，再由局部蔓延为一个区域。如果没有做好区域之间的防火分隔措施，最后将演变成整个楼层甚至整栋建筑的火灾。为防止火灾的蔓延，采取了划分防火分区和一些具体的防火分隔控制措施，如采用防火墙、防火门、卷帘等实体分隔。而一栋建筑往往有许多穿孔、缝隙、竖井、管道等，而这些穿孔、缝隙、竖井、管道往往会穿越很多个防火分区，有很多火灾案例证明火灾的扩散正是通过这些容易让人忽视的地方蔓延造成的。因此，必须对建筑的这些细节部位采用有效的防火封堵措施。

一、管道穿孔、缝隙的防火措施

在各类的高层建筑中，有着排水管道、给水管道、采暖管道以及通风管道和空调管道等各式各样的管道。这些管道的敷设方法有明敷和暗敷。采用暗敷设时，管道被梁、柱这类不燃烧体完全包覆，其防火措施到位。采用明敷设时，管道在贯穿孔的过程中造成的缝隙，若不采取措施，火灾则有可能从这些缝隙中蔓延，造成更大的损失。

常用的方法是防火封堵，它是指用防火堵料对建筑，尤其是高层建筑的管道井、

强弱电桥架等，在火灾时容易形成类似烟囱的地方进行防火封堵，从而隔断火源使之不能窜往其他楼层或其他防火分区，以达到减小火灾损失的目的。

防火封堵材料用于封堵各种贯穿物，如电缆、风管、油管、气管等穿过墙壁、楼板时形成的各种开口以及电缆桥架的防火分隔，以免火势通过这些开口及缝隙蔓延，具有优良的防火功能。

对于管道贯穿孔口应从以下几方面进行防火封堵。

（一）无绝热层的金属管道贯穿混凝土楼板或混凝土、砌块墙体

熔点不小于1000℃且无绝热层的钢管、铸铁管或铜管等金属管道贯穿混凝土楼板或混凝土、砌块墙体时，其防火封堵应符合下列规定。

（1）当环形间隙较小时，应采用无机堵料防火灰泥，或有机堵料如防火泥或防火密封胶辅以矿棉填充材料，或防火泡沫等封堵。

（2）当环形间隙较大时，应采用防火涂层矿棉板（以下简称矿棉板）、防火板、阻火包、无机堵料防火灰泥或有机堵料如防火发泡砖等封堵。

（3）当防火封堵组件达不到相应的绝热性能，且在贯穿孔口附近设有可燃物时，应在贯穿孔口两侧不小于1m的管道长度上采取绝热措施。

（二）无绝热层的管道贯穿轻质防火分隔墙体

熔点不小于1000℃且无绝热层的钢管、铸铁管或铜管等金属管道贯穿轻质防火分隔墙体时，其防火封堵应符合下列规定。

（1）当环形间隙较小时，应采用有机堵料如防火泥或防火密封胶辅以矿棉填充材料，或防火泡沫等封堵。

（2）当环形间隙较大时，应采用矿棉板、防火板、阻火包或有机堵料如防火发泡砖等封堵。

（3）当防火封堵组件达不到相应的绝热性能，且在贯穿孔口附近设有可燃物时，应在贯穿孔口两侧不小于1m的管道长度上采取绝热措施。

（三）有绝热层的管道贯穿混凝土楼板或混凝土、砌块墙体

熔点不小于1000℃且有绝热层的钢管、铸铁管或铜管等金属管道贯穿混凝土楼板或混凝土、砌块墙体时，其防火封堵应符合下列规定。

（1）当绝热层为熔点不小于1000℃的不燃材料，或绝热层在贯穿孔口处中断时，可按以下方式封堵。

①当环形间隙较小时，应采用无机堵料防火灰泥，或有机堵料如防火泥或防火密封胶辅以矿棉填充材料，或防火泡沫等封堵。

②当环形间隙较大时，应采用防火涂层矿棉板（以下简称矿棉板）、防火板、阻火包、无机堵料防火灰泥或有机堵料如防火发泡砖等封堵。

③当防火封堵组件达不到相应的绝热性能，且在贯穿孔口附近设有可燃物时，应在贯穿孔口两侧不小于1m的管道长度上采取绝热措施。

（2）当绝热层为可燃材料，但在贯穿孔口两侧不小于0.5m的管道长度上采用

熔点不小于1000℃的不燃绝热层代替时，也可按（三）（1）中①、②、③方式封堵。

（3）当绝热层为可燃材料时，其贯穿孔口必须采用膨胀型防火封堵材料封堵。当环形间隙较小时，宜采用阻火圈或阻火带，并应同时采用有机堵料如防火密封胶、防火泥、防火泡沫或无机堵火灰泥填塞；当环形间隙较大时，宜采用无机堵料防火灰泥辅以阻火圈或阻火带，矿棉板辅以阻火圈或有机堵料如膨胀型防火密封胶，或防火板辅以金属套筒加阻火圈、阻火带或有机堵料如膨胀型防火密封胶封堵。

（四）有绝热层的管道贯穿轻质防火分隔墙体

熔点不小于1000℃且有绝热层的钢管、铸铁管或铜管等金属管道贯穿轻质防火分隔墙体时，其防火封堵应符合下列规定。

（1）当绝热层为熔点不小于1000℃的不燃材料或绝热层在贯穿孔口处中断时，可按以下方式要求封堵。

①当环形间隙较小时，应采用有机堵料如防火泥或防火密封胶辅以矿棉填充材料，或防火泡沫等封堵。

②当环形间隙较大时，应采用矿棉板、防火板、阻火包或有机堵料如防火发泡砖等封堵。

③当防火封堵组件达不到相应的绝热性能，且在贯穿孔口附近设有可燃物时，应在贯穿孔口两侧不小于1m的管道长度上采取绝热措施。

（2）当绝热层为可燃材料，但在贯穿孔口两侧不小于0.5m的管道长度上采用熔点不小于1000℃的不燃绝热层代替时，也可按（四）（1）中①、②、③方式封堵。

（3）当绝热层为可燃材料时，其贯穿孔口必须采用膨胀型防火封堵材料封堵。当环形间隙较小时，宜采用阻火圈或阻火带，并应同时采用有机堵料，如防火密封胶、防火泥、防火泡沫封堵；当环形间隙较大时，宜采用矿棉板辅以阻火圈或有机堵料如膨胀型防火密封胶，或防火板辅以金属套筒加阻火圈、阻火带或有机堵料如膨胀型防火密封胶封堵。

（五）熔点小于1000℃的管道贯穿混凝土楼板或混凝土、砌块墙体或轻质防火分隔墙体

输送不燃液体、气体或粉尘，且熔点小于1000℃的金属管道贯穿混凝土楼板或混凝土、砌块墙体或轻质防火分隔墙体时，其防火封堵应符合下列规定。

（1）单根管道的贯穿孔口应采用阻火圈或阻火带封堵，且环形间隙尚应采用无机堵料防火灰泥、有机堵料如防火泥或防火密封胶等封堵。

（2）多根管道的贯穿孔口宜采用矿棉板或防火板封堵，且应对每根管道采用阻火圈或阻火带封堵。管道与矿棉板或防火板之间的缝隙应采用有机堵料如防火泥、防火密封胶或防火填缝胶等封堵。

（3）当无绝热层管道贯穿孔口的防火封堵组件达不到相应的绝热性能，且在贯穿孔口附近设有可燃物时，应在贯穿孔口两侧不小于1m的管道长度上采取绝热措施。

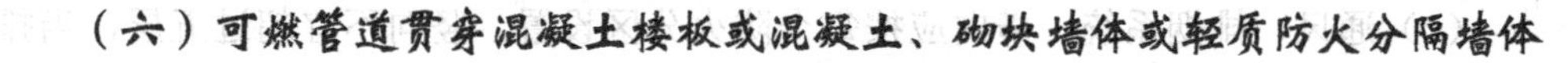

（六）可燃管道贯穿混凝土楼板或混凝土、砌块墙体或轻质防火分隔墙体

输送不燃液体、气体或粉尘的可燃管道贯穿混凝土楼板或混凝土、砌块墙体或轻质防火分隔墙体时，其防火封堵应符合下列规定。

（1）当管道公称直径不大于32mm，且环形间隙不大于25mm时，应采用有机堵料如防火泥、防火泡沫或防火密封胶等封堵。

（2）当管道公称直径不大于32mm，且环形间隙大于25mm时，应采用有机堵料如防火泡沫，或矿棉板、防火板或有机堵料如防火发泡砖并辅以有机堵料如防火泥或防火密封胶等封堵。

（3）当管道公称直径大于32mm时，应采用阻火圈或阻火带并辅以有机堵料如防火泥或防火密封胶等封堵。

（七）暖通、空调管道和防火阀贯穿孔口

采暖、通风和空气调节系统管道和防火阀贯穿孔口的防火封堵应符合下列规定。

（1）当防火阀安装在混凝土楼板或混凝土、砌块墙体内，且防火阀与防火分隔构件之间的环形间隙不大于50mm时，应采用无机堵料防火灰泥等封堵；当防火阀安装在混凝土楼板上时，也可采用有机堵料如防火密封胶辅以矿棉等封堵。

（2）当防火阀安装在混凝土楼板或混凝土、砌块墙体内，且防火阀与防火分隔构件之间的环形间隙大于50mm时，应采用矿棉板或防火板等封堵。

（3）当风管为耐火风管，且风管与被贯穿物之间的环形间隙不大于50mm时，应采用有机堵料如防火泥、防火密封胶或无机堵料防火灰泥等封堵。

（4）当风管为耐火风管，且风管与被贯穿物之间的环形间隙大于50mm时，应采用矿棉板或防火板等封堵。

二、通风、排烟管道防火措施

排烟通风是将室外新鲜空气送入室内，同时排出室内有毒的烟气，以保障室内人员安全而进行的换气技术。排烟一般分为自然排烟和机械排烟两大类。排烟通风管道的危险性主要表现在以下6个方面：①穿越楼板的竖直风管是火灾向上蔓延的主要途径之一。②排出有火灾爆炸危险的物质时，如没有采取有效措施，容易引起爆炸事故。③排风风机与电机不配套引起的事故时有发生。④某些建筑使用塑料风管，燃烧蔓延速度快，并产生大量有毒气体，危害很大。⑤某些建筑的通风、空调系统采用可燃泡沫塑料做风管保温材料，发生火灾燃烧快，浓烟多且有毒。⑥风管大多隐藏在吊顶和夹层内，起火不易扑救。

由以上我们知道了通风、排烟管道的危险性，那么我们也应该有相应的防火措施，对于高层建筑而言，可以采取以下措施。

（1）空气中含有易燃、易爆物质的房间，其送风、排风系统应采用相应的防爆型通风设备。当送风机设在单独隔开的通风机房内且送风干管上设有止回阀时，可采用普通型通风设备，其空气不应循环使用。

（2）通风、排烟系统，横向应按每个防火分区设置，竖向不宜超过五层，当排烟管道设有防止回流设施且各层设有自动喷水灭火系统时，其送风和排烟管道可不受此限制。垂直风管应设在管道井内。

（3）下列情况之一的通风、排烟系统的风管应设防火阀：①管道穿越防火分区处；②穿越通风、排烟系统机房及重要的或火灾危险性大的房间隔墙和楼板处；③垂直风管与每层水平风管交接处的水平管段上；④穿越变形缝处的两侧。

（4）防火阀的动作温度宜为70℃。

（5）厨房、浴室、厕所等的垂直排烟管道，应采取防止回流的措施或在支管上设置防火阀。

（6）通风、排烟系统的管道等，应采用不燃烧材料制作，但接触腐蚀性介质的风管和柔性接头，可采用难燃烧材料制作。

（7）管道和设备的保温材料、消声材料和粘结剂应采用不燃烧材料或难燃烧材料。

（8）风管内设有电加热器时，风机应与电加热器连锁。电加热器前后各80mm范围内的风管和穿过设有火源等容易起火部位的管道，均必须采用不燃保温材料。

第六节 高层建筑内部火灾防控阻燃措施

随着城市建设速度的加快，我国高层建筑发展很快，各大城市的高层建筑与日俱增。高层建筑逐渐向现代化、大型化和多功能化方向发展，建筑的内装修也越来越丰富多彩。然而，许多高层建筑的装修或单纯追求美观、豪华的效果，或考虑到装修费用等因素而大量采用可燃内装修材料，这样使得高层建筑的火灾荷载成倍递增，从而使高层建筑的安全度明显下降。例如纺织品作为内装修材料的一部分，在城市火灾中，以纺织品为着火诱燃物的火灾即约占火灾总数的70%以上。未经阻燃处理的可燃甚至易燃材料一旦起火，除了助长火势外，大多还会释放烟气和有毒气体。国内外大量的火灾统计资料表明，在火灾中丧生的人有80%左右是由烟气中毒而死的。由此可见，内装修中存在的问题进一步增加了高层建筑的火灾危险性。

一、阻燃剂和阻燃材料

（一）阻燃剂作用机理

能降低塑料起燃的容易程度和火焰传播速率的助剂都称为阻燃剂，可燃固体材料经阻燃处理后燃烧时，阻燃剂是在不同反应区内（气相、凝聚相）多方面起作用的，其基本功能是排除燃烧三要素中的一个或几个因素。对于不同材料来说，阻燃剂的作用表现也不尽相同。归纳起来，阻燃剂可通过以下几个作用达到阻燃的效果。

（1）在燃烧反应的热作用下，阻燃材料中在凝聚相反应区改变聚合物大分子链的热裂解反应历程，促使发生脱水、缩合、环化、交联等分解和吸热反应。直至炭化，

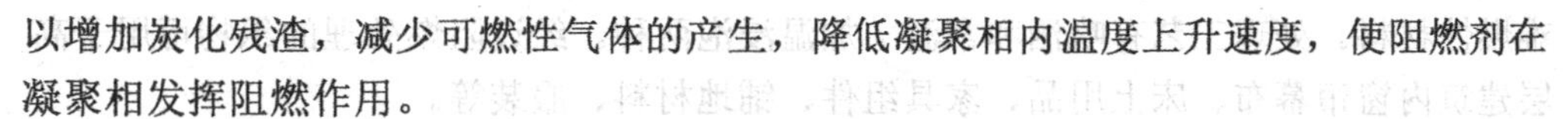

以增加炭化残渣，减少可燃性气体的产生，降低凝聚相内温度上升速度，使阻燃剂在凝聚相发挥阻燃作用。

（2）阻燃剂受热分解后，能释放出连锁反应低能量的自由基阻断剂，使火焰连锁反应的分支过程中断，阻止气相燃烧，从而减缓了气相反应速度。

（3）阻燃剂受热熔融或产生高沸点液体，在材料表面形成玻璃状隔膜，成为凝聚相和火焰之间的一个屏障，起到阻碍热传递的作用。这样既可隔绝氧气，阻止可燃性气体的扩散，又可阻挡热传导和热辐射，减少反馈给材料的热量，从而抑制热裂解和燃烧反应。

（4）阻燃剂在受热时能产生大量的N_2、CO_2、SO_2、HCl、HBr、NH_3等难燃或不燃性气体，使材料放出的可燃气体浓度降低。这种不燃性气体还有散热降温作用。还有些阻燃剂会改变高聚物的热分解产物，使可燃性气体产物减少。

（5）在热作用下，有的阻燃剂出现了吸热性相变、脱水或脱卤化氢等吸热分解反应，降低材料表面和火焰区的温度，物理性地阻止了凝聚相内温度的升高，减慢热裂解的速度，抑制可燃性气体的生成。

由于高分子材料的分子结构及阻燃剂种类的不同，阻燃作用是十分复杂的。在某一特定的阻燃体系中，可能涉及上述某一种或多种阻燃作用。

在阻燃配方中，除了阻燃剂之外，还要加增效剂。增效剂是指单独使同时几乎不起阻燃作用，但和阻燃剂并用时，却可起到很好的增效作用的一类助剂。这类助剂可以提高单组分阻燃剂的阻燃效果。

（二）常用阻燃材料

1. 木材阻燃

由于磷、氮两元素在木材阻燃剂中起协同作用而提高阻燃效果，所以磷、氮系被认为是最适宜的木材阻燃剂。硼系、卤系、含卤磷酸酯及铝、镁、锑等金属氧化物或氢氧化物也可用来对木材进行阻燃处理。其水溶液被纤维性或多孔性材料吸收，阻燃元素牢固地黏附在被处理材料的分子骨架内，对材料起着阻燃、消烟、防霉、防蛀的作用。因此，水基型阻燃剂可处理各种木材、纤维板、刨花板等，经处理后使之成为难燃材料。处理工艺有喷涂、常温／加温浸泡和抽真空吸收方式，阻燃剂在木材中浸透越多，阻燃效果越好。另外，用乳化剂将聚磷酸铵配成乳状液处理木材，对木材具有较好的阻燃效果，不易流失，持久性强。

2. 阻燃纺织物

纺织物的阻燃剂按化学元素和结构分为无机阻燃剂和有机阻燃剂。通常无机阻燃剂比有机阻燃剂更稳定，不易挥发，并且烟气毒性小、成本较低。从阻燃效力方面，都可达到统一阻燃指标。一般含磷阻燃剂的阻燃效果比任何其他元素阻燃剂单独使用时好，对不同种元素阻燃剂进行复配的阻燃效果要好于单一元素的阻燃效果。对于腈纶、涤纶等合成纤维的阻燃剂，以磷系、溴系效果较好。织物用水基型阻燃剂可处理各种涤棉布、棉布、平绒、棉绸、丝麻、混纺、帆布、针织品等，经处理后使之成为

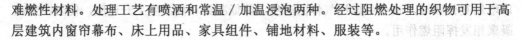

难燃性材料。处理工艺有喷洒和常温／加温浸泡两种。经过阻燃处理的织物可用于高层建筑内窗帘幕布、床上用品、家具组件、铺地材料、服装等。

3. 阻燃电线电缆

阻燃电缆的材料一般采用阻燃聚烯烃和阻燃聚氯乙烯。通常金属水合物作为聚烯烃的阻燃剂，以达到低烟、低毒阻燃目的。金属水合物主要有硼酸锌等无机阻燃剂。而硼酸锌既阻燃又抑烟，从而获得广泛应用。在阻燃剂加入阻燃增效剂能减少无机阻燃剂的填充量，起到改善材料力学性能的作用。常用无卤阻燃增效剂有磷化物、硼化物、金属氧化物、有机硅化物等。膨胀型阻燃剂在燃烧过程中在表面生成一层蓬松、多孔的均质碳层而具有隔热、隔氧、抑烟作用，且无熔滴生成，很合适以聚烯烃为树脂的电缆的阻燃。聚氯乙烯燃烧时会产生大量的有毒烟雾，因此既要阻燃处理，还要抑制烟气产生。可选取对PVC阻燃抑烟比较有效的无机阻燃剂，如硼酸锌、聚磷酸铵、氢氧化铝、三氧化二锑、碳酸钙配成复合阻燃剂，使烟密度有一定程度下降，基本达到阻燃抑烟的目的。

4. 皮革的阻燃

作为天然高分子材料的皮革，在生产加工过程中加入复鞣剂等材料，使皮革的抗燃能力降低。根据皮革的耐洗性，用于皮革的阻燃剂有耐久性阻燃剂和非耐久性阻燃剂。非耐久性阻燃剂主要有硼酸、硼砂、溴化铵、硼酸铵、磷酸铵、氨基磺酸盐等。耐久性阻燃剂主要有四羟甲基氯化磷、N-羟甲基二甲基磷酸丙酰胺等。实际应用中，许多是采用两种或多种阻燃剂混合使用，起到协同阻燃作用。

5. 橡胶的阻燃

为了达到橡胶阻燃目的，通常在橡胶硅化时加入各种复合阻燃剂。SB203是一种被广泛采用的橡胶阻燃剂。许多阻燃配方使用SB203，含卤素阻燃剂、氢氧化铝，并加入一定量的有机磷酸酯或卤代磷酸钾。这样的体系中，除能发生卤素阻燃剂／SB203的协同效应外，也可以发生磷－卤素协同阻燃作用。对于烃类橡胶，氯化石蜡是常用的含卤阻燃剂（常配有SB203）。对于含卤橡胶，其本身有一定阻燃性。一般采用SB203、氯化石蜡（或十溴联苯醚）以及氢氧化铝、FB阻燃剂（即硼酸锌）复合阻燃体系提高阻燃性。

6. 阻燃泡沫塑料

泡沫材料主要有两类：一是保温隔热材料；二是吸音材料。多孔泡沫具有较好的吸音功能，闭孔泡沫具有良好的保温隔热作用。阻燃泡沫从形态上有硬泡沫和软泡沫之分。硬泡沫主要用于保温隔热，如常用的泡沫保温风管材料、墙面保温系统等，这些材料有酚醛泡沫PF、聚氨酯泡沫PU、聚异氰脲酸酯泡沫PIR、挤塑聚苯乙烯XPS、发泡聚苯乙烯PS、发泡聚氯乙烯PVC等。软泡沫因其柔韧性和弹性好，常用于软垫家具、墙面吸音软包、水管保温、空调系统保温等，这些材料有软质聚氨酯泡沫PU、橡胶/PVC泡沫、橡胶/PE泡沫、发泡聚乙烯PEF等。泡沫的阻燃性能差别较大，无论何种材料都需要进行阻燃和消烟处理。

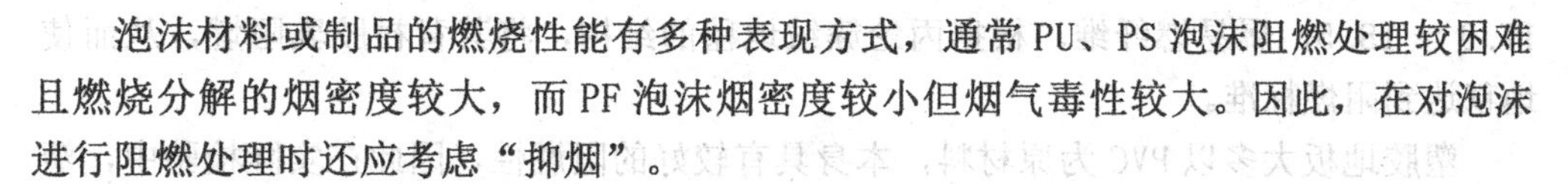

泡沫材料或制品的燃烧性能有多种表现方式，通常PU、PS泡沫阻燃处理较困难且燃烧分解的烟密度较大，而PF泡沫烟密度较小但烟气毒性较大。因此，在对泡沫进行阻燃处理时还应考虑“抑烟”。

7. 阻燃塑料

塑料作为第四大类建材，以其优异的理化性能，被世界各国大力推广应用。但塑料制品为有机高分子材料，受热易分解和燃烧，且多数会在燃烧时释放大量浓烟和有毒气体。常见的塑料制品主要用于做铺地材料、墙面材料、天花吊顶材料、绝缘电气制品、家电外壳、门窗制品、窗帘、家具组件、管线等。现在公共场所如机场、医院等铺地材料常用的塑胶地板材料主要是聚氯乙烯；电线套管、水管多用PVC材料；家电外壳常用ABS；天花吊顶有新型的铝塑复合板和PC聚碳酸酯材料；塑钢门窗则是PVC复合金属制作等。

对塑料进行阻燃处理最常用的方法是在塑料中添加阻燃剂。在添加塑料用阻燃剂时，需要将阻燃与消烟同时加以考虑。铜系阻燃消烟剂（包括MoO_3钼酸铵等）是最有效的阻燃消烟剂。在100份PVC中添加2份MoO_3，可使PVC的氧指数由27.5提高到30.5，而发烟量从28.2降到4.8。另外，复合金属氧化物阻燃消烟剂，如MgO、SnO_2、ZnO、MgO-MoO_3，ZnO，对于VC、PE、PS、ABS均有显著阻燃消烟效果。其他比较廉价的阻燃剂还有氢氧化铝、氢氧化镁、硼酸锌等。

二、高层建筑内部装修阻燃处理措施

在建筑物中通常对墙面、吊顶、地面进行装饰，以及陈设各种家具。做好高层建筑内部的各种装饰装修、家具的阻燃技术措施，能大量地减少建筑物内的火灾荷载，降低火灾的风险，是防止高层建筑火灾发生、蔓延扩散的有效办法。

（一）墙面的阻燃处理

高层建筑墙面装修是很重要的。《建筑内部装修设计防火规范》GB 50222规定，高层建筑的墙面装修材料的燃烧性能等级一律不得低于B1级。高层建筑的墙面在采用木质胶合板装修时，必须进行阻燃处理使之达到B1级。阻燃处理工艺可以通过喷涂、常温／加温浸泡和抽真空吸收方式，阻燃剂在木材中浸透越多，阻燃效果越好；如果选用墙纸装饰墙面应采用阻燃墙纸，四川消防科研所研制的PF8701低毒塑料壁纸的防火性能较好。

（二）地面的阻燃处理

高层建筑的地面装饰是内装修中的一个重点，既要求牢固、耐磨、耐腐，又要美观富有较好的装饰性。对地面进行装修用铺地材料的种类较多，有硬质的如各类木质地板，软质的如各类纺织地毯、柔性塑胶地板等。普通的化纤地毯和未经阻燃处理的塑料地板都会加大火灾荷载，必须对其进行阻燃处理。以丙纶簇绒地毯为例，丙纶地毯在我国应用量很大，但其燃烧性能不佳，按GB 8624分级标准要求对其按GB/T 11785标准进行辐射热源法试验，其临界辐射通量都较小，其氧指数只有

17.0～18.5，属易燃纤维。根据丙纶簇绒地毯的结构，将其背衬胶乳阻燃，从而使地毯达到阻燃标准。

塑胶地板大多以PVC为原材料，本身具有较好的阻燃性，因此在实际检验中，塑胶地板的燃烧性能较好。

有些地毯和地板为了提高脚踏舒适性，在铺地材料下方敷设发泡塑胶软垫，这类材料需要进行阻燃处理，否则会影响整个铺地材料的火灾安全性。

（三）吊顶的阻燃处理

在建筑内装修中，吊顶是非常重要的。因为在吊顶内通常有各种各样的管道、电线电缆，且贯通各个空间，许多火灾就是通过吊顶空间扩散蔓延的。火灾时火焰首先直接对吊顶进行熏烧，而人员在逃生过程中又直接面临吊顶坠落的可能，对人员疏散构成威胁，所以吊顶材料直接影响到人的生命安全。因此，吊顶材料必须要做好阻燃、防火处理。吊顶装饰材料中主要有矿棉板、胶合板、塑料板。石膏板具有质轻、不燃、隔热保温、吸声、可锯、可钉等性能，是一种比较理想的吊顶装饰材料。

按照《高层民用建筑设计防火规范》GB 50045和《建筑内部装修设计防火规范》GB 50222的要求：一类高层建筑的吊顶必须采用A级装修材料，二类高层建筑的吊顶采用不低于B1级的装修材料。对于一类高层建筑可采用钉双面石膏板（厚1cm），耐火极限0.30h。对于二类高层建筑可采用钉石膏装修板（厚1cm），耐火极限0.25h。

（四）家具的阻燃处理

高层建筑中家具是不可缺少的，且各种各样。而家具大部分是木制的，由于具有可燃性，使之成为高层建筑内火灾荷载的主要部分，这样增加了高层建筑的火灾危险性。因此，对各种类型的家具进行阻燃处理是非常必要的。木材的阻燃处理方法前面已经介绍过。最主要的是阻燃处理应达到相关标准的要求，才能为高层建筑消防安全提供保障。

三、阻燃制品分级要求

为了提高高层建筑的消防安全水平，对在高层建筑中使用的各种阻燃制品应有分级的要求，不同的场所按照国家标准《公共场所阻燃制品及组件燃烧性能要求和标识》GB 20286规定使用相应等级的阻燃制品。

强制性国家标准《公共场所阻燃制品及组件燃烧性能要求及标识》GB 20286将公共场所使用的阻燃制品及组件分为6个大类：①阻燃建筑制品；②阻燃织物；③阻燃塑料/橡胶；④阻燃泡沫塑料；⑤阻燃家具及组件；⑥阻燃电线电缆。将公共场所使用的阻燃制品及组件按燃烧性能分为两个等级：阻燃1级、阻燃2级。各相应等级应达到的燃烧性能要求如下。

（一）公共场所使用的阻燃建筑制品

公共场所使用的阻燃建筑制品的燃烧性能应符合下列要求。

（1）建筑制品（除铺地材料外）的燃烧性能不低于 GB 8624 规定的 D 级，且产烟毒性等级不低于 11 级。

（2）铺地材料的燃烧性能不低于 GB 8624 规定的 Dfl 级，且产烟毒性等级不低于 t1 级。

（二）公共场所使用的装饰墙布（毡）、窗帘、帷幕、装饰包布（毡）、床罩、家具包布等阻燃织物

公共场所使用的装饰墙布（毡）、窗帘、帷幕、装饰包布（毡）、床罩、家具包布等阻燃织物的燃烧性能应符合表 5-2 的规定。

表 5-2 公共场所阻燃织物的燃烧性能技术要求

阻燃性能等级	依据标准	判定指标
阻燃 1 级 （织物）	GB/T 5454 GB/T 5455 GB/T 8627 GB/T 20285 《材料产烟毒性危险分级》	氧指数≥32.0； 损毁长度≤150mm，续燃时间≤5s，阴燃时间≤5s； 燃烧滴落物未引起脱脂棉燃烧或阴燃； 烟密度等级（SDR）≤15； 产烟毒性等级不低于 ZA2 级
阻燃 2 级 （织物）	GB/T 5455 GB/T 20285 《材料产烟毒性危险分级》	损毁长度≤200mm，续燃时间≤15 s，阴燃时间≤15 s； 燃烧滴落物未引起脱脂棉燃烧或阴燃； 产烟毒性等级小低于 ZA3 级
注：氧指数试验熔融织物除外		

对于耐水洗的阻燃织物，在进行燃烧性能试验前，应按 GB/T 17596《纺织品织物燃烧试验前的商业洗涤程序》中规定的缓和洗涤程序对试样进行洗涤，干燥宜用烘箱干燥法，洗涤次数不得少于 12 次。耐干洗的阻燃织物，在进行燃烧性能试验前，应按 GB/T 19981.2《纺织品织物和服装的专业维护、干洗和湿洗第 2 部分》中的正常材料干洗程序执行，洗涤次数不得少于 6 次。

第七节 高层建筑内部火灾防控建议措施

消防工作要坚持“预防为主，防消结合”。坚持从严管理、防患未然、立足自救的原则，积极采取必要的有效措施，防止火灾发生和发生火灾后尽量减少损失。

一、严把消防设计关

高层建筑内部火灾防控的设计是整个高层建筑防火设计中的一个重要环节，必须结合建筑的各种功能要求，认真考虑防火安全，做好防火设计。设计人员应严格按照《高层民用建筑设计防火规范》的要求，进行防火设计。设计单位的各级负责人应对工程的防火设计负责，凡不符合设计防火规范的工程设计，不得上报审批或交付使用。

在进行高层建筑的防火设计时，应从内部火灾防控方面着重考虑以下几方面。

（1）合理划分防火分区。

（2）构造设计要使建筑物的基本构件（墙、柱、梁、楼板、防火门、卷帘等）具有足够的耐火极限，以保证火灾时结构的耐火支持能力和分区的隔火能力。

（3）建筑内各种类型的孔洞、缝隙严格封堵。

（4）尽量做到建筑物内部装修、隔断、家具、陈设的不燃化或难燃化，控制可燃物的存放数量，以减少火灾的发生和降低蔓延速度。

同时，消防总体布局要保证畅通安全；安全疏散路线要简明直接；做好建筑物室内外消防给水系统的设计，保证足够的消防用水量和最不利点的灭火设备所需要的水压，采用先进可靠的自动报警和灭火系统并正确地处理安装位置及联动控制功能。

二、加强施工阶段的消防监督检查

承揽工程的施工单位，对建筑工程的防火构造、技术措施和消防措施等，必须严格按照经消防设计审核合格的设计图纸进行施工，不得擅自更改。对防火结构的保护层、设置于吊顶或管井内防火分隔物、各类隐蔽孔洞缝隙的封堵以及暗敷的消防电源线路等，必须认真做好施工和监督检查记录。施工中，如因材料、设备等不满足设计要求，需要变更设计时，施工单位应与设计单位、建设单位、公安消防监督机关共同协商，采取相应的变更措施。

三、履行消防安全职责

督促经营者认真履行各级消防安全责任，建立健全各项防火安全检查制度。通过对高层建筑火灾原因进行分析，80% 以上的火灾是由于人的疏忽大意或操作上的不当造成的。起火因素大多是由于用火不慎，如液体、气体燃料的泄漏引起爆炸；吸烟不慎，烟头未熄使可燃物阴燃起火；电气设备的短路或超负荷用电，以及照明灯具或电热设备靠近可燃物等引起火灾。除此以外，还有特殊工程人员违章操作、无证上岗或临时动用明火作业等违章行为造成的火灾。因此，消防监督部门要督促每个经营者、管理者和居住者增强责任意识和防火意识，把预防工作作为整个管理工作的一个重要部分，使防火工作经常化、制度化、社会化。

四、消防设施的日常维护管理和保养

经营者必须认真做好消防设施的日常维护管理和保养，确保其在火灾时能发挥应有的作用。高层建筑在使用过程中，其设备一般都有定期的维修检查制度，包括结构安全、设备更新等。对于消防设施，更应定期检查维修，因为消防设施都在发生火灾时发挥作用，平时不用易暴露问题，然而一旦需要其发挥作用时失灵，将会造成不可弥补的损失。特别是现代化的消防设施，如火灾自动报警和灭火系统、防排烟设备、防火门、防火卷帘、消防泵和消火栓、消防控制室和仪表设备等，都应该有严格的检查制度，设专人定期测试检查，凡失灵损坏的要及时维修、更换，确保完整好用，并建立档案，记录每次检查情况。

总之，解决高层建筑内部火灾的防控问题，不仅体现在有良好的防控技术手段上，更重要的是管理使用者要有良好的安全责任意识和完善的、行之有效的安全管理措施，这样才能降低高层建筑火灾发生的概率和发生火灾后尽量减少损失。

第六章　高层建筑火灾扑救要点

第一节　超高层建筑火灾扑救

一、要点提示

（一）初战力量

（1）通过外部观察判断超高层建筑起火高度（低区、中区、高区），以及可实施的灭火方式（固定设施、移动线路）。

（2）指挥员第一时间与单位负责人取得联系，建立联合处置机制，分别在消防控制室、首层消防电梯口和进攻起点层安排指挥员负责，实施协同处置。

（3）了解固定消防设施运行情况（消防电梯、烟感报警、监控探头、视频监控和水泵启动），确定起火或充烟楼层，通过单位了解起火楼层分隔、布局和使用功能，关闭起火楼层的空调及新风系统。

（4）发挥微型消防站作用，做好路线引导、人员疏散、器材运输等工作。

（5）安排消防员和单位保安混合编组，配备各自通信电台，在电梯轿厢和电梯首层根据指令共同控制消防电梯。

（6）首先立足利用单位固定消防设施控制火势，根据火情合理设定利用室内消火栓出水枪的数量。出水后要确认水泵状态，注意监测水箱水位。

（7）与微型消防站队员或保安组成战斗小组，携带室内消火栓器材到达起火楼层下方合适楼层建立进攻起点，组织侦察和初起火灾扑救。

（8）安排人员搜索充烟区域，引导人员由疏散楼梯间撤离，尽量避免与进攻力量合用楼梯间，在避难层安排熟悉路线的人员引导。

（9）根据起火位置，结合火势情况设定警戒范围，对紧邻起火面的一侧扩大警

戒范围，禁止人员通行。

（二）增援力量

（1）在楼下适当位置建立指挥系统，根据任务需要调整、充实指挥体系，实施分段、分区指挥。

（2）根据火势和人员情况，增加灭火力量，组织人员对起火层上层区域（含楼梯间）进行全面搜索。

（3）在进攻起点层下层设置人员、装备集结点，组织力量轮换灭火。

（4）组织力量承担战勤保障任务，根据楼层高度实施分段运送战勤保障物资。

（5）合理设置增援力量集结点，安排指挥员负责增援力量集结工作，有序组织战斗行动。

二、对策措施

（一）快速、全面掌握情况信息

扑救超高层建筑火灾，初期情况不明，各类信息杂乱，很难在短时间侦察掌握准确信息。初战如何快速、全面掌握情况信息？

指挥员必须第一时间，甚至在途中与大楼负责人员取得联系，了解燃烧楼层、物质、规模及人员情况。同时，要强化指挥员分工侦察，通过询问疏散人员、查看视频监控，以及深入内部侦察等多种方式搜集、过滤信息。

（二）组织人员疏散

（1）要优先确保起火建筑出入口、楼梯、消防电梯等常规救人途径畅通，如上述区域受火势威胁%要采取出水措施保证救人通道安全。

（2）要根据起火建筑结构第一时间确定救援人员进攻路线和人员疏散的路线，避免产生人流对冲。

（3）当现场灾情规模大，被困人员数量多时，应遵循“起火层、起火层上层、起火层下层”的顺序，按照“先多后少”“先易后难”“先救具有生命体征人员”等原则，分工部署实施逐层疏散。

（4）要分工明确各搜救小组负责疏散的楼层范围和避难层位置，分段疏散至就近的避难层，如疏散楼梯间充烟不严重，要优先将人员疏散至地面人员清点区。

（5）要根据现场实际情况，在确保安全的前提下，合理利用举高消防车、缓降器、消防梯、救生气垫等消防装备辅助疏散被困人员。

（6）为提高搜救效率，要对已搜区域做好标记。

（三）高位起火扑救

超高层建筑高位起火，只能依靠固定消防设施扑救时应如何组织扑救？

（1）组织人员深入起火区域侦察掌握火情严重程度，根据过火的范围确定出枪数量，避免由于出枪过多造成水枪压力不足。

（2）要求单位派技术人员进入大楼内各水泵房和供配电房，确保大楼供电、供水正常。

（3）评估自动喷水灭火系统的作用，对启动的无效水喷淋予以关闭，节约用水量。

（4）固定消防设施如果发生故障导致供水中断的，人员撤至楼内安全区域，立即要求启动备用水泵，待供水恢复后再组织灭火。

（5）对部分设置重力供水的超高层建筑，即使泵发生故障，也可打开室内消火栓系统，利用系统重力作用出水枪扑救初起火灾。

（四）初期火势控制

初期控制火势需注意以下事项：

（1）要控制火势纵向蔓延，要安排力量在上下楼层设防，重点要防止火势通过破损的外窗翻卷蔓延，以及烟火通过幕墙与建筑主体连接处的空腔蔓延至上下层。

（2）要控制火势在楼层平面扩大，要依托防火分区设防控制火势。

（3）当火势猛烈时，高温烟气可能在吊顶内蔓延，并导致火势以隐蔽的方式蔓延至楼层其他区域，要在适当位置破拆吊顶，出水枪稀释热烟气。

（4）初期内攻如遇火势正由发展向猛烈阶段过渡，要在蔓延方向侧面设置移动炮和水枪，出水阻截火势。

（五）建立组织指挥体系

应按以下方式建立组织指挥体系：

（1）火场最高指挥员在超高层建筑首层设立指挥点，负责统筹指挥。

（2）在消防控制室安排指挥员进行沟通协调。

（3）在楼内进攻起点层安排指挥员负责内攻和搜救，后期指挥力量相继到场后，可划分楼层实施分段指挥，具体指挥员人数可根据任务需要确定。

（4）在大楼周边集结点安排指挥员，负责传递指令，有序安排力量展开。

（5）成立指挥部后，根据作战任务分工分设作战组指挥。

（六）外部观察

超高层建筑发生火灾时，在地面实施外部观察很难掌握情况，应按以下方式组织外部观察：

（1）在楼层密集的商务区，如起火建筑周边有相邻超高层建筑，可安排人员携带电台、望远镜至邻近超高层建筑的合适楼层，观察起火楼层情况。

（2）利用无人机实施外部侦察，并将图像传输至地面。

（3）利用城市视频监控系统，调整合适视角实施外部观察。

（4）安排人员在地面合适位置，携带望远镜实施观察。

第二节 高层建筑电缆井火灾扑救

一、要点提示

（一）初战力量

（1）报告到场侦察情况以及初步判断（充烟范围、人员情况、管道井形式及电源情况）。

（2）综合询情、查看图纸等方法查明电缆井位置和内部结构（封堵情况），切断建筑供电。

（3）对充烟区域进行全面搜索，特别检查电梯轿厢位置，以及是否有人员被困在内。

（4）确定电缆井过火范围（热成像仪、外部观察冒烟楼层），充烟楼层较多时，分层组织实施。

（5）确定进攻路线和人员疏散路线，避免相互干扰。

（6）对出入口实施警戒，控制人员进入楼内。

（7）应选择楼梯登高进攻，从起火部位上方灌注灭火剂，射水前采取点射试探。

（8）进入充烟严重区域时，检查安全防护，评估呼吸器供气时间。

（二）增援力量

（1）制定火场供水方案，根据需要增设灭火线路。

（2）在楼下适当位置建立指挥系统，分设地面、楼层指挥。

（3）在进攻起点层下层建立人员和装备的分段运输点。

（4）组织力量承担战勤保障任务，向楼内运送空气呼吸器和器材物资。

（5）强化现场组织，明确搜救、灭火、供水、保障任务，并督促执行。

（6）对起火、充烟区域进行全面检查，防止火势扩大。

二、对策措施

（一）电缆井火灾特点

充烟楼层数量较多或多个不连续的楼层充烟，烟雾较大未见明火，且现场有明显的塑料、橡胶燃烧气味。

（二）电缆井位置寻找

电缆井通常设置在防烟楼梯间、消防电梯间之外的部位，也可设置在消防前室、前室与住户之间的空间。烟雾较大时，可通过到未充烟楼层或结构相似楼层查看电缆井位置，或询问物业人员、利用热成像仪查找墙面上的高温异常点等方法寻找。电缆井的井道门通常都是外开门。

（三）电缆井火灾扑救的战术措施

高层建筑电缆井火灾扑救主要采取“以固为主、固移结合、高位灌注、分层实施、定点灭火”的战术措施，快速有效灭火冷却，控制蔓延防止复燃。

（四）选择进攻起点层

对电缆井火灾，当起火楼层不确定，或将疏散救人判定为火场主要方面时，可根据楼内烟气蔓延情况设置进攻起点层。例如，将无烟层、烟气蔓延很少的楼层，或毗邻裙房的屋面及与其相连的楼层设为起点层，以人员能够正常呼吸并长时间驻留为原则。在起点层设置备用空气呼吸器及气瓶、破拆、救生工具等，供内攻搜救人员使用，并接应疏散人员，减少登楼作业人员往返频次。

（五）电缆井火灾扑救呼吸防护

进入充烟区域必须佩戴呼吸器面罩，并充分预估往返时间，必要时携带备用气瓶。搜救小组进入充烟区域要携带他救面罩或一次性逃生面具。

（六）组织疏散

当多个楼层充烟时，应按以下方式组织疏散：

（1）利用建筑广播系统、扩音设备等手段喊话，稳定人员情绪，有序配合疏散。

（2）通过物业建立的业主微信群，发布相关提示信息，告知关紧房门、封堵门缝、打开外窗、等待救援等应对措施。

（3）分段分层同步展开疏散，检查确认楼梯间正压送风系统是否正常开启，并对已充烟的楼梯间快速实施排烟。

（4）疏散时优先选择对充烟楼层进行疏散，防止人员过度集中，避免与进攻力量对冲。

（七）搜救

应按以下方式组织搜救：

（1）分段分层分配力量，同步展开搜救任务。

（2）第一时间对电梯轿厢、走道等公共部位及已开启房门的住户房间进行搜索。

（3）通过询问物业值班员、开启首层电梯门查看、逐层人工查看等方法快速判定电梯轿厢停靠位置，查明人员被困情况。

（八）电缆井火灾火场排烟

可采用以下方式组织火场排烟：

（1）优先启用机械排烟设施，尽可能利用建筑内部专用的排烟口、通风排烟竖井进行排烟，并关闭各层楼梯间的防火门。

（2）打开走道、楼梯间外窗及楼顶防火门，形成水平和垂直方向上的空气对流。

（3）利用移动排烟设备加速排烟。

（九）安全注意事项

需特别注意的安全事项如下：

（1）防触电。及时确认电缆井是否断电，战斗中要防止身体接触性触电、射水触电，以及电弧伤人。

（2）防踏空坠落。开启电梯门时，要防止重心前倾坠落或轿厢突然下落伤人；开启的电梯门要及时关闭，防止踏空坠落；对无法关闭的电梯门要设专人警戒看管。

（3）防缺氧窒息。要充分考虑高强度作业对空气呼吸器有效使用时间的快速消耗，防止反应意识下降造成的缺氧窒息。

（4）防虚脱。要充分考虑因登高造成体力过度消耗，加之高温环境可能造成的体力虚脱危险。

第三节 塔式高层居民楼火灾扑救

一、要点提示

（一）初战力量

（1）外部观察起火建筑冒烟、冒火的位置，评估过火及内部充烟的范围，并观察烟火对上层房间的威胁情况，特别是外墙凹处烟热升腾情况。

（2）查明起火房间的性质情况，是否存在居住改为商用办公或仓储等情况。

（3）组织攻坚小组携带灭火、破拆和侦察装备至楼内侦察灭火，利用进攻起点层的室内消火栓出水枪进入起火层，进入前确认室内消火栓水压充足、水泵启动。

（4）第一时间组织铺设移动供水线路，优先选用沿外墙垂直铺设或沿楼梯缝隙铺设，保证楼梯通行顺畅。

（5）组织搜救组对起火及上部充烟楼层进行疏散和搜救，进入高温区域搜索要出水枪掩护。

（6）根据现场情况，可按照进攻、疏散功能灵活区分楼梯使用·确保进攻畅通和人员快速引导疏散。

（7）从楼梯间或前室进入公共走廊前，观察走廊充烟情况，如走廊内全部充烟且温度较高，应首先设法通过破窗实施排烟散热，避免盲目进入高温区域。

（8）开启起火房间的门之前，应首先判断门所处位置（上风或下风），判断是否存在回燃、风驱火等危险。开启房门前，预先明确撤离路线，水枪出水，并对门实施控制。

（9）关闭楼梯间和前室的防火门，防止烟气侵入楼梯间，对室内严重充烟，以及存在回燃、风驱火危险的现场，设法破拆起火房间外窗，先实施排烟散热。

（10）注意观察外窗、空调外机等处是否有被困人员，通过绳索悬垂、下方梯子接应、横向转移等多种方法予以救助。

（11）加强对门、窗、床铺、浴室等区域和周边的搜索。

（12）火势控制后，尽量减少出水，利用雾状水流进行。

（二）增援力量

（1）主动向现场最高指挥员汇报，根据指令展开行动，避免盲目行动造成楼内拥挤和无效行动。

（2）车辆停靠在不影响举高消防车通行和停靠举升作业的场地。

（3）根据现场过火、充烟的范围，按照楼层明确增援力量出水、搜救的区域，实施分层作战。

（4）增援力量需要出水时，原则上铺设移动供水线路，防止出枪过多造成水枪压力不足。

（5）协助辖区中队做好电梯防水保护措施，并做好排水工作。

二、对策措施

（一）塔式高层居民楼特点

塔式高层居民楼四个边长度基本一致，建筑占地面积大，内部走道多为回字形或凹形，一层多为 6 ～ 8 户，甚至更多。

（二）组织进攻

塔式居民楼火灾扑救中，当起火房间位于上风，入户门位于下风且处于开启状态时，烟热充斥走道造成内攻困难，应按以下方法组织进攻：

（1）想方设法组织排烟，特别是公共走道有外窗时，疏散地面人员，通过上层或下层破拆外窗排烟。

（2）结合起火建筑层面布局，合理选择正压送风位置，加速烟热由外窗排出。

（3）当回字形走廊为内部封闭结构时，通过举高消防车外部射水，逐步降低温度后进入内攻。

（4）组织攻坚力量逐步推进，减小开门面积，在门口出喷雾水配合正压送风进行强行排烟散热。

（5）组织人员轮换作战，注意补水和电解质，防止人员出现脱水、中暑情况。

（三）组织疏散搜救

塔式高层居民楼发生火灾，由于前室、楼梯间防火门未关闭，造成各层大面积充烟时，应按以下方法组织疏散搜救：

（1）侦察掌握烟雾对各层室内人员的威胁程度，确定疏散的范围、顺序和途径，

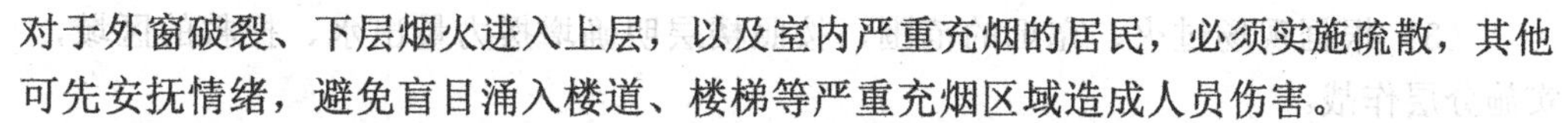

对于外窗破裂、下层烟火进入上层，以及室内严重充烟的居民，必须实施疏散，其他可先安抚情绪，避免盲目涌入楼道、楼梯等严重充烟区域造成人员伤害。

（2）组织人员携带简易救生面罩，分层对楼梯、前室和走道等公共区域进行搜索，先将被困在上述区域的人员疏散、转移至安全区域。

（3）关闭起火层防火门，防止烟气继续涌入楼梯，并通过竖向管道井蔓延至上层。

（4）非必要情况下，不要盲目切断大楼整体供电，避免造成人员恐慌及行动不便。

（5）核实电梯状态，检查电梯内是否存在被困人员。

第四节　板式高层居民楼火灾扑救

一、要点提示

（一）初战力量

（1）外部观察起火房间火焰、烟雾情况，结合现场风力和风向，评估室内火灾所处状态，以及烟火对上层的影响。

（2）组织攻坚小组携带灭火、破拆和侦察装备至楼内侦察灭火，利用进攻起点层的室内消火栓出水枪进入起火层。

（3）要做好固定消防设施故障的准备，第一时间组织铺设移动供水线路，优先选用沿外墙垂直铺设或沿楼梯缝隙铺设，保证楼梯通行顺畅。

（4）组织搜救组对起火及上部充烟楼层进行疏散和搜救，进入高温区域搜索要出水枪掩护。

（5）进入内攻前要确认断电、断气情况。

（6）开启起火房间的门之前，应首先判断门所处位置（上风或下风），判断是否存在回燃、风驱火等危险，预先明确撤离路线，水枪出水，并对门实施控制。

（7）关闭楼梯间和前室的防火门，防止烟气侵入楼梯间，对室内严重充烟，存在回燃、风驱火危险的现场，设法破拆起火房间外窗，先实施排烟散热。

（8）注意观察阳台、空调外机等处是否有被困人员，通过绳索悬垂、下方梯子接应、横向转移等多种方法予以救助。

（9）加强对门、窗、床铺、浴室等区域和周边的搜索。

（10）火势控制后，尽量减少出水，利用雾状水流进行灭火。

（二）增援力量

（1）主动向现场最高指挥员汇报，根据指令展开行动，避免盲目行动造成楼内拥挤和无效行动。

（2）车辆停靠在不影响举高消防车通行和停靠举升作业的场地。

（3）根据现场过火、充烟的范围，按照楼层明确增援力量出水、搜救的区域，实施分层作战。

（4）增援力量需要出水时，原则上铺设移动供水线路，防止出枪过多造成水枪压力不足。

（5）协助辖区中队做好电梯防水保护措施，并做好排水工作。

二、对策措施

（一）板式高层居民楼特点

板式高层居民楼南向面宽大，进深短，南北通透，该类居民楼通常是东西长、南北短的高层住宅，分为长走廊式和单元拼接式两种类型，一般一层多为2～4户居民。

（二）控制火势

板式居民楼火灾扑救中，当起火房间火势翻卷威胁上层时，应采取以下方法有效控制火势：

（1）当射程在车载水炮和举高消防车水炮范围内时，直接出水压制或一举扑灭火势。

（2）安排力量至着火房间上层，利用室内消火栓出水枪设防，并移除窗帘等可燃物。

（3）如毗邻房间具备射水条件，可在毗邻房间向起火房间射水控制火势。

在开展上述行动的同时，也应同步组织人员对起火房间实施内攻，当内攻人员准备进入内攻时，外部设防枪炮应及时停水。

（三）实施求援

板式高层居民楼火灾扑救中，当有人员被困在外部阳台、空调外机时，应采取以下方法实施求援：

（1）稳定人员情绪，避免恐慌造成坠落。

（2）在具备条件时，在外部出水掩护被困人员。

（3）应根据现场情况迅速采取多种方式实施救人，通过上方绳索悬垂或下放绳梯、下方利用挂钩梯接应、横向实施转移进行救助，但无论采取何种方式，都应尽可能使用绳索对人员进行保护。

（4）如采取内攻强行救人，要评估开门后热对流以及射水后水蒸气外涌对被困人员可能造成的危害。

（四）举高消防车救人注意事项

利用举高消防车救人要注意工作斗和梯臂的荷载，从上方向往下或平移接近被困人员。接近过程中，通过喊话器提示注意事项，稳定被困人员情绪，控制进斗人数。同一位置被困人员较多且相邻建筑在工作斗的作业范围内时，可先将人员转移到安全的相邻建筑。

（五）攻防结合

板式居民楼火灾一般涉及多个窗口、房间，当进入燃烧区域搜救被困人员时，应当有攻有防，不能将所有门窗都作为灭火进攻通道，防止多支水枪封住所有门窗，导致高温烟气逼向被困人员，增加被困人员危险，不利于人员搜救和火灾扑救行动。

第五节 高层商住楼低区商用部分火灾扑救

一、要点提示

（一）初战力量

（1）综合询情、查看图纸等方法查明商用部分与住宅部分进攻口位置（商用和住宅部分的疏散通道、安全出口是否独立设置）、内部结构形式、火势可能从商用部分蔓延到住宅部分的途径等情况。

（2）组织人员对商用、居住部分同步开展侦察，报告商用部分业态（餐饮、办公等）、燃烧部位、充烟范围、人员情况、对住宅部位影响等，以及初步判断情况。

（3）通过热成像仪检测、烟气观察等方法确定过火范围，排除吊顶、电缆井等隐蔽蔓延途径。充烟楼层较多时，分层组织实施。

（4）协同单位、公安等力量疏散商用及住宅部分的人员，组织力量对充烟区域进行搜索。

（5）排除商用和住宅连接部分未有效分隔造成火势蔓延至住宅部分，及时在商用和住宅分隔处设防。

（6）注意高层建筑底层商业服务网点是否有设置隔层，以及改建、扩建情况。

（7）有序组织实施内攻，落实安全行动要求。特别进入充烟严重区域时，必须做到分组同进同出，避免人员走散。

（8）商用部分外立面广告牌或灯箱起火时，要组织人员深入内部，由内向外打击火势，禁止一味在外侧出水，造成烟火蔓延至内部。

（二）增援力量

（1）确定进攻通道与疏散通道，减少救援人员与被疏散人员对冲，分层开展人员疏散。

（2）制定火场供水方案，根据需要增设灭火线路。

（3）在楼下适当位置建立指挥系统，分设商用部分、住宅部分，以及地面、楼层指挥。

（4）在进攻起点层下层建立人员和装备的分段运输点。

（5）强化现场组织，明确搜救、灭火、供水、保障任务，并督促执行。

（6）对起火、充烟区域进行全面检查，防止火势在隐蔽区域蔓延，避免遗漏遇险人员。

二、对策措施

（一）高层商住楼特点

商住楼是指由底部商业营业厅与上部住宅组成的高层建筑。一般商住楼低区商用部分面积较居住部分大，且底层设置商铺、商场等，建筑商用部分沿街布置。

（二）高层商住楼火灾通道入口定位

快速定位通道入口的方法如下：

（1）分组安排人员从建筑前后两侧寻找通道入口。通常情况下，底层设置商铺的建筑入口在沿街一侧，居住部分入口一般在建筑背街的一侧。

（2）当低区部分为大型商场或超市时，一般在建筑前后、两侧都设有出入口，可安排力量分头寻找，并根据作战条件选择上风入口进入。

（3）少数底层商铺可能在内部与上层住宅连通，成为底商上住结构，要注意观察商铺纵向分隔和内部楼梯设置情况。有的上层分隔部分设有外窗，可作为进攻和救人途径使用。

（三）有效控火

高层商住楼底层商用部分发生火灾，应采用以下方法控制火势蔓延：

（1）全力将火势及烟气控制在商用部分，安排力量在烟火可能蔓延的途径上重点设防，防止扩大到住宅部分。

（2）关于建筑空调及新风系统，要防止烟热通过管道蔓延扩大。

（3）防止火势、烟气沿吊顶、电梯井、管道井等部位蔓延，引起低区部分全面燃烧。

（4）针对商用部分内部不同的防火分隔，依托防火分区重点设防。

（5）要注意高层商住楼未按规范要求实施商住有效分隔时，要掌握连接形式，重点加强看护设防。

（6）要合理规划烟热排出路径，避免合围射水影响烟热排出，造成内部高温积聚，影响建筑构件完整性，甚至结构整体安全。

第六节　高层建筑地下空间火灾扑救

一、要点提示

（一）初战力量

（1）侦察掌握地下空间功能用途、结构布局、燃烧物质，以及直通地面和连接大楼内部的通道情况。

（2）查看出入口，观察烟雾情况，确定上风向的进攻口进入，下风向的排烟口实施排烟。

（3）组织内攻小组，严格落实内攻安全行动要求，携带热成像仪辅助侦察，确定起火范围和内部作战条件。

（4）确定水泵房、风机房位置，采取必要措施确保其正常运转。

（5）对出入口实施警戒，防止人员随意进入火场内部。

（6）安排人员至地下部分与大楼连接位置，关闭防火门或启动防火卷帘，防止烟热进入大楼。

（7）启动排烟风机，根据工况实施排烟或送风。

（二）增援力量

（1）在主要进攻口外建立指挥部，强化现场组织，明确搜救、灭火、排烟、供水、通信、战勤保障任务。

（2）制定火场供水方案，根据需要合理出水，启动排水系统，检查清理排水口，关闭自动灭火系统，避免地下部分严重积水。

（3）制定地下部分搜救方案，安排增援力量分组分区域进行搜救。

（4）在进攻口适当位置设置人员、装备集结区，组织人员轮换内攻作战。

（5）加强地下通信保障，根据需要架设通信中继设备。

（6）当内部全面燃烧造成进攻困难时，视情采取外露地面破拆开口排烟、灌注高倍数泡沫或二氧化碳封闭窒息灭火等措施。

二、对策措施

（一）快速查明燃烧情况

高层建筑地下空间火灾扑救中，应采用以下方法快速查明燃烧情况：

（1）查看监控室视频监控系统，确认起火点位置、燃烧物质，以及周边可燃物情况。

（2）在外部查看出入口烟雾颜色、动力情况，判断可能在燃烧的区域。

（3）使用热成像仪检查上层地面的温度变化，根据区域温度判断燃烧范围。

（4）组织侦察小组从上风入口进入，通过热成像仪实施侦察。

（5）利用测温仪检测通风口温度情况，判断区域过火燃烧情况。

（二）排烟

高层建筑地下空间发生火灾，当烟雾积聚影响进攻时，应采用以下方法实施排烟：

（1）合理规划进攻和排烟口数量，一般应按照排烟多于送风口的原则设置。

（2）利用上风口进攻，下风口排烟，要做到攻防结合，形成对流。

（3）调集大型排烟设备组织排烟。采取在上风方向正压送风，下风方向负压排烟的方式加速排烟。一般排烟口位于上部，送风口位于下部。

（4）合理规划排烟路径，避免排烟与进攻路径方向冲突。

（5）火灾初期积极利用固定消防设施排烟，并射水冷却烟气温度（烟气温度超过 280℃时，排烟防火阀自动关闭）。

（三）高倍数泡沫灭火

高层建筑地下空间发生火灾，当地下空间面积较小，使用高倍数泡沫灭火的方法如下：

（1）确认内部人员全部撤出，评估高倍数泡沫灭火有效性，计算准备充足的泡沫液。

（2）施放高倍数泡沫时，应先射水润湿地面，确保泡沫快速流动覆盖起火区域。

（3）将高倍泡沫发生器放置于靠近火点的上风入口处。

（4）利用多个高倍数泡沫发生器从多个方向发泡，保证供液不间断。

（5）明确高倍数泡沫覆盖区域的观察方法，跟踪观察泡沫覆盖范围。

（四）灌注二氧化碳封闭窒息灭火

高层建筑地下空间火灾扑救，灌注二氧化碳封闭窒息灭火的实施方法如下：

（1）评估灌注二氧化碳灭火的有效性，是否具备封闭条件。

（2）根据空间大小、燃烧物质以及开口面积计算所需用量和封闭时间。

（3）封闭相关通风口，关闭防火分区应急门，形成密闭环境。

（4）从多个口、不同方向灌注二氧化碳，尽量缩短灌注时间。

（5）按照高于理论计算值灌注二氧化碳。

（五）特别注意事项

高层建筑地下空间火灾扑救中，以下事项需要特别注意：

（1）排烟口应设置水枪掩护，防止高温烟气引燃排烟口周边可燃物。

（2）及时启动起火地下建筑与毗邻建筑间的防火卷帘或应急门，防止火势蔓延。

（3）内攻小组行动中应同进同出，协同配合，避免走散。进入内攻前，要明确

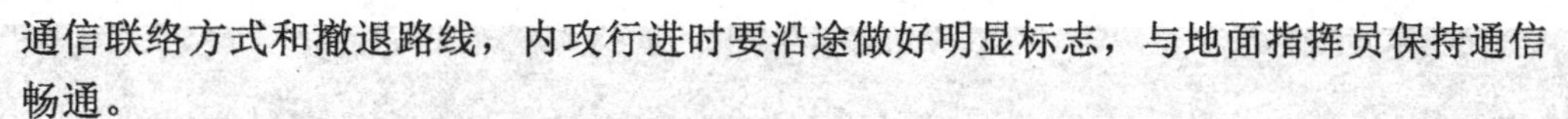

通信联络方式和撤退路线，内攻行进时要沿途做好明显标志，与地面指挥员保持通信畅通。

（4）观察排烟口烟雾情况，当出现烟雾呼吸现象，高温浓烟动力明显增强时，要扩大警戒范围，防止因烟气爆炸造成人员伤亡。

第七章 高层建筑火灾风险评估系统

第一节 安全系统工程

一、系统工程简介

（一）系统工程的发展概况

20 世纪 30 年代末，一批英国科学家研究雷达系统的运用问题，提出应用“运筹学”一词来命名这个应用科学的新分支。20 世纪 40 年代，运筹学逐步被推广到军事决策和战争指挥领域，这是系统工程的萌芽。

20 世纪 40 年代以后，为适应社会化大生产和复杂的科学技术体系的需要，人们逐步把自然科学与社会科学中的某些理论和策略、方法联系起来，应用现代数学和电子计算机等工具，解决复杂系统的组织、管理和控制问题，以达到最优设计、最优控制和最优管理的目标。

系统工程是一门高度综合性的管理工程技术，涉及自然科学、社会科学等多门学科。构成系统工程的基本要素是人、物、财、目标、机器设备、信息六大因素。

20 世纪 70 年代以后，系统工程已广泛地应用于交通运输、通信、企业生产经营等部门，在体育领域也有应用价值和广阔的前景。

世界范围内重大事故频频发生，引起了人们对系统可靠性和安全性的研究和开发的高度重视，出现了运用系统的原理和方法对系统安全进行研究的科学方法，为其他科学领域的飞跃提供了可靠的理论基础和实践基础。

国内系统工程应用已受到普遍的重视和欢迎。在全面质量管理、计划评审技术、库存管理、价值工程等方面的应用都取得了显著效果；在生态、区域、能源规划和人口控制、教育系统，以及各类工程系统中也得到了较好的应用。

（二）系统工程的定义

著名科学家钱学森把极其复杂的研制对象称为系统，即由相互作用和相互依赖的若干组成部分结合成具有特定功能的有机整体，而且认为这个系统本身又是它所从属的一个更大系统的组成部分。系统工程则是组织管理这种系统的规划、研究、设计、制造、试验和使用的科学方法，是一种对所有系统都具有普遍意义的科学方法。

也可以将系统工程简单地定义为：系统工程是组织管理“系统”的规划、研究、设计、制造、试验和使用的科学方法，是一种对所有“系统”都具有普遍意义的科学方法。这个定义比较明确地表述了三层意思：系统工程属于工程技术，主要是应用于组织管理的技术；系统工程是解决工程活动全过程的工程技术；这种技术具有普遍的适用性。

（三）系统工程的特点

（1）系统工程研究问题一般采用先决定整体框架，后进入详细设计的程序，一般是先进行系统的逻辑思维过程总体设计，然后进行各子系统的研究。

（2）系统工程方法是以系统整体功能最佳为目标，通过对系统的综合、系统的分析构造系统模型来调整改善系统的结构，使之达到整体最优化。

（3）系统工程的研究强调系统与环境的融合，近期利益与长远利益相结合，社会效益、生态效益与经济效益相结合。

（4）系统工程研究是以系统思想为指导，采取的理论和方法是综合集成各学科、各领域的理论和方法。

（5）系统工程研究强调多学科协作，根据研究问题涉及的学科和专业范围，组成一个知识结构合理的专家体系。

（6）各类系统问题均可以采用系统工程的方法来研究，系统工程方法具有广泛的适用性。

（7）强调多方案设计与评价。

二、安全系统工程

（一）基本概念

安全系统工程是采用系统工程的基本原理和方法，预先识别、分析系统存在的危险因素，评价并控制系统风险，使系统安全性达到预期目标的工程技术，是专门研究如何利用系统工程的原理和方法确保实现系统安全功能的科学技术。其主要技术手段有系统安全分析、系统安全评价和安全决策与事故控制。

1. 狭义的安全系统工程概念

安全系统工程，是运用系统论的观点和方法，结合工程学原理及有关专业知识来研究生产安全管理和工程的新学科，是系统工程学的一个分支。其研究内容主要有危险的识别、分析与事故预测；消除、控制导致事故的危险；分析构成安全系统各单元间的关系和相互影响，协调各单元之间的关系，取得系统安全的最佳设计等。其目的是使生产条件安全化，使事故降低到可接受的水平。

2. 广义的安全系统工程概念

建立科学、高效的现代化社会安全体制，切实保障人类社会经济系统、文化系统、政治系统的安全运行，有效维护社会成员的人身安全以及经济利益、文化利益、政治利益，是人类社会系统所面临的重大整体性问题，是任何国家、地区的政府所肩负的重大责任和十分艰巨的历史使命。在世界化时代，为了完成这一使命，从根本上扭转日益复杂的安全局势，我们必须与时俱进，进行大规模创新，以实现解决人类安全问题的整体突破。

从社会系统的整体来看，安全系统观是基于安全与发展双层目标架构的社会系统观的有机组成部分，在安全与发展高度统一的卓越治理模式——社会系统工程下实现安全系统观，应当构建涵盖人类所有重要安全领域的综合集成的安全理论——安全实践体系，实现世界化时代综合集成之科学化安全模式——安全系统工程。

安全系统工程(Security System Engineering，SSE)，是指在系统思想指导下，运用先进的系统工程的理论和方法，对安全及其影响因素进行分析和评价，建立综合集成的安全防控系统并使之持续有效运行。简言之，就是在系统思想指导下，自觉运用系统工程的方法进行的安全工作的总体。

（二）任务和流程

1. 安全系统工程的任务

安全系统工程的主要任务有以下几点：

（1）危险源辨识。

（2）分析、预测危险源由触发因素作用而引发事故的类型及后果。

（3）设计和选用安全措施方案，进行安全决策。

（4）安全措施和对策的实施。

（5）对措施效果作出总体评价。

（6）不断改进，以求最佳措施效果，使系统达到最佳安全状态。

2. 安全系统工程的流程

安全系统工程的一般流程为：

（1）收集资料，掌握情况。

（2）建立系统模型（结构、数学、逻辑模型）。

（3）危险源辨识与分析。

（4）危险性评价。

（5）控制方案与方案比较。

（6）最优化决策。

（7）决策计划的执行与检查。

（三）安全系统工程的研究对象

任何一个生产系统都包括三个部分，即从事生产活动的操作人员和管理人员，生产必需的机器设备、厂房等物质条件，以及生产活动所处的环境。这三个部分构成一个“人——机——环境”系统，每一部分就是该系统的一个子系统，称为人子系统、机器子系统和环境子系统。

1. 人子系统

该子系统的安全与否涉及人的生理和心理因素，以及规章制度、规程标准、管理手段和方法等是否适合人的特性，是否易于为人们所接受的问题。研究人子系统时，不仅要把人当作“生物人”“经纪人”，而且要看作“社会人”，必须从社会学、人类学、心理学、行为科学角度分析问题、解决问题；不仅要把人子系统看作系统固定不变的组成部分，而且要看到人是一种自尊自爱、有感情、有思想、有主观能动性的人。

2. 机器子系统

对于该子系统，不仅要从工件的形状、大小、材料、强度、工艺、设备的可靠性等方面考虑其安全性，而且要考虑仪表、操作部件对人提出的要求，以及从人体测量学、生理学、心理与生理过程有关参数对仪表和操作部件的设计提出要求。

3. 环境子系统

对于该子系统，主要应考虑环境的理化因素和社会因素。理化因素主要有噪声、振动、粉尘、有毒气体、射线、光、温度、湿度、压力、热、有害化学物质等；社会因素主要有管理制度、工时定额、班组结构、人际关系等。

这三个相互联系、相互制约、相互影响的子系统构成了一个“人——机——环境”系统的有机整体。只有从三个子系统内部及三个子系统之间的这些关系出发，才能真正解决系统的安全问题。安全系统工程的研究对象就是这种“人——机——环境”系统。

（四）安全系统工程的内容

安全系统工程主要研究内容有系统安全分析、系统安全评价、安全决策与控制。

1. 系统安全分析

系统安全分析有安全目标、可选用方案、系统模式、评价标准、方案选优五个基本要素和程序。

（1）把所研究的生产过程或作业形态作为一个整体，确定安全目标，系统地提出问题，确定明确的分析范围。

（2）将工艺过程或作业形态分成几个单元和环节，绘制流程图，选择评价系统功能的指标或终端事件。

（3）确定终端事件，应用数学模式或图表形式及有关符号，以使系统数量化或定型化；将系统的结构和功能加以抽象化，将其因果关系、层次及逻辑结构变换为图像模型。

（4）分析系统的现状及其组成部分，测定与诊断可能发生的事故的危险性、灾害后果，分析并确定导致危险的各个事件的发生条件及其相互关系，建立数学模型或进行数学模拟。

（5）对已建立的系统，综合采用概率论、数理统计、网络技术、模糊技术、最优化技术等数学方法，对各种因素进行数量描述，分析它们之间的数量关系，观察各种因素的数量变化及规律。根据数学模型的分析结论及因果关系，确定可行的措施方案，建立消除危险、防止危险转化或条件耦合的控制系统。

2. 系统安全评价

安全评价的目的是为决策提供依据。系统安全评价往往要以系统安全分析为基础，通过分析，了解和掌握系统存在的危险、有害因素，但不一定要对所有危险、有害因素采取措施；而是通过评价掌握系统的事故风险大小，以此与预定的系统安全指标相比较，如果超出指标，则应对系统的主要危险、有害因素采取控制措施，使其降至该标准以下。这就是系统安全评价的任务。

3. 安全决策与控制

任何一项系统安全分析技术或系统安全评价技术，如果没有一种强有力的管理手段和方法，也不会发挥其应有的作用。因此，在出现系统安全分析的同时，也出现了系统安全决策。其最大的特点就是从系统的完整性、相关性、有序性出发，对系统实施全面、全过程的安全管理，实现对系统的安全目标控制。系统安全管理是应用系统安全分析和系统安全评价技术，以及安全工程技术为手段，控制系统安全性，使系统达到预定安全目标的一整套管理方法、管理手段和管理模式。

（五）安全系统工程的特点

在工业领域内引进安全系统工程的方法是有很多优越性的。安全系统工程使安全管理工作从过去的凭直观经验进行主观判断的传统方法，转变为定性、定量分析。它具有以下五个特点：

（1）通过安全分析，了解系统的薄弱环节及其可能导致事故的条件，从而采取相应的措施，预防事故的发生。

（2）通过安全评价和优化技术的选择，可以找出适当的方法使各个子系统之间达到最佳配合状态，用最少的投资达到最佳的安全效果，大幅度地减少伤亡事故的发生。

（3）安全系统工程的方法不仅适用于工程技术，而且适用于安全管理。实际上在实际工作中已经形成了安全系统工程与安全系统管理两个分支。

（4）可以促进各项安全标准的制定和有关可靠性数据的收集。安全系统工程既然需要评价，就需要各种标准和数据。

（5）可以迅速提高安全技术人员的管理水平。要搞好安全系统工程，必须熟悉生产的各个环节，掌握各种安全分析方法和评价方法，这对提高安全管理工作人员的质量和水平有很大的推动。

（六）安全系统工程的应用

安全管理工作和其他工作一样，具有其技术特点。安全系统工程的出现，为此技

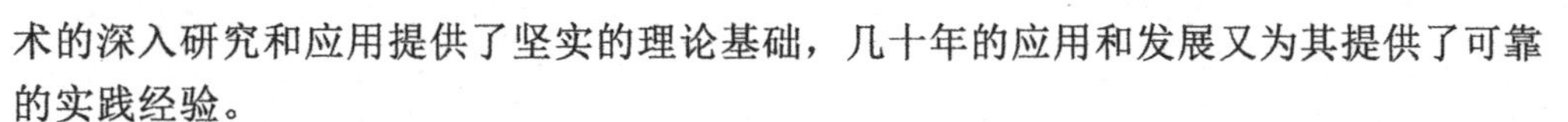

术的深入研究和应用提供了坚实的理论基础，几十年的应用和发展又为其提供了可靠的实践经验。

从安全系统工程的发展可以看出，它最初是从研究产品的可靠性和安全性开始的。军事装备的零部件对可靠性和安全性的要求十分严格，否则不仅不能够完成武器的设计，而且制造和使用过程中的各个环节也不安全。后来这种方法发展到对生产系统的各个环节进行安全分析。环节的内容除了包括原料、设备等因素外，还包括了人的因素和环境因素，这就使安全系统工程的方法在工业安全领域中得到了实际的应用。这个研究开发的过程大致经历了以下五个阶段：

1. 工业安全和系统安全

工业安全负责工人的人身安全，系统安全负责产品的安全。两者是一种分工合作的关系，保证了生产任务的完成。

2. 工业安全引进系统安全分析方法的阶段

科学技术的发展及重大社会灾害性事故的频繁发生，使得工业安全工作者试图寻求新的解决办法。系统安全分析的方法引起了他们的重视，被引进到工业安全分析中，并在工业安全领域起到了极大的作用。

3. 安全管理对系统工程的引进阶段

工业安全工作者在对人的因素的管理方面引进了系统安全的分析原理和方法，开始综合分析人、机器、原材料、环境等因素，使安全管理工作有了定性、定量分析的可能，并对安全管理工作及其危险性进行安全评价，提高了安全管理工作的系统性、准确性、可靠性和安全性。

4. 安全系统工程的发展阶段

安全系统工程的实践和应用，首先是在美、英等工业发达国家。20 世纪 80 年代，各国广泛地研究和应用，说明这种管理方法已成为完善安全管理工作的发展方向。

5. 安全系统工程向其他领域的渗透

近几十年来，我国出现了许多研究和应用安全系统工程的科研院校和企业，并取得了很大的成绩。安全系统工程的基本原理和方法已在安全管理、质量管理、环保管理、医疗事故管理等方面得到了应用。还有人认为，安全经济学也属于安全系统工程的一个内容。

第二节 建筑防火技术

一、主动防火技术

（一）探测和报警系统

在火灾的初起阶段，是会出现不少特殊现象或征兆的，如发热、发光、发声及散发出烟尘和可燃气体等。这些特征是物质燃烧过程中物质转换和能量转换的结果，同时也为发现火灾提供了信息和依据。深入研究火灾的早期特征，提取适当的可用于火灾探测的信息是一项极其重要的工作。

依据不同火灾现象的特征，人们发展出了多种火灾探测方法。按照探测元件与探测对象之间的关系，火灾探测器可分为接触式和非接触式两种基本形式。接触式探测器包括感温探测器、感烟探测器、气敏探测器等；非接触式探测器包括火焰探测器、图像探测器等。

1. 感温探测器

感温探测器主要有点式和线式两类。它们都是依据探测元件所在位置的温度变化实现火灾探测的。点式探测器主要用于普通建筑物中，并多用于顶棚安装式。为了较好地适应不同场景下的温度变化特点，感温探测器设计成了定温、差温和差定温等形式。线式探测器是由特殊热敏材料制成的缆线，使用于那些距离较长，但起火部位不确定的场合，如电缆沟、巷道等。近年来，还开发出一种光纤式线式探测器。它是利用温度变化可引起光纤传导性能变化进行探测的。这种探测器具有不受潮湿、电磁干扰影响的特征，且起火点定位准确性好，只是目前价格偏高一些。

总的来说，感温探测器的可靠性、稳定性及维修的方便性都很好，主要缺点是灵敏度低，因此这类感温探测器主要用于温度变化比较显著的场合。

2. 感烟探测器

感烟探测器主要有点式和光束式两种基本类型，它们是依据火灾烟气中存在悬浮颗粒进行探测的。点式探测器采取接触式探测，只有当烟气颗粒进入这种探测器之中才能发出报警信号。目前的点式探测器有光电式和离子式两种形式。光束式探测器也是根据烟气的遮光性实现火灾探测的，它包括一个光源、一个光束平行校正装置和一个光敏接收器。只要烟气进入光束所经过的空间，便可导致接收器接收到的光强度减弱，从而发出报警信号。

3. 气敏探测器

发生火灾后，其周围环境中某些气体的含量可发生显著变化。而有些物质对这些

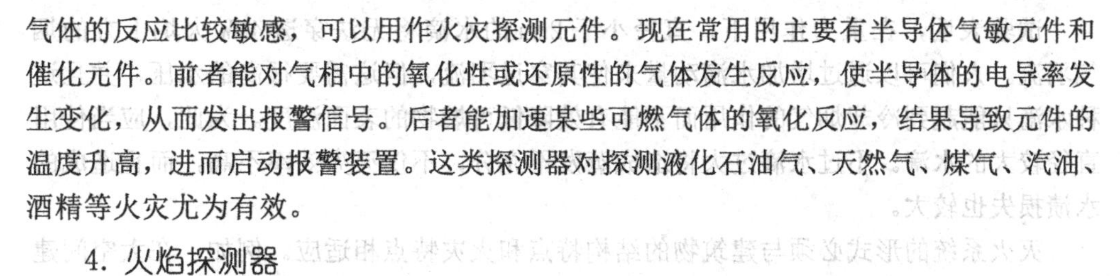

气体的反应比较敏感，可以用作火灾探测元件。现在常用的主要有半导体气敏元件和催化元件。前者能对气相中的氧化性或还原性的气体发生反应，使半导体的电导率发生变化，从而发出报警信号。后者能加速某些可燃气体的氧化反应，结果导致元件的温度升高，进而启动报警装置。这类探测器对探测液化石油气、天然气、煤气、汽油、酒精等火灾尤为有效。

4. 火焰探测器

火焰探测器是靠燃烧放热引起热辐射特性来探测火灾的。目前主要有紫外和红外两种类型。为了有效地把火灾火焰的辐射光与周围的照明光区别开来，火焰探测器一般不用可见光波段的辐射。紫外探测器探测的光的波长较短，适用于发生高温燃烧的场合。红外辐射光的波长较长，烟粒对其吸收较弱，所以在烟雾较浓的条件下红外探测器仍能工作。

5. 图像探测器

图像探测器是利用摄像法获得的图像来发现火灾的。目前主要采取红外摄像，一旦发生火灾，火源及其周围必然发出一定的红外辐射。摄像机获得这种信号后，便输入计算机进行分析。若判断某处是火灾则发出报警，并将该区域显示在屏幕上。这种探测方式给出的是图形信息，具有很强的可视功能，因此有助于减少误报警。

（二）灭火系统

灭火剂的种类很多，其中最常用的是水。相比而言，灭火用水的资源丰富、价格便宜。尤其是扑灭大火时总离不了用水。其他的常用灭火剂有气体灭火剂、泡沫灭火剂、干粉灭火剂、卤代烷灭火剂等。它们均对某些特定的火灾有较好的灭火效果。近年来，新型灭火剂的研发也不断取得大的进展。为了正确选用灭火剂及评估所用灭火系统的性能，应当对不同灭火剂的灭火机理及应用原则有深入的理解。

1. 水灭火系统

水主要是依靠冷却作用来实现灭火的。将冷水喷到燃烧物表面可使其温度降低，同时在高温环境中，水能够迅速蒸发，这也可以吸收大量的热量，1千克的常温水变为蒸汽约吸收540千卡的热量，因此可有效地减少可燃挥发成分的析出，并使燃烧强度减弱。其次，水还有窒息灭火作用。水分汽化后的体积增大约为1600倍。这些水蒸气可以有效地阻止助燃空气进入燃烧区。

灭火的水是需要使用某种装置喷到起火点而达到灭火的。喷出装置是多种多样的，有顶棚安装的洒水喷头，有接消火栓的水枪，有与探测系统联动的数控水炮等。原则上说为了有效地扑灭火焰，喷出的水滴必须能够穿透烟气羽流，到达燃烧物体的表面，而且不会过多地流失。

水滴落向起火点主要受两种因素的支配：一是水滴的动量，二是重力作用。在水滴喷出的初期，第一种因素起主导作用，但由于空气的阻力，其影响逐渐减弱，而重力的影响则逐渐加强。单纯在重力作用下，水滴的末速度至少等于羽流的最大向上速度才可穿透羽流到达可燃物表面。

试验表明，在重力作用下，直径小于 2mm 的水滴将无法穿透 4MW 火焰上方的烟气羽流。人们可以通过增加水滴动量来使其穿过羽流，但这需要很高的水压，并且这种水滴只能起到冷却烟气的作用而不能有效降低可燃物的表面温度。为此，应当使用直径较大的水滴。不过水滴过大将造成蒸发不充分，不仅灭火效率不高，而且造成的水渍损失也较大。

灭火系统的形式必须与建筑物的结构特点和火灾特点相适应。例如，在大空间建筑内使用顶棚安装式的普通水喷头便不合适，它喷出的水滴很难达到可燃物表面。在存放大量货物的高架仓库内，普通水喷头的作用也不大，而快速响应的大水滴喷头则更为有效。

用水灭火时应当注意使用场合。例如，不能用水龙来扑灭电器火灾，因为水的导电性较强，连续的水柱有可能对持水龙的人造成电击伤。又如，用水扑灭油火时尤应控制好水滴的大小，水滴过小可能到达不了液面，而水滴过大则可能使水大量沉到油面之下。这不但起不到灭火效果，而且还可能引发沸溢现象。

水还能与多种物质发生化学反应，因此不能用水扑灭遇水燃烧物质的火灾，如活泼金属的火灾、某些金属粉末的火灾、金属氧化物的火灾等。

应当注意的是，喷水灭火系统是一个复杂的系统，除喷头之外还包括消防水源、加压水泵、输送管道及多种控制阀门。哪一个环节出现问题都无法实现有效灭火。调查表明，很多建筑物的水灭火系统都存在严重问题。有些是产品质量造成的，有些是缺乏维修造成的，需要有针对性地仔细研究解决。

2. 气体灭火系统

常用的灭火气体有二氧化碳和氮气，它们主要依靠窒息作用灭火。二氧化碳是碳的完全燃烧产物，在常温下为气体，但容易液化，通过加压容易装在钢瓶内，氮气则通过加压后液化获得。当液化气体从喷嘴喷出时，由于压力降低便迅速气化。二氧化碳对火场中的财产和设备影响小，不留残余物，因此常用来扑灭价格昂贵的仪器火灾。

但气体灭火也有较大的局限性，由于气体容易流动，因而不宜用它扑灭对流很强区域的火。如果起火室的壁面上有较大的开口，则可造成二氧化碳的大量流失，使其灭火性能减弱。另外，二氧化碳对固体可燃物没有浸渍作用，故不能扑灭深层火。对于钠、钾、镁、钛等活性金属火灾不能用二氧化碳灭火，因为它们可使二氧化碳分解。二氧化碳也不适宜扑灭硝酸纤维之类的含氧物质火灾。

使用气体灭火应当特别注意人身保护。它们所造成的灭火气氛也能导致人员窒息。通常大气中含有 3% 的二氧化碳便会使人呼吸加快；含 9% 时，大多数人只能坚持几分钟就会晕倒。而喷注二氧化碳灭火的区域内，二氧化碳的浓度可达 30% 以上。因此，对于气体自动喷射灭火设备，应当充分重视预防设备的误动作。在设置这种系统的场合应当配备专用的空气或氧气呼吸器。

3. 泡沫灭火系统

泡沫灭火系统是通过将大量泡沫覆盖在可燃物表面来实现灭火的。将某些发泡剂与水掺混并充气搅拌，可生成大量气泡。当其在可燃物的表面形成连续的泡沫覆盖层后，可以隔断氧气向燃烧区的扩散，从而实现了窒息灭火。此外，泡沫中含有较多的水，对燃烧区还有一定的冷却作用。

根据泡沫灭火剂发泡倍率的大小，泡沫灭火剂分为低、中、高三类：低倍率泡沫的发泡倍率小于 20，中倍率泡沫的发泡倍率为 20 ～ 200，高倍率泡沫的发泡倍率为 200 ～ 1000。为了取得最好的灭火效果，应当注意不同泡沫灭火剂所适用的火灾场合。低倍率泡沫容易形成黏附的覆盖层，适宜扑灭可燃和易燃液体的流淌火灾和油罐火灾。高、中倍率泡沫主要用于油、气火灾，还常用来充填某些封闭空间以扑灭其中的火灾。

现在常用的泡沫灭火剂主要有蛋白、氟蛋白和水成膜等种类。蛋白泡沫灭火剂含有天然蛋白聚合物，其泡沫黏稠、稳定性好、没有毒性，且在稀释后能生物降解；氟蛋白泡沫的结构和蛋白泡沫相似，只是其中还含有氟化表面活性剂。这使得其泡沫具有脱离燃料而上升的特性。当将其投放到着火的油品中时，它可很快升到液体表面形成泡沫层，因此灭火效果较好。此外，这种泡沫还适用于与干粉灭火剂联用。水成膜泡沫也是氟蛋白泡沫的一种类型，其表面活性剂能使泡沫迅速在燃油表面上形成水溶液薄膜，对于扑灭具有水溶性或水混性的可燃物的火灾效果更好，如醇类、酮类、胺类等物质的火灾。而使用普通泡沫扑灭这种火灾时，泡沫很容易破裂。

使用泡沫灭火剂灭火后，将会残留很多泡沫液，当它渗透到设施中或者物品内部的间隙里就很难清除，有的还会影响到设施的使用性能。因此，泡沫灭火剂主要适用于扑灭室外油品火灾。

4. 干粉灭火剂

干粉灭火剂是一种易流动的粉状固体混合物，可借助于加压气体从容器中喷出。当其喷洒到火区中就会发生热分解，生成 CO2、H2O 及一些活性物质。CO2 和 H2O 具有窒息灭火作用，而活性物质则能消除燃烧反应产生的活性基，具有抑制灭火作用。

干粉灭火剂主要是以磷酸氢铵、磷酸二氧铵、碳酸氢钠和碳酸氢钾等为基料制成的，其中还混入多种添加剂，以改善其流动、储存和斥水性能。按照使用范围，干粉灭火剂可分为普通干粉和通用干粉。普通干粉主要用于扑灭可燃液体、可燃气体和电器火灾；通用干粉除了具备上述性能，还可扑灭固体火灾。

干粉灭火剂对燃烧区没有冷却作用，当用普通干粉扑灭某些易燃物的火灾时，可能发生复燃现象。为了克服这一缺点，干粉灭火剂常与水灭火剂联合使用。

干粉灭火剂本身是无毒的，但使用不当也可能影响人的健康。例如，人吸进了干粉颗粒会引起呼吸系统发炎。干粉灭火剂的储存温度一般不超过 49℃。因为在较高温度下干粉易发生热分解。另外，不应将不同类型的干粉混在一起存储，它们之间会发生反应，生成二氧化碳乃至引起爆炸。

5. 卤代烷灭火剂

卤代烷是一些碳氢化合物中的氢原子部分或完全被卤族元素取代而生成的一类化合物。只含一、二个碳原子的碳氢化合物生成的卤代烷具有一定的灭火作用，曾经被广泛地用作灭火剂。这种灭火剂使用的卤元素为氟、氯和溴。其中最多的是 1301 和

1211。卤代烷灭火剂是通过中断燃烧的链反应而达到灭火的，具有灭火快速、用量小、灭火后无污染的优点，且长期存储不易变质。但是卤代烷具有一定毒性，据研究，1301 的毒性最小，1211 次之。测试表明，1301 在空气中的浓度低于 10%，人在其中待上 10 分钟对健康也没有影响。但是，卤代烷灭火剂的热解产物的毒性会显著增大，因此用卤代烷灭火剂灭火后，应当及时通风。

使用卤代烷灭火后，残余的灭火剂及其分解产物将全部进入大气。它会对大气臭氧层造成破坏，根据《保护臭氧层维也纳公约》，应当逐步停止生产并最终禁止使用卤代烷灭火剂，为此，需要研制有效的卤代烷替代灭火剂。目前已有多种替代型灭火剂施用于工程中。

（三）防排烟系统

挡烟和排烟是控制烟气蔓延的两种主要方法。挡烟指的是使用一定的固体材料或介质形成一定大小的防烟分区，将烟气阻挡在起火点所在的区域内，这样可以避免烟气对其他区域造成不良影响。排烟指的是将烟气排到建筑物之外，这是从根本上消除烟气在建筑物内蔓延的手段。实际工程中这两种方法常常是联合使用的。

1. 防烟设施

（1）固体壁面挡烟

人们也许会认为利用固体壁面挡烟是一种原始的简单方式，实际上这反而是最有效的挡烟方式，绝不可忽视它的作用。建筑物的墙壁、隔板、楼板、门窗和垂壁都可用于挡烟，但在实际工程中如何用它们组成适当有效的防烟分区是需要认真对待的。防烟分区的格局设计得合理，可为排烟气措施的运用提供便利条件。固定的墙壁、楼板、隔板等是防烟分区的基本分隔构件，它们必须达到一定的耐火性能，以防止烟气温度过高而造成破坏。

还应指出，出于某些生产或经营的需要，在许多建筑物中需要进行跨越防烟分区的活动，如大型商场、大型车间等。这时则必须设置活动的门、窗或活动卷帘等。这些构件必须具有足够好的耐火性。

需要注意在许多防烟隔墙或隔板上，还应留有大量用于穿管、穿线用的孔洞。而这些孔洞可能构成烟气跨区蔓延的重要途径。按照规定，在施工结束后应当将这类洞口封堵起来，问题经常出现在不加封堵或封堵不好的情况，不少火灾事故的扩大恰恰是忽略这方面的问题造成的。

（2）风机加压挡烟

利用风机对某一区域加压，也可以阻挡住烟气向该区域的蔓延。

利用压差挡烟广泛用于疏散楼梯与避难区的前室中。通常是通过适当的风管系统将风机送入的空气分配到各个前室之中。风机吸入的必须是室外的未被烟气污染的空气，否则便失去了加压挡烟的意义。为了有效阻挡烟气进入前室，前室与有烟区域的压差必须足够大，但是又不能太大，否则将会给人员推门进入前室造成困难，影响人员疏散的安全。一般认为这一压差以 25 ～ 50Pa 为宜。

为了不使加压引起的膨胀成为问题，加压空间中应当有可将烟气排到外界的通

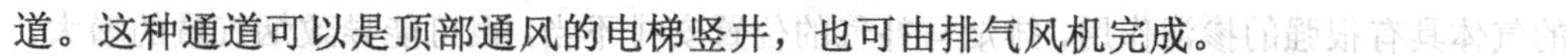

道。这种通道可以是顶部通风的电梯竖井，也可由排气风机完成。

空气流挡烟则广泛用于铁路、公路与地下隧道的火灾烟气控制中。这种挡烟方法需要很大的空气流率，故在内部空间很大的建筑中不宜采用。新鲜空气流又会给起火区域提供氧气，如果该区域还有明火，则这种送风方式有可能加强燃烧。除了大火已被抑制或燃料已被控制的少数情况外，通常不采用这种方法。

2. 排烟设施

（1）排烟的主要方式

排烟主要有自然排烟和机械排烟两种基本方式。自然排烟是通过建筑物上部的窗口、阳台或专用排烟口，利用烟气产生的浮力将烟气排放出去。

火灾烟气的温度通常会比冷空气高，在浮力作用下，它将上升到建筑物的上部，并形成逐渐加厚的烟气层。可以认为室内大体分为上部烟气层和下部空气层两个区域，这就为自然排烟提供了基本依据。

自然排烟方式的结构简单、易操作，也比较经济，但受到如室外风速、风向、建筑物所在地区的气候特点等环境因素的影响。自然排烟是一个比较缓慢的过程，当室内仍存在明火的情况下，单纯靠自然排烟往往无法达到迅速排除烟气的目的。自然排烟口必须有足够大的面积，通常要求排烟口总面积不应小于该防烟分区面积的2%。但试验表明，当建筑物的平面面积或体积较大时，这种排烟口面积比就不足以及时排出烟气。如果烟气的温度较低，可以在建筑物内部发生弥散，那么便失去了自然排烟的基础。在大空间建筑火灾中就存在这种情况。

机械排烟是利用风机进行强制排烟，机械排烟需要建立一个较复杂的系统，包括由挡烟壁围成的蓄烟区、排烟管道、排烟风机等。为了有效排烟，应当对系统的形式作出合理的设计。例如，当建筑物的面积较大时，可在一个防烟分区内设计几个竖直的排烟口，而尽量减少水平管道的长度。又如，在高层建筑中，宜沿竖直方向多设几个排烟口，并将风机安装在建筑物的顶部。对于大面积建筑、大空间建筑与地下建筑等，必须采用机械排烟。因为在这些建筑中的烟气容易与空气掺混和弥散，不用强制排烟手段难以彻底清除烟气。机械排烟是控制烟气蔓延的最有效的方法。研究表明，在火灾过程中良好的机械排烟系统能排出大部分烟气和80%以上的热量，从而使室内的烟气浓度和温度大大降低。

此外，实际上所用的排烟风机必须有足够大的排烟速率，以减缓烟气在建筑内的沉降，使之不会在相关人员的有效安全疏散时间之内到达对人危害的高度。

（2）排烟过程中的补风问题

实际上排烟过程是一种空气与烟气的置换过程。烟气从排烟口排出，室内形成一定的负压，进而导致新鲜空气从其他的开口补充进入。补风口的位置对机械排烟的效果具有重要的影响。试验发现，如果补风口位于地面附近且距火源较近，则新进来的空气很快可到达火源，为燃烧提供了大量的氧气，进而促进火势的增大。因此，当室内仍有明火时，不应过早地打开火源附近的补风口。如果进风口位置离风机过近，容易造成空气的流通短路，反而使烟气无法排出。应当指出，机械排烟系统对建筑物内的气体具有很强的掺混作用，排烟与补气的位置安排不当，很可能导致烟气量的增大。

（3）烟气的稀释问题

排烟过程是烟气边稀释边排放的过程。向原先充满浓烟的空间内供入新鲜空气，并使之与烟气掺混，就是对烟气进行稀释，这样便可将建筑物内的平均烟气浓度控制在人可接受的程度。烟气稀释也是火灾扑灭后清除烟气的基本方法。

如果排烟系统每小时可排除 9 倍的室内空气，即稀释率是 0.15/min，要将烟气浓度降低到初始值的 1%，可算出所需时间是 30min。如果希望在 10min 内排除该区域的烟气，则必须加大换气率，可得出稀释率是 0.64/min，即每小时换气 28 次。

（四）疏散诱导系统

疏散指示标志的合理设置，对人员安全疏散具有主要作用。国内外实际应用表明，在疏散走道和主要疏散路线的地面上或靠近地面的墙上设置发光疏散指示标志，对安全疏散将会起到很好的作用，可以更有效地帮助人们在浓烟弥漫的情况下，及时识别疏散位置和方向，迅速沿发光指示标志顺利疏散，避免造成伤亡事故。

1. 独立型疏散诱导设施

建筑的大型化、多功能化以及地下空间的开发利用对疏散应急指示提出了更高的要求。近年来，出现了许多大型购物场所，大型博物馆、科技馆、展览馆等场所，这些场所疏散路径较长、复杂，进而造成人员疏散行动延迟，疏散时间过长；而火灾烟气在大空间区域蔓延较快，导致火灾危险性增大，给人员安全疏散带来了一定困难。

目前，建筑楼宇内的应急疏散标志灯具大部分以单体形式存在，独立型应急标志灯由于其本身电器上的特性，在维护上存在滞后现象，火灾发生时，会造成由设备故障引起的逃生疏散盲区。现代建筑的高层化、大型化、多功能化及复杂化，使人们的日常行走中也需借助于标志指示灯或指示牌。

独立型应急标志灯存在维护上的先天不足，独立型应急标志灯无法改变疏散方向，只能实现就近指引，不能根据周围火灾情况对疏散方向做出能动的调整。独立型应急标志灯的疏散引导是孤岛行为，无法与周围设施和环境有机融合，也无法根据环境做出合理的疏散方向指引。

目前公共建筑物大型化、复杂化、多功能化的发展趋势对应急疏散标志灯提出越来越高的要求。从近年来的北京奥运项目到上海世博配套设施，从全国各地兴建的大型枢纽中心到大城市地下空间的大量开发，使得这些建筑物成为公共项目的典范，也是人流聚集的场所。

独立型应急标志灯作为传统的应用方式，已经不能满足大型公共场所的应用环境，在传统的应急疏散标志灯逐渐无法满足需要时，智能集中控制型疏散逃生系统就应运而生了。

2. 智能疏散逃生系统

智能疏散逃生系统是传统应急疏散标志灯具面临应用难题后的必然产物，该系统解决了独立型应急标志灯具维护难、疏散应用局限大的问题，为目前超规范的大型建

筑提供了完善的疏散诱导解决方案。

智能型系统内各种设备自身具备故障主报功能，能实时检测自身故障状态，主机显示屏上能定性系统内故障类型，定位故障点；主机检测系统内设备如果有通信线路故障、主机自身故障，声光报警能提醒工作人员及时检修、维护，显著提高设备的可靠性。智能疏散逃生系统采用不同功能的消防疏散指示标志灯，结合频闪、语音、双向可调型、视觉连续型标志灯等，从逃生人员的视觉、听觉等感观上进行引导标志的加强，有利于逃生人员火场逃生。系统和FAS系统联动，通过FAS的火灾信息选择相应的火灾联动预案，可以调整建筑物内疏散灯具的疏散引导方向，引导人员“安全、准确、迅速”逃离火灾区域。

系统以控制主机为核心，通过通信系统，将系统内所有的应急标志灯具集中管理监控。同时和FAS系统联动，将现场疏散指示灯具的指示方向和实际环境相结合，实现避烟、避险动态逃生，以应对大型公共建筑人流大、通道复杂等因素。

（1）集中控制型消防应急灯具主机

设置于消防控制中心。图形化显示界面，显示系统中所有设备的工作状态。声光报警设备故障，和FAS系统联动，执行联动预案，实现避烟、避险逃生。

（2）语音出口标志灯

设置于疏散通道末端出口处。具有语音播放功能，可根据使用环境辅之以不同语种的提示音。具有频闪功能，增强火灾中对烟雾的穿透力，实现避烟、避险疏散。

（3）双向可调标志灯

设置于疏散走道内。具有远程控制指示方向调整功能，根据火灾烟雾蔓延走势，动态调整疏散指示路径，实现避烟、避险疏散，同时具有频闪功能。

（4）地面导向光流灯

设置于人流密集的主干道内。应急启动时，形成稳定向前滚动的光带，是保持视觉连续的疏散指示标志，同时具有调整方向功能，应用时，设置间距为0.5～1.5m之间。

二、被动防火技术

（一）防火间距

防火间距，是指与距离最近的建筑物之间的距离。《建筑设计防火规范》要求的距离为7m，8～12m的间距可以防止辐射热引发的火灾，13m以上可以防止飞火引起的火灾。

一般情况下，高层建筑之间的防火间距为13m，高层建筑与裙房之间的防火间距为9m，高层建筑与其他民用建筑之间的防火间距为9m以上。高层建筑的裙房与其他建筑之间的防火间距为6m以上。当符合规范的其他要求时，可以降低防火间距的要求，但都不宜低于4m。

（二）耐火等级

为了保证建筑物的安全，必须采取必要的防火措施，使之具有一定的耐火性，即使发生了火灾也不至于造成太大的损失。通常用耐火等级来表示建筑物所具有的耐火性。

一座建筑物的耐火等级不是由一两个构件的耐火性决定的，而是由组成建筑物的所有构件的耐火性决定的，即是由组成建筑物的墙、柱、梁、楼板等主要构件的燃烧性能和耐火极限决定的。

我国现行规范选择楼板作为确定耐火极限等级的基准，因为对建筑物来说楼板是最具代表性的一种至关重要的构件。在制定分级标准时首先确定各耐火等级建筑物中楼板的耐火极限，然后将其他建筑构件与楼板相比较，在建筑结构中所占的地位比楼板重要，可适当提高其耐火极限要求，否则反之。根据我国国情，并参照其他国家的标准，《高层民用建筑设计防火规范》把高层民用建筑耐火等级分为一、二级；《建筑设计防火规范》分为一、二、三、四级，一级最高，四级最低。

各耐火等级的建筑物除规定了建筑构件最低耐火极限外，对其燃烧性能也有具体要求，因为具有相同耐火极限的构件若其燃烧性能不同，其在火灾中的情况是不同的。

确定建筑物耐火等级的目的，主要是使不同用途的建筑物具有与之相适应的耐火性能，从而实现安全与经济的统一。

确定建筑物的耐火等级主要应考虑以下几个方面的因素：

（1）建筑物的重要性。

（2）建筑物的火灾危险性。

（3）建筑物的高度。

（4）建筑物的火灾荷载。

重要公共建筑的耐火等级不应低于二级。

（三）防火分区

防火分区，是指采用防火分隔措施划分出的，能在一定时间内防止火灾向同一建筑的其余部分蔓延的局部区域（空间单元）。在建筑物内采用划分防火分区这一措施，可以在建筑物一旦发生火灾时，有效地把火势控制在一定的范围内，减少火灾损失，同时可以为人员安全疏散、消防扑救提供有利条件。

我国《建筑设计防火规范》对防火分区的最大面积作出了要求：耐火等级为一、二级的民用建筑防火分区允许最大面积为2500m²。体育馆、剧院的观众厅和展览建筑的展览厅等由于使用需要，往往要求较大面积和较高的空间，建筑也多以单层或两层为主，其防火分区面积可适当扩大。但这涉及建筑的综合防火设计问题，不能单纯考虑防火分区，而各地在具体执行时情况差别也较大，为确保这类建筑的防火安全，减少重大火灾隐患，最大限度地提高建筑的消防安全水平，在扩大时需要进行充分论证。

（四）扑救条件

建筑的消防扑救条件可根据消防通道和消防扑救面的实际情况进行衡量。

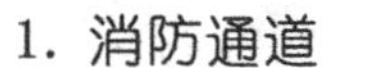

1. 消防通道

消防通道包括有无穿越建筑的消防通道、环形消防车道以及消防电梯等。消防通道的畅通及完备可以保证火灾时消防车能够顺利到达火场，消防人员迅速开展灭火战斗，及时扑灭火灾，最大限度地减少人员伤亡和火灾损失。在实际建筑中，消防车道一般可与交通道路、桥梁等结合布置。

2. 消防扑救面

我们把登高消防车能靠近主体建筑，便于消防车作业和消防人员进入建筑进行抢救人员和扑灭火灾的建筑立面称为该建筑的消防扑救面。

作为高层民用建筑的消防扑救面必须满足以下要求：

（1）高层建筑的底边至少有一个长边或周边长度的1/4且不小于一个长边长度，不应布置高度大于5m、进深大于4m的裙房，且在此范围内必须设有直通室外的楼梯或直通楼梯间的出口。

（2）高层建筑的扑救面与相邻建筑应保持一定距离。高层民用建筑之间及高层民用建筑与其他建筑物之间除满足防火间距要求外，还要考虑消防车转弯半径及登高消防车的操作要求。

（五）防火分隔

防火分隔能在一定时间内阻止火势蔓延，且能把建筑内部空间分隔成若干较小的防火空间。

常用防火分隔有防火墙、防火门、防火卷帘等。

1. 防火墙

防火墙是由不燃烧材料构成的，为减小或避免建筑、结构、设备遭受热辐射危害和防止火灾蔓延，设置的竖向分隔体或直接设置在建筑物基础上或钢筋混凝土框架上具有耐火性的墙。防火墙是防火分区的主要建筑构件。通常来讲，防火墙有内防火墙、外防火墙和室外独立墙几种类型。

防火墙的耐火极限、燃烧性能、设置部位和构造应符合下列要求：

（1）防火墙应为不燃烧体，其耐火极限目前《建筑设计防火规范》的规定为4h，《高层民用建筑设计防火规范》的规定为3h。

（2）防火墙应直接砌筑在基础上或钢筋混凝土框架上，当防火墙一侧的屋架、梁和楼板等因火灾影响而遭破坏时，不致使防火墙倒塌。

（3）防火墙应截断燃烧体或难燃烧体的屋顶结构，且应高出燃烧体或难燃烧体的屋面不小于500mm。防火墙应高出不燃烧体屋面不小于400mm。但当建筑物的屋盖为耐火极限不低于0.5h的不燃烧体时，高层建筑屋盖为耐火极限不低于1h的不燃烧体时，防火墙（包括纵向防火墙）可砌至屋面基层的底部，不必高出屋面。

（4）建筑物的外墙如为难燃烧体时，防火墙突出难燃烧体墙的外表面400mm。防火带的宽度，从防火墙中心线起每侧不应小于2m。

（5）防火墙距天窗端面的水平距离小于4m，且天窗端面为燃烧体时，应将防火墙加高，使之超过天窗结构 400 ～ 500mm，以防止火势蔓延。

（6）防火墙内不应设置排气道，民用建筑如必须设置时，其两侧的墙身截面厚度均不应小于 120mm。

（7）防火墙上不应开设门、窗、孔洞，如必须开设时，应采用甲级防火门、窗，并应能自动关闭。

（8）输送可燃气体和甲、乙、丙类液体的管道不应穿过（高层民用建筑为严禁穿过）防火墙。其他管道不宜穿过防火墙，如必须穿过时，应采用不燃烧体将缝隙填塞密实。穿过防火墙处的管道保温材料，应采用不燃烧体材料。

（9）建筑物内的防火墙宜设在转角处。如设在转角附近，内转角两侧上的门、窗、洞口之间最近边缘的水平距离不应小于 4m，当相邻一侧装有固定乙级防火窗时，距离可不限。

（10）紧靠防火墙两侧的门、窗、洞口之间最近边缘的水平距离不应小于 2m，如装有固定乙级防火窗时，可不受距离限制。

2. 防火门

防火门，是指在一定时间内，连同框架能满足耐火稳定性、完整性和隔热性要求的门。它是设置在防火分区间、疏散楼梯间、垂直竖井等且具有一定耐火性的活动的防火分隔物。防火门除具有普通门的作用外，更重要的是还具有阻止火势蔓延和烟气扩散的特殊功能，能在一定时间内阻止或延缓火灾蔓延，确保人员安全疏散。

（1）防火门的耐火极限和适用范围

①甲级防火门。耐火极限不低于 1.2h 的门为甲级防火门。甲级防火门主要安装于防火分区间的防火墙上。建筑物内附设一些特殊房间的门也为甲级防火门，如燃油气锅炉房、变压器室、中间储油等。

②乙级防火门。耐火极限不低于 0.9h 的门为乙级防火门。防烟楼梯间和通向前室的门，高层建筑封闭楼梯间的门以及消防电梯前室或合用前室的门均应采用乙级防火门。

③丙级防火门。耐火极限不低于 0.6h 的门为丙级防火门。建筑物中管道井、电缆井等竖向井道的检查门和高层民用建筑中垃圾道前室的门均应采用丙级防火门。

（2）防火门的安装使用要求

防火门除具有可靠的耐火性能和合理的适用场所外，在安装使用时，还应注意以下几点：

①防火门应为向疏散方向开启（设防火门的空调机房、库房、客房等除外）的平开门，并在关闭后能从任何一侧手动开启。

②用于疏散走道、楼梯间和前室的防火门，应能自行关闭。

③双扇和多扇防火门，应设置顺序闭门器。

④常开的防火门，在发生火灾时，应具有自行关闭和信号反馈功能。

⑤设在变形缝附近的防火门，应设在楼层数较多的一侧，且门开启后应跨越变形缝，防止烟火通过变形缝蔓延扩大。

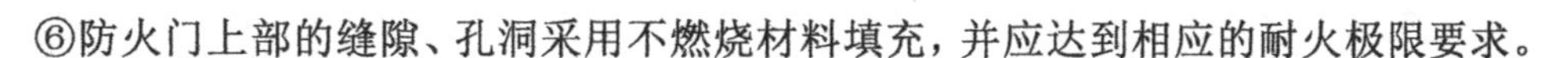

⑥防火门上部的缝隙、孔洞采用不燃烧材料填充，并应达到相应的耐火极限要求。

3. 防火卷帘

防火卷帘，是指在一定时间内，连同框架能满足耐火稳定性和耐火完整性要求的卷帘。防火卷帘是一种活动的防火分隔物，平时卷起放在门窗上口的转轴箱中，起火时将其放下展开，用以阻止火势从门窗洞口蔓延。

防火卷帘设置部位一般有：消防电梯前室、自动扶梯周围、中庭与每层走道、过厅、房间相通的开口部位、代替防火墙需设置防火分隔设施的部位等。

防火卷帘设计安装时应注意以下几点：

（1）门扇各接缝处、导轨、卷筒等缝隙，应有防火防烟密封措施，防止烟火窜入。

（2）用防火卷帘代替防火墙的场所，当采用以背火面温升作耐火极限判定条件的防火卷帘时，其耐火极限不应小于3h；当采用不以背火面温升作耐火极限判定条件的防火卷帘时，其卷帘两侧应设独立的闭式自动喷水系统保护，系统喷水延续时间不应小于3h。喷头的喷水强度不应小于0.5L/s•m，喷头间距应为2m至2.5m，喷头距卷帘的垂直距离宜为0.5m。

（3）设在疏散走道和消防电梯前室的防火卷帘，应具有在降落时有短时间停滞以及能从两侧手动控制的功能，以保障人员安全疏散；应具有自动、手动和机械控制的功能。

（4）用于划分防火分区的防火卷帘、设置在自动扶梯四周、中庭与房间、走道等开口部位的防火卷帘，均应与火灾探测器联动，当发生火灾时，应采用一步降落的控制方式。

（5）防火卷帘除应有上述控制功能外，还应有温度（易熔金属）控制功能，以确保在火灾探测器或联动装置或消防电源发生故障时，借易熔金属仍能发挥防火卷帘的防火分隔作用。

（6）防火卷帘上部、周围的缝隙应采用相同耐火极限的不燃烧材料填充、封隔。

（六）疏散通道

一般情况下，被选择作为考察和评价对象的公共建筑，安全出口的数目不应少于2个，歌舞娱乐放映场所当其建筑面积大于50m^{2}时，疏散出口不应少于2个。出口不少于2个的规定，是考虑到当其中一个疏散出口被烟火封堵时，人员可以通过另一个疏散出口逃生。歌舞娱乐游艺场所的疏散出口总宽度，应根据其通过人数不小于1.0m/百人计算确定。

为了避免安全出口或房间出口之间设置距离太近，造成人员疏散拥堵现象，建筑中的安全出口或疏散出口应采用分散布置的方式。建筑中相邻的2个安全出口或疏散出口最近边缘之间的水平距离不应小于5m。

从疏散通道的宽度方面来看，学校、商店、办公楼、候车室、歌舞娱乐游艺场所等民用建筑中的楼梯、走道及首层疏散外门的各自总宽度，应根据疏散人数，按规定的相应净宽指标计算。

第三节 火灾风险评估方法

一、火灾风险评估基本流程

（一）前期准备

明确火灾风险评估的范围，收集所需的各种资料，重点收集与现实运行状况有关的各种资料与数据。评估机构依据经营单位提供的资料，按照确定的评估范围进行评估。

所需主要资料从以下方面收集：

（1）功能；

（2）物料；

（3）周边环境情况；

（4）消防设计图纸；

（5）消防设备相关资料；

（6）火灾事故应急救援预案；

（7）消防安全规章制度；

（8）相关的电气检测和消防器材检测报告。

（二）火灾风险源的识别

应针对评估对象的特点，采用科学、合理的评估方法，进行消防隐患识别和危险性分析，确定主要消防隐患部位。

（三）定性、定量评估

根据评估对象的特点，确定消防评估的模式及采用的评估方法。消防安全评估在系统生命周期内的运行阶段，应尽可能地采用定量化的安全评估方法，定性与定量相结合的综合性评估模式，进行科学、全面、系统的分析评估。

火灾风险评估通常采用的定性、定量安全评估方法如下：

1. 定性评估方法

（1）安全检查表法；

（2）预先危险分析；

（3）层次分析法。

2. 半定量评估方法

（1）NFPA101M 火灾安全评估系统；

（2）SIA81 法（Gretener 法）；

（3）Entec 消防风险评估法；

（4）火灾风险指数法；

（5）古斯塔夫法；

（6）实验模拟方法。

3. 定量评估方法

（1）建筑火灾安全工程法（BFSEM，又称 L 曲线法）；

（2）消防评估 Crisp Ⅱ模型；

（3）火灾风险评估 FIRECAM 方法；

（4）火灾风险评估 CESARE-Risk 模型；

（5）事件树方法；

（6）事故树评估方法；

（7）模糊数学评估法；

（8）基于抵御和破坏能力的建筑火灾风险评估方法；

（9）数值模拟分析方法。

（四）确定对策、措施及建议

根据火灾风险评估结果，提出相应的对策措施及建议，并按照火灾风险程度的高低进行解决方案的排序，列出存在的消防隐患及整改紧迫程度，针对消防隐患提出改进措施及改善火灾风险状态水平的建议。

根据评估结果明确指出生产经营单位当前的火灾风险状态水平，提出火灾风险可接受程度的意见。

（五）火灾风险评估报告编制

生产经营单位应当依据火灾风险评估报告编制消防隐患整改方案和实施计划，完成安全评估报告。

二、火灾风险评估定性分析方法

定性分析方法主要用于识别最危险的火灾事件，但难以给出火灾危险等级，主要用安全检查表法、预先危险分析法和层次分析法进行火灾风险的定性评估。

（一）安全检查表法

1. 定义

安全检查表法就是制订安全检查表，并依据此表实施安全检查和火灾危险控制。参考火灾安全规范、标准，系统地对一个可能发生火灾的环境进行科学分析，找出各种火灾危险源，依据安全检查表中的项目把找出的火灾危险源以问题清单形式给出，并制作成表，以便于安全检查和火灾安全工程管理。

2. 适用范围

适用于各类建筑火灾风险评估，可对建筑的设计、施工、验收、运行、管理、火灾事故调查的各个阶段进行评估。

3. 特点

安全检查表是进行火灾风险安全检查、发现潜在火灾隐患的一种实用而简单可行的定性分析法，其应用特点包括：

（1）事先编制，有充分的时间组织有经验的人来编写，做到系统化和完整化，不至于漏掉导致危险的关键因素。

（2）可以根据规定的标准、规范和法规，检查遵守的情况，提出准确的评估。

（3）表的应用方式可以为问答式，有问有答，给人的印象深刻，能起到安全教育的作用。表内还可以注明改进措施的要求，隔一段时间重新检查改进的情况。

（4）简明易懂、容易操作。

（5）适用于从设计、建设一直到运行的各个阶段。

（6）编制检查表难度及工作量大。

4. 步骤

（1）选择安全检查表

火灾风险评估人员从现有的检查表中选取一种适宜的检查表，如果没有现成的安全检查表可用，分析人员必须编制合适的安全检查表。

（2）安全检查

对现有建筑消防系统的安全检查。在检查过程中，检查人员按检查表的项目条款对设备和运行情况逐项比较检查。检查人员依据系统的资料，通过对现场巡视检查、与操作人员的交谈以及凭个人主观感觉来回答检查条款。当检查的系统特性或操作不符合检查表条款上的具体要求时，分析人员应记录下来。

（3）得到评估结果

检查完成后，将检查的结果汇总和计算，最后列出具体的安全建议和措施。

（4）主要内容

包括序号、检查内容和项目、检查依据、检查结果、发现问题、改进意见、备注、检查时间、检查者、后果直接责任人。内容既要系统全面，又要简单明了、切实可行。

（5）评估过程

①组成编制组：安全专家、技术人员、管理人员、操作人员；

②收集同类安全检查表：评估方法、评估结果、使用效果、在用的安全检查表；

③分析评估对象：结构、功能、管理、图纸、说明书，记录和事故的可能性后果；

④确定评估项目；

⑤编制表格；

⑥专家会审：检查有无漏项；

⑦表格使用；

⑧补充修改。

（6）编制表的依据

①有关标准规程规范规定；

②国内外火灾事故案例；

③通过系统安全分析确定的危险部位及防范措施；

④新技术方法成果法规标准。

（7）编制表的注意问题

①编制安全检查表的评估人员应有丰富的经验，最好具备丰富的火灾风险评估经验，熟悉相关的法规、标准和规程。应组织技术人员、管理人员、操作人员和安装人员共同编制。

②按检查隐患要求列出的检查项目应齐全、具体、明确，突出重点，抓住要害，以便可以有针对性地对系统进行设计和操作检查。为了避免重复，尽可能将同类性质的问题列在一起，系统地列出问题或状态。另外应规定检查方法，并有合格标准。

③各类检查表都有其适用对象，不宜通用。

④随着具体情况不同采用不同的检查表，我们可以简单地分成检查结果的定性化、半定量化或定量化的安全检查表，但是不能提供危险度的分级。

⑤编制安全检查表所需的资料：有关标准、规程、规范及规定；国内外事故案例；系统安全分析事例；研究的成果及有关资料。

⑥编制安全检查表应将安全系统工程中的事故树分析、事件树分析、预先危险性分析和可靠性研究等方法结合进行，把一些基本事件列入检查项目中。

（二）预先危险分析法

预先危险分析，是指对具体火灾区域存在的危险进行识别以及对火灾出现条件和可能造成的后果进行宏观概略分析的一种方法。

1. 预先危险性分析的重点

预先危险性分析的重点应放在具体区域的主要危险源上，并提出控制这些危险源的措施。预先危险性分析的结果，可作为对新系统综合评估的依据，也可作为系统安全要求、操作规程和设计说明书的内容，同时预先危险性分析还可为以后要进行的其他危险分析打下基础。

2. 预先危险分析的步骤

（1）调查、了解和收集过去的经验和相似区域火灾事故发生情况。

（2）辨识、确定危险源，并分类制成表格。危险源的确定可通过经验判断、技术判断和实况调查或安全检查表等方法进行。

（3）研究危险源转化为火灾事故的触发条件。

（4）进行危险分级。危险分级的目的是确定危险程度，指出应重点控制的危险源。危险等级可分为以下四个级别：

Ⅰ级：安全的（可忽视的）。它不会造成人员伤亡和财产损失以及环境危害、社会影响等。

Ⅱ级：临界的。可能降低整体安全等级，但不会造成人员伤亡，能通过采取有效消防措施消除和控制火灾危险的发生。

Ⅲ级：危险的。在现有消防装备条件下，很容易造成人员伤亡和财产损失以及环境危害、社会影响等。

Ⅳ级：破坏性的（灾难性的）。造成严重的人员伤亡和财产损失以及环境危害、社会影响等。

（三）层次分析法

层次分析法是一种实用的多方案或多目标的决策方法。其主要特征是，它合理地将定性与定量的决策结合起来，按照思维、心理的规律把决策过程层次化、数量化。该方法自20世纪80年代被介绍到我国以来，以其定性与定量相结合地处理各种决策因素的特点，以及其系统灵活简捷的优点，迅速地在我国社会经济各个领域内，如能源系统分析、城市规划、经济管理、科研评估等领域，得到了广泛的重视和应用。

层次分析法的基本思路是首先将所要分析的问题层次化，根据问题的性质和要达到的总目标，将问题分解成不同的组成因素，按照因素间的相互关系及隶属关系，将因素按不同层次聚集组合，形成一个多层分析结构模型，最终归结为最低层指标相对于最高层指标重要程度的权值或相对优劣次序的问题。

运用层次分析法进行评估时，需要经历以下五个步骤：

第一，建立系统的递阶层次结构。构造递阶层次结构模型时，应根据系统分析的结果，弄清系统所包含的因素以及因素之间的相互联系和隶属关系等，将具有共同属性的元素归并为一组，作为结构模型的一个层次。同一层次的元素既对下一层次元素起着制约作用，又受到上一层次元素的制约。针对需要解决的问题，分别建立相应的递阶层次结构模型。

第二，构造两两比较判断矩阵（正互反矩阵）。评估递阶层次结构模型确立后，请具有相关经验的专家或管理人员对每一层次各个风险元素的重要性进行两两比较评分，写成矩阵形式即判断矩阵，制定出评分标准。

第三，针对某一个标准，计算各备选元素的权重。权重是一个相对的概念，是针对某一指标而言的。某一指标的权重，是指该指标在整体评估中的相对重要程度。权重表示在评估过程中，是评估对象的不同侧面的重要程度的定量分配，对各评估因子在总体评估中的作用进行区别对待。事实上，没有重点的评估就不算是客观的评估，每个人员的性质和所处的层次不同，其工作的重点也肯定是不一样的。因此，相对工作所进行的业绩考评必须对不同内容对目标贡献的重要程度作出估计，即权重的确定。

第四，计算当前一层元素关于总目标的排序权重。

第五，进行一致性检验。

层次分析法处理问题的程序有广泛的应用性，最后对系统综合分析计算，既有定性分析，又有定量结果，能更系统地综合专家经验，更全面地看待问题。

三、火灾风险评估半定量分析方法

半定量分析方法用于确定可能发生的火灾的相对危险性，同时可以评估火灾发生的频率和后果，并根据结果比较不同的方案。它以火灾风险分级系统为基础，通过对火灾危险源以及其他风险参数进行分析，并按照一定的原则对其赋予适当的指数（或点数），然后通过数学方法综合起来，得到一个子系统或系统的指数（或点数），从而快速简单地估算相对火灾风险等级。所以，这种方法也被称为火灾风险分级法。这种方法不像定量风险评估方法需要投入大量的资金和时间，具有快捷简便的特点。其不足点在于，这种方法是按照特定类型建筑对象进行分级的，方法不具有普适性；而且评估结果与研究者知识水平、以往经验和历史数据积累以及应用具体情况有关。适用于建筑火灾风险评估的半定量方法主要有NFPA101M评估方法、SIA81评估方法（Gretener法）、Entec评估方法、火灾风险指数评估方法、古斯塔夫评估方法等。

（一）NFPA101M评估方法

火灾安全评估系统（FSES）是20世纪70年代美国国家标准局火灾研究中心和公共健康事务局合作开发的。FSES相当于NFPA101生命安全规范，主要针对一些公共机构和其他居民区，是一种动态的决策方法，它为评估卫生保健设施提供一种统一的方法。

该方法把风险和安全分开，通过运用卫生保健状况来处理风险。五个风险因素是：患者灵活性、患者密度、火灾区的位置、患者和服务员的比例、患者平均年龄，并因此派生了13种安全因素。通过Dephi调查法，让火灾专家给每一个风险因素和安全因素赋予相对的权重值。总的安全水平以13个参数的数值计算得出，并与预先描述的风险水平做比较，从而得出该建筑的风险水平。

（二）SIA81评估方法

这种方法是20世纪60年代首先在瑞士发展起来的。20世纪80年代，出版了《火灾风险评估法SIA DOC81》，即现在大家熟知的Gretener法。Gretener法以损失作基础、凭经验作出选择为补充，用统计法来确定火灾风险。

这个方法在瑞士和其他几个国家受到了很好的认可和欢迎。此方法作为快速评估法，用于评估大型建筑物可选方案的火灾风险。因为此法考虑了保险率和执行规范，所以此方法是最重要的火灾风险等级法之一。

FRAME方法是在Gretener法的基础上发展起来的，是一种计算建筑火灾风险的综合方法，它不仅以保护生命安全为目标，而且考虑对建筑物本身、室内物品及室内活动的保护，同时也考虑间接损失或业务中断等火灾风险因素。FRAME方法属于半定量分析法，用于新建或者已建的建筑物的防火设计，也可以用来评估当前火灾风险状况以及替代设计方案的效能。

本方法基于以下五个基本观点：

（1）在一个受到充分保护的建筑中存在风险与保护之间的平衡；

（2）风险的可能严重程度和频率可以用许多影响因素的结果来表示；

（3）防火水平也可以表示为不同消防技术参数值的组合；

（4）建筑风险评估是分别对财产（建筑物以及室内物品）、居住者和室内活动进行；

（5）分别计算每个隔间的风险及保护。

frame方法中将火灾风险定义为潜在风险与接受标准和保护水平的熵。需要分开计算潜在风险、接受标准和保护水平。主要用途有：指导消防系统的优化设计，检查已有消防系统的防护水平，评估预期火灾损失，折中方案的评审和控制消防工程的质量。

（三）Entec评估方法

英国Entec公司研发“消防风险评估工具箱”，解决了两个问题：一是评估方法的现实性，是否在一定的时限内能达到最初设定的目标。经过对环境、毒品管理、海事安全等部门所使用的各种风险评估方法进行广泛考察之后，研究人员认为如果对这些方法加以适当转换，就可以通过不同的方法对消防队应该接警响应的不同紧急情况进行评估。二是建立了表达社会对生命安全风险可接受程度的指标。

首先应该在全国范围内，对消防队应该接警响应的各类事故和各类建筑设施进行风险评估，这样得到一组关于灭火力量部署和消防安全设施规划的国家指南。对于各类事故和建筑设施而言，由于所采用的分析方法、数据各不相同，所以对于国家水平上的风险评估设定了一个包括四个阶段的通用的程序：

（1）对生命和/或财产的风险水平进行估算；

（2）把风险水平与可接受指标进行对比；

（3）确定降低风险的方法，包括相应的预防和灭火力量的部署；

（4）对不同层次的灭火和预防工作的作用进行估算，确定能合理、可行地降低风险的最经济有效的方法。

国家指南确定后，才能提供一套评估工具，各地消防主管部门可以利用这些工具在国家规划要求范围内，对当地的火灾风险进行评估，并对灭火力量进行相应的部署。该项目要求针对以下四类事故制定风险评估工具：住宅火灾；商场、工厂、多用途建筑和民用塔楼等人员比较密集的建筑的火灾；道路交通事故一类危及生命安全、需要特种救援的事故；船舶失事、飞机坠落这样的重特大事故。

（四）火灾风险指数评估方法

火灾风险指数法最初是为评估北欧木屋火灾安全性而建立的，是从“木制房屋的火灾安全”项目发展演化而来的，子项目“风险评估”部分，由瑞典隆德大学承担，目标是建立一种简单的火灾风险评估方法，可以同时应用于可燃的和不可燃的多层公寓建筑。此方法就是“火灾风险指数法”。

几经改版，现在的火灾风险指数法已经可以用于评估各类多层公共用房了。与Gretener法相比，火灾风险指数法增加了对火灾蔓延路线的评估，而且不要求评估人员具备太多的火灾安全理论知识。在此方法中，火灾风险指数最大值为5，最小值为0；火灾风险指数越大，代表火灾安全水平越高。

（五）古斯塔夫评估方法

火灾的危险度包括火灾对建筑物本身的破坏及对建筑物内部人员和物质的伤害两

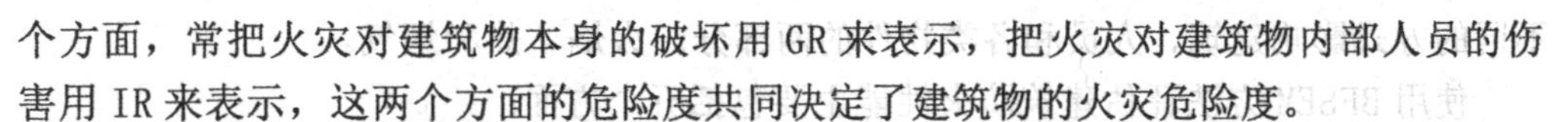

个方面，常把火灾对建筑物本身的破坏用 GR 来表示，把火灾对建筑物内部人员的伤害用 IR 来表示，这两个方面的危险度共同决定了建筑物的火灾危险度。

显然，这涉及建筑物发生火灾之后的火强度、火的持续时间、建筑物的耐火等级、建筑物的结构材料、可燃物质的数量和特性、人员的结构与素质、火灾报警及灭火条件等多方面因素。火灾对建筑物本身的破坏与对建筑物的内部人员和物质的伤害是联系在一起的，但是我们也可以将二者分开来研究。这种既有区别又有联系的办法就是古斯塔夫（Gustav Purt）提出的平面分析法。用纵坐标表示建筑物本身的危险度 GR，用横坐标表示建筑物内部人员和物质的危险性 IR。当建筑物本身的危险度很大时，一旦火灾发生，必须保证火灾危险度不超过某个限度值，不使建筑物结构遭到破坏。而人为的灭火活动很难保证这一点，所以安装喷淋灭火系统就是必要的。如果火灾发生后，人员和贵重物品能够迅速被疏散，人为的灭火活动就能将火扑灭，所以，只要安装早期火灾报警系统就能够达到目的。依据这种分析将平面分成 4 个区，A 区为不需要保护区，B 区为自动灭火区，C 区为自动报警区，D 区为双重保护区（自动报警与自动灭火均需具备）。中间有个过渡区，可依具条件决定选用保护方案。

（六）实验评估方法

实验评估方法可以作为火灾风险评估的重要手段，一般可以考虑对评估目标的相关子系统的运行效果进行测试，如在地铁、隧道等大型公共建筑内进行通风效果的测试，人员流量的统计等。火灾实验方法可归纳为实体实验、热烟实验和相似实验等。

实体实验模拟研究在火灾科学的烟气流动规律、燃烧特性、统计分析以及数值模型验证等研究领域具有重要意义。对既有的评估目标进行实验测试是最为理想的研究方法，然而，由于许多大型公共建筑实体实验的复杂性、对安全的敏感性以及巨大实验投入的限制，火灾风险评估中实体实验的开展受到很大的制约。

实体实验尽管最为有效，但限于实体火灾实验往往具有破坏性，为达到近似体现火灾效果，热烟实验得到更为广泛的应用。热烟实验是利用受控的火源与烟源，在实际建筑中模拟真实的火灾场景而进行的烟气测试。该实验是以火灾科学为理论基础，通过加热实验中产生的无毒人造烟气，呈现热烟由于浮力作用在建筑物内的蔓延情况，可用于测试烟气控制系统的排烟性能、各消防系统的实际运作效能以及整个系统的综合性能等。

火灾风险评估中，实验手段除了实体实验和热烟实验外，相似实验也是重要的技术途径之一。与原型相比，尺寸一般都是按比例缩小（只在少数特殊情况下按比例放大），所以制造容易，装拆方便，实验人员少，较之实物实验能节省资金、人力和时间。

四、定量分析方法

（一）BFSEM 评估方法

BFSEM 评估方法认为所有建筑是空间和分隔件的组合体。对于特定建筑开展防火性能分析应清楚地识别空间——隔件体系。而火灾本身也被划分为以不同的速度和不同的方式影响建筑、人员和各类物件的两部分：火焰/热和烟气。

使用BFSEM方法评估建筑防火性能主要包括五个方面：

（1）起火原因分析；

（2）火焰/热分析（建筑物通过主动和被动保护措施限制火灾在其空间和隔件中）；

（3）烟/气分析（建筑物维持选定空间可生存条件规定时间的能力）；

（4）结构框架分析（结构框架针对未受限制火灾避免不可接受的变形或倒塌）；

（5）人员流动分析（人员在建筑物内流动或到达安全地点所需的时间）。

在评估过程中，对于着火可能性、起火空间火势扩大可能性、隔件性能、火势向起火空间以外蔓延、人员安全等各类参数，使用者可以指定基于经验和工程判断的主观概率，或依据统计数据，估计每一事件发生的可能性。BFSEM提供了一种识别影响建筑防火性能因素的综合方法。但其在确定各类评估参数时存在较大的不确定性。

建筑火灾安全工程法（BFSEM）或称“L曲线法”是以网络图法为基础，以火焰运动过程为研究核心，以确定火灾终止的概率为目标的概率性火灾风险分析方法。按照时间顺序，火焰运动包括火焰产生、全室卷入火灾、突破防火隔层和蔓延至其他房间4个事件。此方法利用网络图法从消防系统性能的角度出发，将其划分为火焰自熄、固定消防系统灭火、人工灭火等几个主要事件，每个事件又有各自的子事件，按照相应的标准对每一子事件赋予初始概率，然后计算火焰熄灭的概率，并与相应房间的消防安全目标相比较，从而对房间的火灾安全性能进行评估。

利用火灾安全评估网络图，计算出火灾蔓延途径上每一房间的火灾自动熄灭概率值、固定消防系统灭火概率值和人工灭火概率值，得出灭火失败的概率。以这些概率为纵坐标，在突破每一个防火隔层时，相邻房间发生火灾的概率都会有一个突降，这个位置就是防火隔层的位置，将这个位置标注为横坐标，就会得到一条近似圆滑的曲线。可以看出，一个网络图将产生一个L值，得到几个L值就可以描绘出L曲线的形状。这样，就可以直观地描述火灾中火焰的运动过程。

沿着火焰的蔓延途径逐室进行评估，绘制相应的L曲线，从而评估现有的消防设计。也可以针对不同的消防设计方案，分析相应的L曲线，比较不同的消防设计的有效性，以获得最佳设计方案。

（二）Crisp Ⅱ评估方法

英国开发的一个消防系统区域模型称为Crisp Ⅱ法。它可以用来评估住宅的人员生命安全，由人员平均伤亡数量给出相对风险。该方法考虑的主要因素有燃烧物、热气体、冷空气层、出烟孔、墙壁、空间、烟气探测器、消防队和居住者等，采用的主要数学模型是Monte-Carlo。模拟中最复杂的细节是居住者的行为，包括多种因素的影响，如生理反应、感知等。

（三）FIRECAM评估方法

火灾风险与成本评估模型工具（FIRECAMTM，Fire Risk Evaluation and

Cost Assessment Model）通过分析所有可能发生的火灾场景来评估火灾对建筑物内居民造成的预期风险，同时还能评估消防费用（基建及维修）和预期火灾损失。FIRECAMTM依靠两个主要参数来评估火灾安全设计的火灾安全性能，即火灾对生命造成的预期风险（ERL）和预期火灾损失（FCE）。其运用统计数据来预测火灾场景发生的概率，如可能发生的火灾类型或火灾探测器的可靠性，同时还运用数学模型来预测火灾随时间的变化，如火灾的发展和蔓延及居民的撤离。FIRECAMTM利用火灾增长、火灾蔓延、烟气流动、居民反应和消防部门反应的动态变化（以时间为函数）来计算ERL和FCE的数值。它包括四个子模型：火灾增长模型、烟气流动模型、居民反应模型和居民逃生模型。FIRECAMTM对火灾蔓延的可能性及火灾后修复建筑物的费用采用的是保守的评估模型，所以对财产损失的评估结果比实际的偏高。

火灾风险与成本评估模型通过分析所有可能发生的火灾场景来评估火灾对建筑物内居民造成的预期风险，同时还能评估消防费用（基建及维修）和预期火灾损失；运用统计数据来预测火灾场景发生的概率（如可能发生的火灾类型或火灾探测器的可靠性），同时还运用数学模型来预测火灾随时间的变化（如火灾的发展和蔓延及人员的撤离）。它由若干个子模型组成，与建筑结构安全及其生命安全相关的模型包括：边界元失效模型（BEFM）、烟气运动模型（SMMD）、火灾蔓延模型（FSPM）、预期死亡数目模型（ENDM）、预期生命风险模型（ERLM）、财产损失模型（PLMD）、火灾耗费期望模型（FCED）。其中，BEFM计算由墙体和地板失效而发生火灾蔓延的概率；ENDM计算建筑内一定数目的被困人群在火灾和烟气危害下预期的死亡人数；ERLM是根据所有火灾场景下预期死亡人数计算火灾中建筑的预期生命风险；PLMD计算某建筑每楼层特定火灾场景下热、烟和水对建筑结构和建筑内容造成的耗费；FCED是根据某特定建筑设计中所有火灾场景下的财产损失计算总预期的火灾耗费。另外，BEVM建筑疏散模型（BEVM）需要安装的防火保护系统和建筑发生爆炸及塌陷的风险因子作为部分计算输入值；FDRM消防队响应模型（FDRM）需要建筑爆炸和塌陷的潜在危险性作为部分计算输入值；BEFM需要的计算输入值主要有边界元件的抗火等级、建筑类型和尺寸以及火灾荷载，输出值则为边界元件在轰燃条件下失效的可能性。

FIRECAMTM对火灾蔓延的可能性及火灾后修复建筑物的费用采用了保守的估算，所以对财产损失的评估结果比实际要偏高。Magnusson和Rantatalo发现FIRECAMTM处理火灾蔓延过程比较粗略，不能作为确定总体火灾安全的工具，但可以用于评估生命安全。

（四）CESARE-Risk评估方法

CESARE-Risk（它和FIRECAMTM同基于Beck的预测多层、多房间内火灾的影响的风险评估系统模型）采用多种火灾场景，其中考虑了火灾及对火灾的反应的概率特性，采用确定性模型预测建筑内火灾环境随时间的变化。CESARE-Risk模型具有以下特点：①利用事件树设置多种火灾场景，每种场景具有一个发生概率；②利用火灾增长模型和烟气蔓延模型得到与时间有关的可能的实际火灾场景；③人员行为和消防队反应模型表述一类人对某种特定的火灾发展与烟气流动情况下产生的反应和采取的行动，它们是与时间相关的、反应过程为非稳定的概率模型；④使用防火分隔模型分析火灾发展到严重阶段的情况，预测防火分隔物体的失效时间与概率；⑤使用火灾蔓延概率模型预测火灾从一个空间向另一个空间蔓延的概率。CESARE-Risk模型主要包括6个子模型：一是事件树与预期值模型；二是火灾增长与烟气蔓延模型；三是人员行为模型；四是消防队和工作人员子模型；五是防火分隔物失效模型；六是经济分析模型。

（五）事件树评估方法

事件树评估方法（event tree analysis，ETA）是安全系统工程中重要的分析方法之一。它是建立在概率论和运筹学的基础上的。在运筹学中用于对不确定的问题作决策，故又称为决策树分析法（decision tree analysis，DTA）。虽然在不同的地方应用时名称不同，但方法却一样。

事件树分析最初用于可靠性分析，它是用元件可靠性表示系统可靠性的系统方法之一。事件树分析法是一种时序逻辑的事故分析方法。它是按照事故的发展顺序，将其发展过程分成多个阶段，一步一步地进行分析，每一步都从成功和失败两种可能的后果进行考虑，直到得到最终结果为止。所分析的情况用树枝状图表示，故叫事件树。

运用事件树评估方法既可以定性地了解整个事件的动态变化过程，又可以定量计算出各阶段的概率，最终了解事故发展过程中各种状态的发生概率。

事件树分析的理论基础是系统工程决策论。决策论中的一种决策方法是用决策树进行决策的，而事件树评估方法则是从决策树引申而来的分析方法，即利用决策树进行决策的。

事件树分析的基本程序如下：

（1）确定系统及其构成因素，也就是明确所要分析的对象和范围，找出系统的组成要素（子系统），以便展开分析；

（2）分析各要素的因果关系及成功与失败的两种状态；

（3）从系统的起始状态或诱发事件开始，按照系统构成要素的排列次序，从左向右逐步编制与展开事件树；

（4）根据需要，可标示出各节点的成功与失败的概率值，进行定量计算，求出因失败而造成事故的“发生概率”。

（六）事故树评估方法

事故树评估方法是具体运用运筹学原理对事故原因和结果进行逻辑分析的方法。事故树分析方法先从事故开始，逐层次向下演绎，将全部出现的事件，用逻辑关系连成整体，将能导致事故的各种因素及相互关系，作出全面、系统、简明和形象的描述。对于火灾事故，通常是通过事故树分析，经过中间联系环节，将潜在原因和最终事故联系起来，这样可以查清事故责任，也为采取整改措施提供依据。通过对原因的逻辑分析，可以分清导致事故原因的主次、原因组合单元，这样控制住有限的几个关键原因，就能有效地防止重大火灾事故的发生，提高管理的有效性，节约人力、物力。

（七）模糊数学评估方法

模糊数学评估方法是应用模糊数学的计算公式以及一些由专家确定的常数来确定火灾的各种影响。系统风险是由系统的不确定性引起的，所以在系统风险评估过程中如何考虑不确定性因素就成为风险评估的关键问题。传统的概率论方法是以与事故有关的基本事件的发生概率已知为前提的，当分析过程中由于各种各样的原因导致基本事件的概率未知时，基于概率论的方法就显得无能为力。此时，可以借助专家判断，引入模糊集合的概率，使得系统的风险评估成为可能。风险评估的特殊性和模糊方法的优势，使得模糊方法在系统风险评估中得到了广泛应用。

（八）基于抵御和破坏能力的建筑火灾风险评估方法

1. 抵御和破坏能力风险分析方法

抵御和破坏能力风险分析方法也被称作能力和脆弱性风险评估方法，国际公共安全评估框架存在能力与脆弱性评估两个构面。基于能力与脆弱性视角的国际公共安全评估框架，可归纳为三大类：

（1）单纯评估脆弱性的框架，如 DRI 等；

（2）单纯评估能力的框架，如 COOP 等；

（3）综合评估能力与脆弱性两方面的框架，如 DRMI 等。

将能力和脆弱性风险评估方法引入到建筑火灾风险评估体系中，对于目前建筑消防状况而言，社会的快速发展决定了消防安全系统的脆弱性和消防能力的动态失衡。所以，应对抵御力量和破坏力量进行综合分析，设计可根据社会发展动态调整的公共消防评估体系。

2. 建筑消防安全抵御力量指标体系

抵御力量包括被动防火措施、主动防火措施、内部消防管理、外部救援力量，这些指标都是火灾风险的抵御力量。根据打分标准和采集的信息，专家可以对基本指标进行打分。

3. 建筑消防安全破坏力量指标体系

破坏力量包括客观存在的危险因素、导致火灾的人为因素和建筑特性，这些指标都是造成火灾发生和增加火灾损失的破坏力量，这些因素的风险性越高，得分也越高。根据打分标准和采集的信息，专家可以对基本指标进行打分，风险越高分值越高，从而得到抵御力量的总分值。

4. 专家系统评估基本单元

专家系统评估活动是在熟悉评估指标体系的基础上进行的。根据建立的建筑火灾风险破坏力量和抵御力量指标体系，把不同的评估目标划分为基本的评估单元。多专家评估通过对指标体系进行评估（打分）来完成。对于多人决策来说，权重分为如下两类：第一类为指标体系中各指标权重，用以确定破坏力量和抵御力量的水平；第二类为各决策者（专家）权重，即各评审专家的决策不是均权。

（九）数值模拟评估方法

1. 烟气流动模拟分析

由于许多建筑运营的特殊性和空间的复杂性，热烟实验、实体实验和小尺度模拟实验的组织和实施相对来说比较困难，而伴随着计算机技术的快速发展，计算机模拟技术得到越来越广泛的应用。

目前，在性能化防火分析中，数值模拟分析手段得到广泛的应用，模拟结果的可靠性已经得到证实，在建筑火灾风险分析中同样可运用数值模拟分析的方法。

为了完成CFD计算，以前的研究人员通常需要自己动手编制软件，但由于CFD计算的复杂性及计算机硬件的兼容性，使得软件的兼容性很差，而CFD计算有很强的规律性和通用性，使得商用CFD软件得到广泛的应用。目前国际上可以利用的商用软件很多，不同的软件具有不同的特点，也应用于不同的工程领域，常用的烟气分析软件包括FDS、CFX、PHOENICS、STAR-CD、FIDAP、FLUENT等。

（1）FDS

FDS（Fire Dynamics Simulator）是由美国国家标准和技术研究院（NIST）开发的一种燃烧过程中流体流动的计算流体动力学（CFD）模型，此模型为基于有限元素方法下的电脑化流体力学模型，主要用于分析火灾中烟气与热的运动过程。

在模型的开发过程中，其主要目标始终定位于解决消防工程中的实际问题，同时为火灾和燃烧动力学的基础研究提供一种可靠的工具。对于此模型现有大量文件说明，同时有为验证该模型准确性的大规模及仿真的火灾试验数据。

迄今为止，FDS的应用一半集中于烟气控制系统的设计和喷淋喷头或火灾探测器启动的研究方面，另一半集中于民用和工业建筑火灾的模拟重建方面。

新版的FDS程序对燃烧热释放率、辐射热传导的计算更加精确，降低了模型对网格的依赖性。同时在网格划分、墙体的热传导、燃烧模型、初始条件设置等方面都更加完善。

该模型工具未受到任何具有经济利益及与之相连的其他团体的影响及操纵。

（2）CFX

CFX是由英国AEA公司开发的一种实用流体工程分析工具，用于模拟流体流动、传热、多相流、化学反应、燃烧问题。其优势在于能够处理流动物理现象简单而几何形状复杂的问题。适用于直角 / 柱面 / 旋转坐标系，稳态 / 非稳态流动，瞬态 / 滑移网格，不可压缩 / 弱可压缩 / 可压缩流，浮力流，多相流，非牛顿流体，化学反应，燃烧，辐射，多孔介质及混合传热过程。CFX采用有限元法，自动时间步长控制，SIMPLE算法，代数多网格、ICCG、Line、Stone和Block Stone解法，能有效、精确地表达复杂几何形状，任意连接模块即可构造所需的几何图形。在每一个模块内，网格的生成可以确保迅速、可靠地进行，这种多块式网格允许扩展和变形，如计算汽缸中活塞的运动和自由表面的运动。滑动网格功能允许网格的各部分可以相对滑动或旋转，这种功能可以用于计算牙轮钻头与井壁间流体的相互作用。

CFX引进了各种公认的湍流模型，如k-ε模型、低雷诺数k-ε模型、RNGk-ε

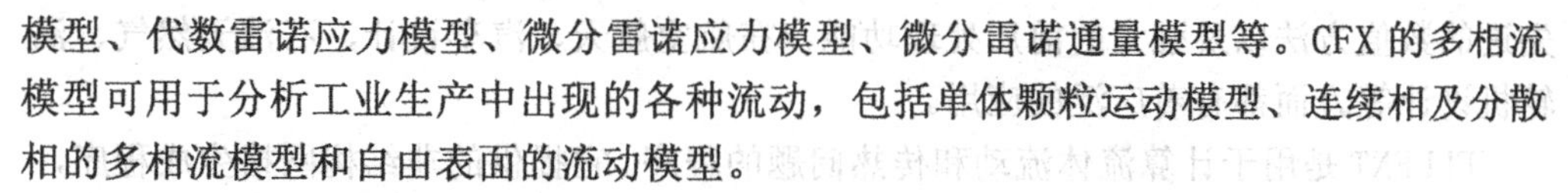

模型、代数雷诺应力模型、微分雷诺应力模型、微分雷诺通量模型等。CFX 的多相流模型可用于分析工业生产中出现的各种流动，包括单体颗粒运动模型、连续相及分散相的多相流模型和自由表面的流动模型。

（3）PHOENICS

PHOENICS 软件是世界上第一套计算流体与计算传热学的商用软件，它是 Parabolic Hyperbolic Or Elliptic Numerical Integration Code Series 的缩写，这意味着只要有流动和传热都可以使用 PHOENICS 程序来模拟计算。除了通用计算流体 / 计算传热学软件应该拥有的功能外，PHOENICS 软件还有自己独特的功能：

①开放性：PHOENICS 最大限度地向用户开放了程序，用户可以根据需要任意修改添加用户程序、用户模型。PLANT 及 INFORM 功能的引入使用户不再需要编写 FORTRAN 源程序，GROUND 程序功能使用户修改添加模型更加任意、方便。

② CAD 接口：PHOENICS 可以读入任何 CAD 软件的图形文件。

③ MOVOBJ：运动物体功能可以定义物体运动，避免了使用相对运动方法的局限性。

④大量的模型选择：多种湍流模型、多相流模型、燃烧模型和辐射模型。

⑤提供了欧拉算法，也提供了基于粒子运动轨迹的拉格朗日算法。

⑥计算流动与传热时能同时计算浸入流体中的固体的机械和热应力。

⑦ VR（虚拟现实）用户界面引入了一种崭新的 CFD 建模思路。

（4）STAR-CD

STAR-CD 是 Simulation of Turbulent flow in Arbitrary Region 的缩写，CD 是 computational Dynamics Ltd，是基于有限容积法的通用流体计算软件。在网格生成方面，采用非结构化网格，单元体可为六面体、四面体、三角形界面的棱柱、金字塔形的锥体以及六种形状的多面体，还可与 CAD、CAE 软件（如 ANSYS、IDEAS、NASTRAN、PATRAN、ICEMCFD、GRIDGEN 等）接口，这是 STAR-CD 在适应复杂区域方面的特别优势。

（5）FIDAP

FIDAP 是基于有限元方法的通用 CFD 求解器，为一种专门解决科学及工程上有关流体力学传质及传热等问题的分析软件，是全球第一套使用有限元法于 CFD 领域的软件，其应用的范围有一般流体流场、自由表面问题、紊流、非牛顿流体流场、热传、化学反应等。FIDAP 本身含有完整的前后处理系统及流场数值分析系统，对问题的整个研究程序、数据输入与输出的协调及应用均极有效率。

（6）FLUENT

FLUENT 软件是美国 FLUENT 公司开发的通用 CFD 流场计算分析软件，囊括了 Fluent Dynamic International 比利时 Polyflow 和 Fluent Dynamic International（FDI）的全部技术力量（前者是公认的黏弹性和聚合物流动模拟方面占领先地位的公司，而后者是基于有限元方法 CFD 软件方面占领先地位的公司）。

FLUENT 是目前国际上比较流行的商用 CFD 软件包，在美国的市场占有率为 60%，举凡与流体、热传递及化学反应等有关的工业均可使用。它具有丰富的物理模型、先进的数值方法以及强大的前后处理功能，在航空航天、汽车设计、石油天然气、涡轮机设计等方面都有着广泛的应用。

FLUENT是用于计算流体流动和传热问题的程序。它提供的非结构网格生成程序，对相对复杂的几何结构网格生成非常有效，可以生成的网格包括二维的三角形和四边形网格，三维的四面体、六面体及混合网格。FLUENT还可以根据计算结果调整网格，这种网格的自适应能力对于精确求解有较大梯度的流场有很实际的作用。由于网格自适应和调整只是在需要加密的流动区域里实施，而非整个流场，因此可以节约计算时间。

2. 人员疏散能力模拟分析

人员疏散能力模拟分析可用于建筑火灾风险评估的专项评估中。

建筑物发生火灾时，人员疏散过程可分解为三个阶段：察觉火警、决策反应和疏散运动。实际需要的疏散时间取决于火灾探测报警的敏感性和准确性，察觉火灾后人员的决策反应，以及决定开始疏散行动后人员的疏散流动能力等。一旦发生火灾等紧急状态，建筑物内人员的安全疏散必须保证满足以下两项基本要求：

第一，需保证建筑物内所有人员在可利用的安全疏散时间内，均能到达安全的避难场所。

第二，疏散过程中不会由于长时间的高密度人员滞留和通道堵塞等引起群集事故发生。

建筑物内人员的疏散性状与建筑物本身的结构特点、管理水平、疏散通道、火灾烟气、人员状态及其心理行为特点等因素密切相关。

由于人员安全疏散受诸多因素的影响，特别是疏散通道的情况、人员状态（如人员密度、对建筑的熟悉程度等）、火灾烟气和人员的心理因素。

人员疏散分析软件较多，应用较为广泛的商用疏散软件包括：

（1）STEPS疏散分析软件

采用计算机对建筑模型中人员疏散行为进行仿真模拟，可以得到行为过程细节和模拟结果数据。STEPS（simulation of transient evacuation and pedestrian movements，瞬态疏散和步行者移动模拟）是一个三维疏散软件，由英国的Mott Mac Donald设计。办公区、体育场馆、购物中心和地铁车站都是可以作为示例的地方，这些地方要求确保在正常情况下的简单流通，而在紧急情况下可以快速疏散。在大而拥挤的地方，通过模拟所获得的最优化的人流可以提供一个更适宜的环境和更有效的消防安全设计。

此模型的运算基础和算法是基于细小的“网格系统”，模型将建筑物楼层平面分为细小系统，再将墙壁等加入作为“障碍物”。模型中的人员则由使用者加入预先确定的区域中。

模型内的每个个体将会针对所知人员疏散出口计分，计分越低，人员越会选择此出口作为人员疏散方向。人员疏散出口的计分考虑了许多因素，包括人员到出口的人员疏散距离、人员对此出口的熟悉程度、出口附近的拥挤程度，以及出口本身单位时间的人员流量。

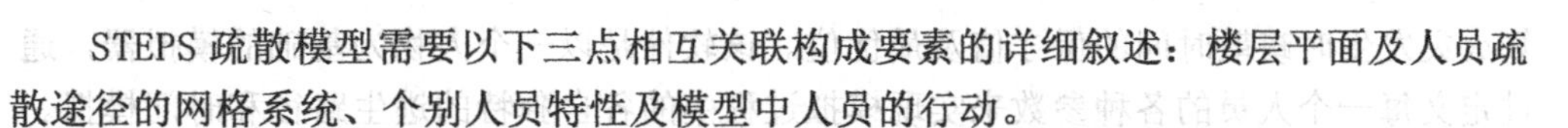

STEPS 疏散模型需要以下三点相互关联构成要素的详细叙述：楼层平面及人员疏散途径的网格系统、个别人员特性及模型中人员的行动。

此计算机模型采用人员决策及网格系统的组合来分析各种建筑物。建筑物的楼层平面图资料被细分为网格系统，限定人员的可行走范围。网格大小取决于人员密度的最大值（本项目网格尺寸为 0.5m×0.5m）。

详细的人员特性输入包括人员种类、人员体积、人员行走速度等。适当地运用此种人员界定方法可以便捷地分析多种火灾情况。

此计算机模型以三元立体的图片呈现建筑物中模拟人员的疏散情况，使用者可以随意转变视觉角度或在模型中前后移动以作更详细的观察。同时，使用者可以暂时“隐藏”部分模型，只专注于某一区域的详细分析。

此计算机模型的精确性已与 NFPA130 计算结果进行比较。由于 STEPS 疏散模型中允许现实中楼梯或逃生门不平均地使用，因此能够得出比 NFPA130 所定义的方法更保守及更真实的结果，此模型将得出比一般计算较为保守的结果（0.9%～11.4%）。

STEPS 疏散模型在人员紧急疏散模拟中，设定限制条件和假设前提为：

①建筑物内的疏散通道和疏散出口是通畅的，而火灾区附近的疏散通道或出口则可能被封堵。

②模型只模拟有行动能力的人，残疾人士则假设由其他方式逃离，如经消防队员帮助逃离。

③使用者可自行设定人员行走速度及出口流量，进行有序情况下人员疏散模拟。模型本身并不会因拥挤状况而调整设定，但在拥挤情况下，模型中人员会因被前面的人挡住去路而无法继续前进，因此行走速度会间接改变。

④在出口处，现实生活中可能发生的人与主流反向而行的情况不做考虑。

⑤模型采用 $0.09m^2$ ～ $0.25m^2$ 的网格系统。其网格的大小与模型的运作时间有一定的关系，采用更加细小的网格系统将使模型的运作时间相对延长。

⑥模型中人员只能以 45° 角向八个方向移动。

⑦此计算机模型只分析人员所需行走时间，不包含火灾探测时间及人员行动前的准备时间。

⑧模型中所模拟的时间因人员所处位置、人员特性和人员选择出口 / 人员疏散方向的决定方式带有随机性，因此每次模拟出的人员疏散时间会有所差别。最大偏差值为 ±3%。

（2）Pathfinder 疏散分析软件

对人员疏散行动时间的模拟分析采用的分析工具是 Pathfinder 人员疏散商用软件，该软件是一个全新的疏散模拟器，与传统的以流体流动为计算基础的软件不同，现在主要应用于游戏开发、图形图像技术领域的计算机科学，在此基础上 Pathfinder 实现了对每个个体的运动方式的准确预测。

Pathfinder 为建筑师在建筑布局、建筑防火系统设计领域提供了很好的解决方案。多种模拟方式及可以自定义的人物属性，可以轻松实现不同的预测情景模拟，计算火灾发生时疏散时间的保守值及最优值。该软件是以一个人物为基础的模拟器，通过定义每一个人员的各种参数来实现模拟过程中的各自独特的逃生路径和时间模拟。该软件不仅有强大的人物运动模拟器，而且还有综合的用户操作界面，模拟结果的三维动态效果呈现。Pathfinder 实现了更快的疏散模拟评估，同时具有其他模拟软件无法比拟的动态演示效果。

Pathfinder 的主要特点如下：

①充分利用在精确、连续的三维环境中的以人物为基础的模拟技术。

②支持二维和三维的 DXF 文件、FDS 和 PyroSim 格式的文件的导入。

③利用多种模拟模式，包括一种全新的操纵模式和以防火工程师协会的手册为基础的模式。

④对人物特点的精确设置和人物外表的多种选择。

⑤快速利用其内置的建模工具建模。

⑥高质量的三维图像显示效果。

⑦可以输出精确的房间人数和出口利用的详细数据。

Pathfinder 利用人物为基础的人工智能技术，使每一个人物都有其特定的特点、目标及观念。这使得人物群体可以根据自己的特点进行自然的运动，从而使其结果看起来更加流畅和符合实际。

Pathfinder 实现了在三维的空间中进行人员流动模拟，而不是在二维的网格上模拟或者在一个流场中进行粒子的模拟，从而更加形象与真实。每个时间间隔里，每个个体都根据自己的特点、目标和自己所属的环境而运动。

在 Pathfinder 中所采用的运动模拟技术，称作“反向操纵”，它是最初的操纵技术的一种演化。最初的操纵技术，是指评估人物向不同特定方向运动的成本。在每个时间间隔里，人物选择整体成本最低的路径。

Pathfinder 同时也囊括了防火工程师协会提出的以人类在火灾中的行为公式为基础的一种人员运动的方式。人物运动根据防火工程师协会定义给出的速度，以及其对人物涌向出口的假设而进行运动。在这种模式下，Pathfinder 可以得出根据该假设的第一手的计算结果。

Pathfinder 以现在成熟的和正在研究中的运动理论研究为基础，根据现有的验证程序而改变。为了证实每个特定参数在模拟过程中正常地运行，模拟的结果通常和实际的计算做比较。为了证实模拟过程总体行为的有效性，Pathfinder 中模拟的疏散情景的结果需要和很多研究人员的数据进行对比。除此之外，还可以和其他模拟软件进行对比，从而说明 Pathfinder 相对于其他模拟方法的效果差异。

(3) Building Exodus 疏散分析软件

Building Exodus，用于火灾安全工程的教学和咨询。该软件基于坐标系统计算个体移动，可以模拟多层建筑中的人员疏散，可调用 CAD 平面图并使用软件自带的楼梯设置功能构造三维多层建筑。用户可以单个或成组添加人员负荷及设定人员特征。计算机理考虑真实因素，可模拟人的移动、超越、拥堵、侧行、移动速度调整等。

Building Exodus经过试验证明能够较为真实地反映复杂通道的人流速度和疏散时间。

（4）Simulex疏散分析软件

该软件可以模拟大型、复杂几何形状、带有多个楼梯的建筑物，可以接受CAD生成的定义单个楼层的文件；可以容纳上千人，用户可以看到在疏散过程中，每个人在建筑中的任意一点、任意时刻的移动。模拟结束后，会生成一个包含疏散过程详细信息的文本文件。Simulex软件把一个多层建筑定义为一系列二维楼层平面图，它们通过楼梯连接；用三个圆代表每一个人的平面形状，精确地模拟了实际的人员。每一个被模拟的人由一个位于中间的不完全的圆圈和两个稍小的、与中间的圆圈重叠的肩膀圆圈所组成，它们排列在不完全的圆圈两侧。Simulex软件的移动特性基于对每一个人穿过建筑物空间时的精确模拟，位置和距离的精度高于 ±0.001m。模拟的移动类型包括：正常不受阻碍地行走，由于与其他人接近造成的频带降低、超越、身体的旋转和避让。Simulex软件还模拟了一部分心理方面的因素，包括出口选择和对报警的响应时间。这些心理因素的进一步改进也是模型将要发展的一个部分。由于Simulex软件的易用性以及它能够较为真实地反映出疏散过程中可能出现的各种情况，它已经被越来越多地应用于工程的设计、评估工作，成为性能化设计、评估工作的一项有力的武器。但是，Simulex软件至今还没有尝试模拟能见度和毒性危害可能对人员产生的影响。此外，需要改良那些处理每个人心理影响输入函数的复杂性，这是Simulex软件将来的发展重点。

第八章 高层建筑消防安全管理

第一节 消防安全重点单位管理

消防安全重点单位是指发生火灾可能性较大以及发生火灾可能造成重大的人身伤亡或者财产损失的单位。公安机关消防机构受理本行政区域内消防安全重点单位的申报，被确定为消防安全重点的单位，由公安机关报本级人民政府备案。

一、消防安全重点单位的范围及界定标准

（一）消防安全重点单位的范围

根据公安部《机关、团体、企业、事业单位消防安全管理规定》，下列范围的单位属于消防安全重点单位。

（1）商场（市场）、宾馆（饭店）、体育场（馆）、会堂、公共娱乐场所等公众聚集场所；

（2）医院、养老院和寄宿制的学校、托儿所、幼儿园；

（3）国家机关；

（4）广播电台、电视台和邮政、通信枢纽；

（5）客运车站、码头、民用机场；

（6）公共图书馆、展览馆、博物馆、档案馆以及具有火灾危险性的文物保护单位；

（7）发电厂（站）和电网经营企业；

（8）易燃易爆化学物品的生产、充装、储存、供应、销售单位；

（9）服装、制鞋等劳动密集型生产、加工企业；

（10）重要的科研单位；

（11）高层公共建筑、地下铁道、地下观光隧道，粮、棉、木材、百货等物资仓

库和堆场；

（12）其他发生火灾可能性较大以及一旦发生火灾可能造成重大人身伤亡或者财产损失的单位。

（二）消防安全重点单位的界定标准

1. 商场（市场）、宾馆（饭店）、体育场（馆）、会堂、公共娱乐场所等公众聚集场所

（1）建筑面积在1 000m²及以上经营可燃商品的商场（商店）；

（2）客房数在50间以上的宾馆（旅馆、饭店）；

（3）公共的体育场（馆）、会堂；

（4）建筑面积在200m²，及以上的公共娱乐场所；

（5）公安部《公共娱乐场所消防安全管理规定》所列场所。

2. 医院、养老院和寄宿制的学校、托儿所、幼儿园

（1）住院床位在50张以上的医院；

（2）老人住宿床位在50张以上的养老院；

（3）学生住宿床位在100张以上的学校；

（4）幼儿住宿床位在50张以上的托儿所、幼儿园。

3. 国家机关

（1）县级以上的党委、人大、政府、政协；

（2）人民检察院、人民法院；

（3）中央和国务院各部委；

（4）共青团中央、全国总工会、全国妇联的办事机关。

4. 广播、电视和邮政、通信枢纽

（1）广播电台、电视台；

（2）城镇的邮政、通信枢纽单位。

5. 客运车站、码头、民用机场

（1）候车厅、候船厅的建筑面积在500m²以上的客运车站和客运码头；

（2）民用机场。

6. 公共图书馆、展览馆、博物馆、档案馆以及具有火灾危险的文物保护单位

（1）建筑面积在2 000m²以上的公共图书馆、展览馆；

（2）公共博物馆、档案馆；

（3）具有火灾危险性的县级以上文物保护单位。

7. 发电厂（站）和电网经营企业

8. 易燃易爆化学物品的生产、充装、贮存、供应、销售单位

（1）生产易燃易爆化学物品的工厂；

（2）易燃易爆气体和液体的灌装站、调压站；

（3）贮存易燃易爆化学物品的专用仓库（堆场、贮罐场所）；

（4）营业性汽车加油站、加气站，液化石油气供应站（换瓶站）；

（5）经营易燃易爆化学物品的化工商店（其界定标准，以及其他需要界定的易燃易爆化学物品性质的单位及其标准，由省级公安机关消防机构根据实际情况确定）；

9. 劳动密集型生产、加工企业，生产车间员工在 100 人以上的服装、鞋帽、玩具等劳动密集的企业

10. 重要的科研单位（界定标准由省级公安消防机构根据实际情况确定）

11. 高层公共建筑、地下铁道、地下观光隧道，粮、棉、木材、百货等物资仓库和堆场，重点工程的施工现场

（1）高层公共建筑的办公楼（写字楼）、公寓楼等；

（2）城市地下铁道、地下观光隧道等地下公共建筑和城市重要的交通隧道；

（3）国家储备粮库、总储量在 10000t 以上的其他粮库；

（4）总储量在 500t 以上的棉库；

（5）总储量在 10 000m^2 以上的木材堆场；

（6）总贮存价值在 1 000 万元以上的可燃物品仓库、堆场；

（7）国家和省级等重点工程的施工现场；

12. 其他发生火灾可能性较大以及一旦发生火灾可能造成人身重大伤亡或财产重大损失的单位。界定标准由省级公安机关消防机构根据实际情况确定。

二、消防安全重点单位的消防安全职责

机关、团体、企业、事业等单位以及对照以上标准确定的消防安全重点单位应当自我约束、自我管理，严格、自觉地履行《消防法》第十六条、第十七条规定的消防安全职责。

（一）单位的消防安全职责

（1）落实消防安全责任制，制定本单位的消防安全制度、消防安全操作规程，制定灭火和应急疏散预案；

（2）按照国家标准、行业标准配置消防设施、器材，设置消防安全标志，并定期组织检验、维修，确保完好有效；

（3）对建筑消防设施每年至少进行一次全面检测，确保完好有效，检测记录应当完整准确，存档备查；

（4）保障疏散通道、安全出口、消防车通道畅通，保证防火防烟分区、防火间距符合消防技术标准；

（5）组织防火检查，及时消除火灾隐患；

（6）组织进行有针对性的消防演练；

（7）法律、法规规定的其他消防安全职责。

（二）消防安全重点单位的消防安全职责

消防安全重点单位除应当履行以上职责外，还应当履行下列消防安全职责：

（1）确定消防安全管理人，组织实施本单位的消防安全管理工作；

（2）建立消防档案，确定消防安全重点部位，设置防火标志，实行严格管理；

（3）实行每日防火巡查，并建立巡查记录；

（4）对职工进行岗前消防安全培训，定期组织消防安全培训和消防演练。

三、消防安全重点单位管理的基本措施

（一）落实消防安全责任制度

任何一项工作目标的实现，都不能缺少具体负责人和负责部门，否则，该项工作将无从落实。消防安全重点单位的管理工作也不能例外。目前许多单位消防安全管理分工不明，职责不清，使得各项消防安全制度和措施难以真正落实。因此，消防安全重点单位应当按照公安部《机关、团体、企业、事业单位消防安全管理规定》成立消防安全组织机构，明确逐级和岗位消防安全职责，确定各级各岗位的消防安全责任人，做到分工明确，责任到人，各尽其职，各负其责，形成一种科学、合理的消防安全管理机制，确保消防安全责任、消防安全制度和措施落到实处。

为了让符合《消防安全重点单位界定标准》的单位自觉“对号入座”，保障当地公安消防机关及时掌握本辖区内消防安全重点单位的基本情况，消防安全重点单位还必须将已明确的本单位的消防安全责任人、消防安全管理人报当地公安机关消防机构备案，以便按照消防安全重点单位的要求进行严格管理。

（二）制定并落实消防安全管理制度

单位管理制度是要求单位员工共同遵守的行为准则、办事规则或安全操作规程。为加强消防安全管理，各单位应当依据《消防法》的有关规定，从本单位的特点出发，结合单位的实际情况，制定并落实符合单位实际的消防安全管理制度，规范本单位员工的消防安全行为。消防安全重点单位需重点制定并落实以下消防安全管理制度。

1. 消防安全教育培训制度

为普及消防安全知识，增强员工的法制观念，提高其消防安全意识和素质，单位应根据国家有关法律法规和省、市消防安全管理的有关规定，制定消防安全教育培训制度，对单位新职工、重点岗位职工、普通职工接受消防安全宣传教育和培训的形式、频次、要求等进行规定，并按规定逐一落实。

2. 防火检查、巡查制度

防火检查、巡查是做好单位消防安全管理工作的重要环节，要想使防火检查和巡查成为单位消防安全管理的一种常态管理，并能够起到预防火灾、消除隐患的作用，就必须有制度的约束。制度的基本内容应当包括：单位逐级防火检查制度；规定检查的内容、依据、标准、形式、频次等；明确对检查部门和被检查部门的要求。

3. 火灾隐患整改制度

明确规定对当场整改和限期整改的火灾隐患的整改要求，对特大火灾隐患的整改程序和要求以及整改记录、存档要求等。

4. 消防设施、器材维护管理制度

重点单位应当根据国家及省市相关规定制定消防设施、器材维护管理制度并组织落实。制度应明确消防器材的配置标准、管理要求、维护维修、定期检测等方面的内容，加强对消防设施、器材的管理，确保其完好有效。

5. 用火、用电安全管理制度

确定用火管理范围；划分动火作业级别及其动火审批权限和手续；明确用火、用电的要求和禁止的行为。

6. 消防控制室值班制度

明确规定消防控制室值班人员的岗位职责及能力要求；明确规定 24 小时值班、换班要求、火警处置、值班记录及自动消防设施设备系统运行情况登记等事项。

7. 重点要害部位消防安全制度

根据单位的具体情况，明确确定本单位的重点要害部位，制定各重点部位的防火制度，应急处理措施及要求。

8. 易燃易爆危险品管理制度

制度的基本内容包括：易燃易爆危险品的范围；物品储存的具体防火要求；领取物品的手续；使用物品单位和岗位，定人、定点、定容器、定量的要求和防火措施；使用地点明显醒目的防火标志；使用结束剩余物品的收回要求等。

9. 灭火和应急疏散预案演练制度

明确规定灭火和应急疏散预案演练的组织机构，演练参与的人员、演练的频次和要求，演练中出现问题的处理及预案的修正完善等事项。

10. 消防安全工作考评与奖惩制度

规定在消防工作中有突出成绩的单位和个人的表彰、奖励的条件和标准；明确实施表彰和奖励的部门，表彰、奖励的程序；规定违反消防安全管理规定应受到惩罚的各种行为及具体罚则等。奖惩要与个人发展和经济利益挂钩。

（三）建立消防安全管理档案并及时更新

消防档案是消防安全重点单位在消防安全管理工作中建立起来的具有保存价值的文字、图标、音像等形态资料，是单位管理档案的重要组成部分。建立健全消防安全管理档案，是消防安全重点单位做好消防安全管理工作的一项重要措施。是保障单位消防安全管理及各项消防安全措施落实的基础。在单位消防安全管理工作中发挥着重要作用。

1. 单位建立消防安全管理档案的作用

（1）便于单位领导、有关部门、公安机关消防机构及单位消防安全管理工作有

关的人员熟悉单位消防安全情况，为领导决策和日常工作服务。

（2）消防档案反映单位对消防安全管理的重视程度，可以作为上级主管部门、公安机关消防机构考核单位开展消防安全管理工作的重要依据。发生火灾时，可以为调查火灾原因、分析事故责任、处理责任者提供佐证材料。

（3）消防档案是对单位各项消防安全工作情况的记载，可以检查单位相关岗位人员履行消防安全职责的情况，评判单位消防安全管理人员的业务水平和工作能力。有利于强化单位消防安全管理工作的责任意识，推动单位的消防安全管理工作朝着规范化方向发展。

2. 消防档案应当包括的主要内容

消防档案的内容主要应当包括消防安全基本情况和消防安全管理情况两个方面：

（1）消防安全基本情况

消防安全重点单位的消防安全基本情况主要包括以下几个方面。

①单位基本概况。主要包括：单位名称、地址、电话号码、邮政编码、防火责任人，保卫、消防或安全技术部门的人员情况和上级主管机关、经济性质、固定资产、生产和储存物品的火灾危险性类别及数量，总平面图、消防设备和器材情况，水源情况等。

②消防安全重点部位情况。主要包括：火灾危险性类别、占地和建筑面积、主要建筑的耐火等级及重点要害部位的平面图等。

③建筑物或者场所施工、使用或者开业前的消防设计审核、消防验收以及消防安全检查的文件、资料。

④消防管理组织机构和各级消防安全责任人。

⑤消防安全管理制度。

⑥消防设施、灭火器材情况。

⑦专职消防队、志愿消防队人员及其消防装备配备情况。

⑧与消防安全有关的重点工种人员情况。

⑨新增消防产品、防火材料的合格证明材料。

⑩灭火和应急疏散预案等。

（2）消防安全管理情况

消防安全重点单位的消防安全管理情况主要包括以下几个方面。

①公安消防机关填发的各种法律文书。

②消防设施定期检查记录、自动消防设施全面检查测试的报告以及维修保养记录。

③历次防火检查、巡查记录。主要包括：检查的人员、时间、部位、内容，发现的火灾隐患（特别是重大火灾隐患情况）以及处理措施等。

④有关燃气、电气设备检测情况。主要包括：防雷、防静电等记录资料。

⑤消防安全培训记录。应当记明培训的时间、参加人员、内容等。

⑥灭火和应急疏散预案的演练记录。应当记明演练的时间、地点、内容、参加部门以及人员等。

⑦火灾情况记录。包括历次发生火灾的损失、原因及处理情况等。

⑧消防工作奖惩情况记录。

3. 建立消防档案的要求

（1）凡是消防安全重点单位都应当建立健全消防档案。

（2）消防档案的内容应当全面、翔实，全面而真实地反映单位消防工作的基本情况，并附有必要的图表。

（3）单位应根据发展变化的实际情况经常充实、变更档案内容，使防火档案及时、正确地反映单位的客观情况。

（4）单位应当对消防档案统一保管、备查。

（5）消防安全管理人员应当熟悉掌握本单位防火档案情况。

（6）非消防安全重点单位亦应当将本单位的基本概况、公安机关消防机构填发的各种法律文书、与消防工作有关的材料和记录等统一保管备查。

（四）实行每日防火巡查

防火巡查就是指定专门人员负责防火巡视检查，以便及时发现火灾苗头，扑救初期火灾。消防安全重点单位应实行每日防火巡查，并建立巡查记录。

1. 防火巡查的主要内容

（1）用火、用电有无违章情况；

（2）安全出口、疏散通道是否畅通，安全疏散指示标志、应急照明是否完好；

（3）消防设施、器材和消防安全标志是否在位、完整；

（4）常闭式防火门是否处于关闭状态，防火卷帘下是否堆放物品影响使用；

（5）消防安全重点部位的人员在岗情况；

（6）其他消防安全情况。

2. 防火巡查的要求

（1）公众聚集场所在营业期间的防火巡查应当至少每2小时一次。营业结束时应当对营业现场进行检查，消除遗留火种。

（2）医院、养老院、寄宿制学校、托儿所、幼儿园应当加强夜间防火巡查（其他消防安全重点单位可以结合实际组织夜间防火巡查）。

（3）防火巡查人员应当及时纠正违章行为，妥善处置火灾危险，无法当场处置的，应当立即报告。发现初起火灾应当立即报警并及时扑救。

（4）防火巡查应当填写巡查记录，巡查人员及其主管人员应当在巡查记录上签名。

（五）定期开展消防安全检查，消除火灾隐患

消防安全重点单位，除了接受公安机关消防机构及上级主管部门的消防安全检查外，还要根据单位消防安全检查制度的规定，进行消防安全自查，以日常检查、防火巡查、定期检查和专项检查等多种形式对单位消防安全进行检查，及时发现并整改火灾隐患，做到防患于未然。

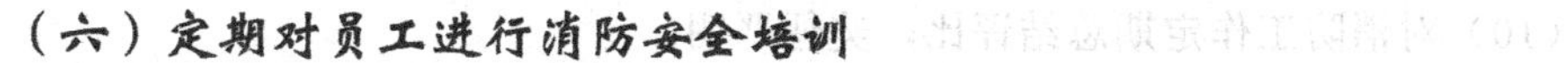

（六）定期对员工进行消防安全培训

消防安全重点单位应当定期对全体员工进行消防安全培训。其中公众聚集场所对员工的消防安全培训应当至少每年进行一次。新上岗和进入新岗位的员工应进行三级培训，重点岗位的职工上岗前还应再进行消防安全培训。消防安全责任人或管理人应当到由公安机关消防机构指定的培训机构进行培训，并取得培训证书，单位重点工种人员要经过专门的消防安全培训并获得相应岗位的资格证书。

通过教育和训练，使每个职工达到“四懂”“四会”要求，即：懂得本岗位生产过程中的火灾危险性，懂得预防火灾的措施，懂得扑救火灾的方法，懂得逃生的方法；会报警，会使用消防器材，会扑救初期火灾，会自救。

（七）制定灭火和应急疏散预案并定期演练

为切实保证消防安全重点单位的安全，在抓好防火工作的同时，还应做好灭火准备，制订周密的灭火和应急疏散预案。

成立火灾应急预案组织机构，明确各级各岗位的职责分工，明确报警和接警处置程序、应急疏散的组织程序、人员疏散引导路线、通信联络和安全防护救护的程序以及其他特定的防火灭火措施和应急措施等。应当按照灭火和应急疏散预案定期进行实际的操作演练，消防安全重点单位通常至少每半年进行一次演练，并结合实际，不断完善预案。其他单位应当结合本单位实际，参照制订相应的应急方案，至少每年组织一次演练。

四、消防安全重点单位消防工作的十项标准

（1）有领导负责的逐级防火责任制，做到层层有人抓。

（2）有生产岗位防火责任制，做到处处有人管。

（3）有专职或兼职防火安全干部，做好经常性的消防安全工作。

（4）有与生产班组相结合的义务消防队，有夜间住厂值勤备防的义务消防队，配置必要的消防器材和设施，做到既能防火又能有效地扑灭初起火灾。规模大、火灾危险性大、离公安消防队较远的企业，有专职消防队，做到自防自救。

（5）有健全的各项消防安全管理制度，包括门卫、巡逻，逐级防火检查，用火用电、易燃易爆品安全管理，消防器材维护保养，以及火警、火灾事故报告、调查、处理等制度。

（6）对火险隐患，做到及时发现、登记立案，抓紧整改；一时整改不了的，采取应急措施，确保安全。

（7）明确消防安全重点部位，做到定点、定人、定措施，并根据需要采用自动报警、灭火等技术。

（8）对新工人和广大职工群众普及消防知识，对重点工种进行专门的消防训练和考核，做到经常化，制度化。

（9）有防火档案和灭火作战计划，做到切合实际，能够收到预期效果。

（10）对消防工作定期总结评比，奖惩严明。

消防安全重点单位一经确定，本单位和上级主管部门就应有计划地、经常不断进行消防安全检查，督促落实各项防火措施，使之达到消防安全重点单位消防安全“十项标准”的要求。

第二节　消防安全重点部位管理

消防安全管理工作的重点，不仅仅是消防安全重点单位的管理。在单位内部的管理上，同样也要遵循“抓重点，带一般”的原则，单位的重点管理要从重点部位着手。抓好重点部位的管理就抓住了工作的重点。不管是消防安全重点单位还是一般单位，都要加强对重点部位的防火管理。

一、消防安全重点部位的确定

确定消防安全重点部位应根据其火灾危险性大小，发生火灾后扑救的难易程度以及造成的损失和影响大小来确定。一般来说，下列部位应确定为消防安全重点部位。

（一）容易发生火灾的部位

单位容易发生火灾的部位主要是指：生产企业的油罐区；易燃易爆物品的生产、使用、贮存部位；生产工艺流程中火灾危险性较大的部位。如：生产易燃易爆危险品的车间，储存易燃易爆危险品的仓库，化工生产设备间，化验室、油库、化学危险品库，可燃液体、气体和氧化性气体的钢瓶、贮罐库，液化石油气贮配站、供应站，氧气站、乙炔站、煤气站，油漆、喷漆、烘烤、电气焊操作间、木工间、汽车库等。

（二）一旦发生火灾，局部受损会影响全局的部位

单位内部与火灾扑救密切相关的部位。如变配电所（室）、生产总控制室、消防控制室、信息数据中心、燃气（油）器设备间等。

（三）物资集中场所

物资集中场所是指储存各种物资的场所。如各种库房、露天堆场，使用或存放先进技术设备的实验室、精密仪器室、贵重物品室、生产车间、储藏室等。

（四）人员密集场所

人员聚集的厅、室，弱势群体聚集的区域，一旦发生火灾，人疏散不利的场所。如礼堂（俱乐部、文化宫、歌舞厅）、托儿所、幼儿园、养老院、医院病房等。

二、消防安全重点部位的管理措施

各单位要根据自身的具体情况，将具备上述特征的部位确定为消防安全的重点部

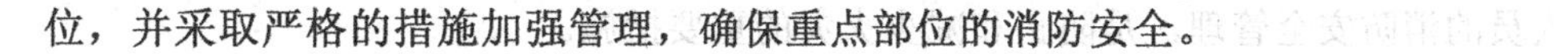

位，并采取严格的措施加强管理，确保重点部位的消防安全。

（一）建立消防安全重点部位档案

单位领导要组织安全保卫部门及有关技术人员，共同研究和确定单位的消防安全重点部位，填写重点部位情况登记表，存入消防档案，并报上级主管部门备案。

（一）落实重点部位防火责任制

重点部位应有防火责任人，并有明确的职责。建立必要的消防安全规章制度，任用责任心强、业务技术熟练、懂得消防安全知识的人员负责消防安全工作。

（三）设置“消防安全重点部位”的标志

消防安全重点部位应当设置“消防安全重点部位”的标志，根据需要设置“禁烟”“禁火”的标志，在醒目位置设置消防安全管理责任标牌，明确消防安全管理的责任部门和责任人。

（四）加强对重点部位工作人员的培训

定期对重点部位的工作人员进行消防安全知识的“应知应会”教育和防火安全技术培训。对重点部位的重点工种人员，应加强岗位操作技能及火灾事故应急处理的培训。

（五）设置必要的消防设施并定期维护

对消防安全重点部位的管理，要做到定点、定人、定措施，根据场所的危险程度，采用自动报警、自动灭火、自动监控等消防技术设施，并确定专人进行维护和管理。

（六）加强对重点部位的防火巡查

单位消防安全管理部门在工作期间应加强对重点部位的防火巡查，做好巡查记录，并及时归档。

（七）及时调整和补充重点部位，防止失控漏管

随着企业的改革与技术革新和工艺条件、原料、产品的变更等客观情况的变化，重点部位的火灾危险程度和对全局的影响也会因之发生变化，所以，对重点部位也应及时进行调整和补充，防止失控漏管。

第三节　消防安全重点工种管理

消防安全重点工种是指若生产操作不当，就可能造成严重火灾危害的生产工种。一般是指电工、电焊工、气焊工、油漆工、热处理工、熬炼工等。这些工种的操作人员工作中如果麻痹大意或缺乏必要的消防安全知识，特别是在生产、储存操作中使用燃烧性能不同的物质和产生可导致火灾的各种着火源等，一旦违反了安全操作规程或不掌握安全防火防事故的措施，就可能导致火灾事故的发生。所以，加强对此类岗位

操作人员的消防安全管理，是防止和减少火灾的重要措施。

一、消防安全重点工种的分类和火灾危险性特点

（一）消防安全重点工种的分类

根据不同岗位的火灾危险性程度和岗位的火灾危险特点，消防安全重点工种可大致分为以下三级。

1. A级工种

A级工种是指引起火灾的危险性极大，在操作中稍有不慎或违反操作规程极易引起火灾事故的岗位。如：可燃气体、液体设备的焊接、切割，超过液体自燃点的熬炼，使用易燃溶剂的机件清洗、油漆喷涂，液化石油气、乙炔气的灌藏，高温、高压、真空等易燃易爆设备的操作人员等。

2. B级工种

B级工种是指引起火灾的危险性较大，在操作过程中不慎或违反操作规程容易引起火灾事故的岗位。如：从事烘烤、熬炼、热处理，氧气、压缩空气等乙类危险品仓库保管等岗位的操作人员等。

3. C级工种

C级工种是指在操作过程中不慎或违反操作规程有可能造成火灾事故的岗位操作人员。如：电工、木工、丙类仓库保管等岗位的操作人员。

（二）消防安全重点工种的火灾危险性特点

消防安全重点工种的火灾危险性主要有以下特点。

1. 所使用的原料或产品具有较大的火灾危险性

消防安全重点工种在生产中所使用的原料或产品具有较大的火灾危险性，安全技术复杂，操作规程要求严格，一旦出现事故，将会造成不堪设想的后果。如乙炔、氢气生产，盐酸的合成，硝酸的氧化制取，乙烯、氯乙烯、丙烯的聚合等。

2. 工作岗位分散，流动性大，时间不规律，不便管理

一些工种，如电工、焊工、切割工、木工等都属于操作时间、地点不定、灵活性较大的工种。他们的工作时间和地点都是根据需要而定的，这种灵活性给管理工作带来了难度。

3. 生产、工作的环境和条件较差，技术比较复杂，安全工作难度大

对A级和B级工种来说，这种特点尤其明显。如在沥青的熬炼和稀释过程中，温度超过允许的温度、沥青中含水过多或加料过多过快以及稀释过程违反操作规程，都有发生火灾的危险。

4. 操作实践岗位人员少，发生火灾时不利于迅速扑救

有些岗位分散、流动性大的工种，如电工、电焊工、气焊工，在操作过程中一般

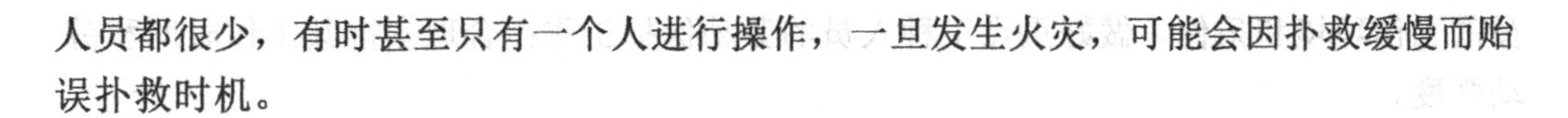

人员都很少，有时甚至只有一个人进行操作，一旦发生火灾，可能会因扑救缓慢而贻误扑救时机。

二、消防安全重点工种的管理

由于重点工种岗位具有较大的火灾危险性，重点工种人员的工作态度、防火意识、操作技能和应急处理能力是决定其岗位消防安全的重要因素。因此，重点工种人员既是消防安全管理的重点对象，也是消防安全工作的依靠力量，对其管理应侧重以下几个方面。

（一）制定和落实岗位消防安全责任制度

建立重点工种岗位责任制是企业消防安全管理的一项重要内容，也是企业责任制度的重要组成部分。建立岗位责任制的目的是使每个重点工种岗位的人员都有明确的职责，做到各司其事，各负其责。建立起合理、有效、文明、安全的生产和工作秩序，消除无人负责的现象。重点工种岗位责任制要同经济责任制相结合，并与奖惩制度挂钩，有奖有惩，赏罚分明，以使重点工种人员更加自觉地担负起岗位消防安全的责任。

（二）严格持证上岗制度，无证人员严禁上岗

严格持证上岗制度，是做好重点工种管理的重要措施，重点工种人员上岗前，要对其进行专业培训，使其全面地熟悉岗位操作规程，系统地掌握消防安全知识，通晓岗位消防安全的“应知应会”内容。对操作复杂、技术要求高、火灾危险性大的岗位作业人员，企业生产和技术部门应组织他们实习和进行技术培训，经考试合格后方能上岗。电气焊工、炉工、热处理等工种，要经考试合格取得操作合格证后才能上岗。平时对重点工种人员要进行定期考核、抽查或复试，对持证上岗的人员可建立发证与吊销证件相结合的制度。

（三）建立重点工种人员工作档案

为加强重点工种队伍的建设，提高重点工种人员的安全作业水平，应建立重点工种人员的工作档案，对重点工种人员的人事概况、培训经历以及工作情况进行记载，工作情况主要对重点工种人员的作业时间、作业地点、工作完成情况、作业过程是否安全、有无违章现象等情况进行详细的记录。这种档案有助于对重点工种的评价、选用和有针对性地再培训，有利于不断提高他们的业务素质。所以，要充分发挥档案的作用，将档案作为考察、评价、选用、撤换重点工种人员的基本依据；档案记载的内容，必须有严格手续。安全管理人员可通过档案分析和研究重点工种人员的状况，为改进管理工作提供依据。

（四）抓好重点工种人员的日常管理

要制订切实可行的学习、训练和考核计划，定期组织重点工种人员进行技术培训和消防知识学习；研究和掌握重点工种人员的心理状态和不良行为，帮助他们克服吸烟、酗酒、上班串岗、闲聊等不良习惯，养成良好的工作习惯；不断改善重点工种人

员的工作环境和条件，做好重点工种人员的劳动保护工作；合理安排其工作时间和劳动强度。

三、常见重点工种岗位防火要求

重点工种岗位都必须制定严格的岗位操作规程或防火要求，操作人员必须严格按照操作规程进行操作，以下简单介绍几种常见重点工种的防火要求。

（一）电焊工

（1）电焊工须经专业知识和技能培训，考核合格，持证上岗，无操作证，不能进行焊接和焊割作业。

（2）电焊工在禁火区进行电、气焊操作，必须按动火审批制度的规定办理动火许可证。

（3）各种焊机应在规定的电压下使用，电焊前应检查焊机的电源线的绝缘是否良好，焊机应放置在干燥处，避开雨雪和潮湿的环境。

（4）焊机、导线、焊钳等接点应采用螺栓或螺母拧接牢固；焊机二次线路及外壳须接地良好，接地电阻不小于 1MΩ。

（5）开启电开关时要一次推到位，然后开启电焊机；停机时先关焊机再关电源；移动焊机时应先停机断电。焊接中突然停电，应立即关好电焊机；焊条头不得乱扔，应放在指定的安全地点。

（6）电弧切割或焊接有色金属及表面涂有油品等物件时，作业区环境应良好，人要在上风处。

（7）作业中注意检查电焊机及调节器，温度超过 60℃时应冷却。发现故障，如电线破损、熔丝烧断等现象应停机维修，电焊时的二次电压不得偏离 60 ～ 80V。

（8）盛装过易燃液体或气体的设备，未经彻底清洗和分析，不得动焊；有压的管道、气瓶（罐、槽）不得带压进行焊接作业；焊接管道和设备时，必须采取防火安全措施。

（9）对靠近天棚、木板墙、木地板以及通过板条抹灰墙时的管道等金属构件，不得在没有采取防火安全措施的情况下进行焊割和焊接作业。

（10）电气焊作业现场周围的可燃物以及高空作业时地面上的可燃物必须清理干净；或者施行防火保护；在有火灾危险的场所进行焊接作业时，现场应有专人监护，并配备一定数量的应急灭火器材。

（11）需要焊接输送汽油、原油等易燃液体的管道时，通常必须拆卸下来，经过清洗处理后才可进行作业；没有绝对安全措施，不得带液焊接。

（12）焊接作业完毕，应检查现场，确认没有遗留火种后，方可离开。

（二）电工

电工是指从事电气、防雷、防静电设施的设计、安装、施工、维护、测试等人员。电气从业人员素质的高低与电气火灾密切相关，故该工种人员必须是经过消防安全培

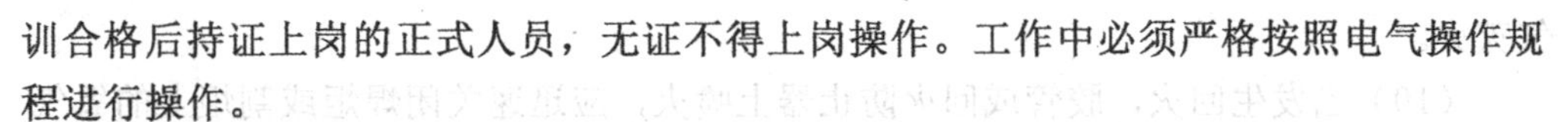

训合格后持证上岗的正式人员，无证不得上岗操作。工作中必须严格按照电气操作规程进行操作。

（1）定期和不定期地对电源部分、线路部分、用电部分及防雷和防静电情况等进行检查，发现问题及时处理，防止各种电气火源的形成。

（2）增设电气设备、架设临时线路时，必须经有关部门批准；各种电气设备和线路不许超过安全负荷，发现异常应及时处理。

（3）敷设线路时，不准用钉子代替绝缘子，通过木质房梁、木柱或铁架子时要用磁套管，通过地下或砖墙时要用铁管保护，改装或移装工程时要彻底拆除线路。

（4）电开关箱要用铁皮包镶，其周围及箱内要保持清洁，附近和下面不准堆放可燃物品。

（5）保险装置要根据电气设备容量大小选用，不得使用不合格的保险装置或保险丝（片）。

（6）要经常检查变配电所（室）和电源线路，做好设备运行记录，变电室内不得堆放可燃杂物。

（7）电气线路和设备着火时，应先切断电源，然后用干粉或二氧化碳等不导电的灭火器扑救。

（8）工作时间不准脱离岗位，不准从事与本岗位无关的工作，并严格交接班手续。

（三）气焊工

（1）气焊作业前，应将施焊场地周围的可燃物清理干净，或进行覆盖隔离；气焊工人应穿戴好防护用品，检查乙炔、氧气瓶、橡胶软管接头、阀门等可能泄漏的部位是否良好，焊炬上有无油垢，焊（割）炬的射吸能力如何。

（2）乙炔发生器不得放置在电线的正下方，与氧气瓶不得同放一处，距易燃易爆物品和明火的距离不得少于10m，氧气瓶、乙炔气瓶应分开放置，间距不得少于5m。作业点宜备清水，以备及时冷却焊嘴。

（3）使用的胶管应为经耐压实验合格的产品，不得使用代用品、变质、老化、脆裂、漏气和沾有油污的胶管，发生回火倒燃应更换胶管，可燃气体和氧气胶管不得混用。

（4）焊（割）炬点火前，应用氧气吹风，检查有无风压及堵塞、漏气现象，检验是否漏气要用肥皂水，严禁用明火。

（5）作业中当乙炔管发生脱落、破裂、着火时，应先将焊机或割炬的火焰熄灭，然后停止供气。

（6）当气焊（割）炬由于高温发生炸鸣时，必须立即关闭乙炔供气阀，将焊（割）炬放入水中冷却，同时也应关闭氧气阀。

（7）对于射吸式焊割炬，点火时应先微开焊炬上的氧气阀，再开启乙炔气阀，然后点燃调节火焰。

（8）使用乙炔切割机时，应先开乙炔气，再开氧气；使用氢气切割机时，应先开氢气，后开氧气，此顺序不可颠倒。

（9）当氧气管着火时，应立即关闭氧气瓶阀，停止供氧。禁止用弯折的方法断气灭火。

（10）当发生回火，胶管或回火防止器上喷火，应迅速关闭焊炬或割炬上的氧气阀和乙炔气阀，再关上一级氧气阀和乙炔气阀门，然后采取灭火措施。

（11）进入容器内焊割时，点火和熄灭均应在容器外进行。

（12）熄灭火焰、焊炬，应先关乙炔气阀，再关氧气阀；割炬应先关氧气阀、再关乙炔及氧气阀门。

（13）橡胶软管应和高热管道、高热体及电源线隔离，不得重压。气管和电焊用的电源导线不得敷设、缠绕在一起。

（14）工作完毕，应将氧气瓶气阀关好，拧上安全罩。乙炔浮桶提出时，头部应避开浮桶上升方向，拔出后要卧放，禁止扣放在地上，检查操作场地，确认无着火危险方可离开。

（四）仓库保管员

（1）仓库保管员要牢记《仓库防火安全管理规则》，坚守岗位，尽职尽责，严格遵守仓库的入库、保管、出库、交接班等各项制度，不得在库房内吸烟和使用明火。

（2）对外来人员要严格监督，防止将火种和易燃品带入库内；提醒进入储存易燃易爆危险品库房的人员不得穿带钉鞋和化纤衣服，搬动物品时要防止摩擦和碰撞，不得使用能产生火星的工具。

（3）应熟悉和掌握所存物品的性质，并根据物资的性质进行储存和操作；不准超量储存；堆垛应留有主要通道和检查堆垛的通道，垛与垛和垛与墙、柱、屋架之间的距离应符合公安部《仓库防火安全管理规则》中所要求的防火间距。

（4）易燃易爆危险品要按类、项标准和特性分类存放，贵重物品要与其他材料隔离存放，遇水或受潮能发生化学反应的物品，不得露天存放或存放在低洼易受潮的地方；遇热易分解自燃的物品，应储存在阴凉通风的库房内。

（5）对爆炸品、剧毒品的管理，要严格落实双人保管、双本账册、双把门锁、双人领发、双人使用的“五双”制度。

（6）经常检查物品堆垛、包装，发现洒漏、包装损坏等情况时应及时处理，并按时打开门窗或通风设备进行通风。

（7）掌握仓库内灭火器材、设施的使用方法，并注意维护保养，使其完整好用。

（8）仓库保管员在每日下班之前，应对经管的库房巡查一遍，确认无火灾隐患后，拉闸断电，关好门窗，上好门锁。

（五）消防控制室操作人员

1. 值班要求

消防控制室的日常管理应符合《建筑消防设施的维护管理》（GA587）的有关要求，确保火灾自动报警系统和灭火系统处于正常工作状态。消防控制室必须实行每日24h专人值班制度，每班不应少于2人。

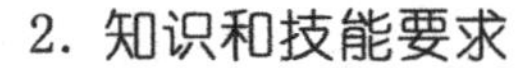

2. 知识和技能要求

熟知本单位火灾自动报警和联动灭火系统的工作原理，各主要部件、设备的性能、参数及各种控制设备的组成和功能；熟知各种报警信号的作用，熟悉各主要设备的位置，能够熟练操作消防控制设备，遇有火情能正确使用火灾自动报警及灭火联动系统。

3. 认真执行交接班制度

当班人员交班时，应向接班人员讲明当班时的各种情况，对存在的问题要认真向接班人员交代并及时处置，难以处理的问题要及时报告领导解决。接班人员每次接班都要对各系统进行巡检，看有无故障或问题存在，并及时排除；值班期间必须坚守岗位，不得擅离职守，不准饮酒，不准睡觉。

4. 确保消防设施、系统完好有效

应确保火灾自动报警系统和灭火系统处于正常工作状态，确保高位消防水箱、消防水池、气压水罐等消防储水设施水量充足；确保消防泵出水管阀门、自喷水灭火系统管道上的阀门常开；确保消防水泵、防排烟风机、防火卷帘等消防用电设备的配电柜开关处于自动（接通）位置。

5. 火警处置

接到火灾警报后，必须立即以最快方式确认。火灾确认后，必须立即将火灾报警联动控制开关转入自动状态（处于自动状态的除外），同时拨打“119”火警电话报警。并立即启动单位内部灭火和应急疏散预案，并应同时报告单位负责人。

第四节 易燃易爆物品防火管理

这里所指易燃易爆物品主要是易燃易爆设备和危险化学品。所谓易燃易爆设备，是指生产、储存、输送诸如煤气、液化气、石油气、天然气等各种燃气设备和其他用于生产、贮存和输送易燃易爆物质的设备。所谓危险化学品，是指有爆炸、易燃、毒害、感染、腐蚀、放射性等危险特性，在运输、储存、生产、经营、使用和处置中，容易造成人身伤亡、财产损毁或环境污染而需要特别防护的物品。随着企业机械化和自动化水平的不断提高，易燃易爆设备和危险化学品对企业消防安全的影响越来越大。因此，加强易燃易爆设备和危险化学品的管理是企业消防安全管理的一个重点。

一、易燃易爆设备的管理

易燃易爆设备的管理，主要包括设备的选购、进厂验收、安装调试、使用维护、改造更新等，其基本要求是合理地选择、正确地使用、安全地操作、经常维护保养、及时维修和更新，通过设备管理制度和技术、经济、组织等措施的落实，达到经济合理和安全生产的目的。

（一）易燃易爆设备的分类

易燃易爆设备按其使用性能分为以下四类。

（1）化工反应设备。如反应釜、反应罐、反应塔及其管线等。

（2）可燃、氧化性气体的储罐、钢瓶及其管线。如氢气罐、氧气罐、液化石油气储罐及其钢瓶、乙炔瓶、氧气瓶、煤气柜等。

（3）可燃的、强氧化性的液体储罐及其管线。如油罐、酒精罐、苯罐、二硫化碳罐、过氧化氢罐、硝酸罐、过氧化二苯甲酰罐等。

（4）易燃易爆物料的化工单元设备。如易燃易爆物料的输送、蒸馏、加热、干燥、冷却、冷凝、粉碎、混合、熔融、筛分、过滤、热处理设备等。

（二）易燃易爆设备的火灾危险特点

1. 生产装置、设备日趋大型化

为获得更好的经济效益，工业企业的生产装置、设备正朝着大型化的方向发展。如生产聚乙烯的聚合釜已由普遍采用的 7 ～ 13.5m3/ 台发展到了 100m3/ 台；而且已经制造出了直径 12m 以上的精馏塔和直径 15m 的填料吸收塔，塔高达 100 余米；生产设备的处理量增大也使储存设备的规模相应加大，我国 50 000t 以上的油罐已有 10 余座。由于这些设备所加工储存的都是易燃易爆的物料，所以规模的大型化使得设备的火灾危险性大大增加。

2. 生产和储存过程中承受高温高压

为了提高设备的单机效率和产品回收率，获得更佳的经济效益，许多生产工艺过程都采用了高温、高压、高真空等手段，使设备的质量及操作要求更为严格、困难，增大了火灾危险性。如以石脑油为原料的乙烯装置，其高温稀释蒸气裂解法的蒸汽温度高达 1 000℃，加氢裂化的温度也在 800℃以上；以轻油为原料的大型合成氨装置，其一段、二段转化炉的管壁温度在 900℃以上；普通的氨合成塔的压力有 32MPa，合成酒精、尿素的压力都在 10MPa 以上，高压聚乙烯装置的反应压力达 275MPa 等。生产工艺过程中的高温高压，使物料的自燃点降低，爆炸范围变宽，且对设备的强度提出了更高的要求，操作过程中稍有失误，就可能对全厂造成毁灭性破坏。

3. 生产和储存过程中易产生跑冒滴漏

由于易燃易爆设备在生产和储存过程中承受高温、高压，很容易造成设备疲劳、强度降低，加之多与管线连接，连接处很容易发生跑冒滴漏；而且由于有些操作温度超过了物料的自燃点，一旦跑漏便会着火；还由于有的物料具有腐蚀性，设备易被腐蚀而使强度降低，造成跑冒滴漏，这些又增加了设备的火灾危险性。

（三）易燃易爆设备使用的消防安全要求

1. 合理配备设备，把好质量关

要根据企业生产的特点、工艺过程和消防安全要求，选配安全性能符合规定要求的设备，设备的材质、耐腐蚀性、焊接工艺及其强度等，应能保证其整体强度，设备

的消防安全附件，如压力表、温度计、安全阀、阻火器、紧急切断阀、过流阀等应齐全合格。

2. 严格试车程序，把好试车关

易燃易爆设备启动时，要严格试车程序，详细观察设备运行情况并记录各项试车数据，保证各项安全性能达到规定指标。试车启用过程要有安全技术和消防管理部门的人员共同参加。

3. 加强操作人员的教育培训，提高其安全意识和操作技能

对易燃易爆设备应安排具有一定专业技能的人员操作。操作人员在上岗前要进行严格的消防安全教育和操作技能训练，经考试合格才能独立操作。并应做到“三好、四会”，即管好设备、用好设备，修好设备和会保养、会检查、会排除故障、会应急灭火和逃生。

4. 涂以明显的颜色标记，给人以醒目的警示

易燃易爆设备应当有明显的颜色标记，给人以醒目的警示。并在适当的位置粘贴醒目的易燃易爆设备等级标签，悬挂易燃易爆设备管理责任标牌，明确管理责任人和管理职责，以便于检查管理。

5. 为设备创造良好的工作环境

易燃易爆设备的工作环境，对其能否安全工作有较大的影响。如环境温度较高，会影响设备内气、液物料的蒸气压；如环境潮湿，会加快设备的腐蚀，甚至影响设备的机械强度。因此，对使用易燃易爆设备的场所，要严格控制温度、湿度、灰尘、震动、腐蚀等条件。

6. 严格操作规程，确保正确使用

严格操作规程，是易燃易爆设备消防安全管理的一个重要环节。在工业生产中，如果不按照设备操作规程进行操作，如颠倒了投料次序，错开了一个开关或阀门，都可能酿成大祸。所以，操作人员必须严格按照操作规程进行操作，严格把握投料和开关程序，每一阀门和开关都应有醒目的标记、编号和高压、中压或低压的说明。

7. 保证双路供电，备有手动操作机构

对易燃易爆设备，要有保证其安全运行的双路供电措施。对自动化程度较高的设备，还应备有手动操作机构。设备上的各种安全仪表，都必须反应灵敏、动作准确无误。

8. 严格交接班制度

为保证设备安全使用，操作人员下班时要把当班的设备运转情况全面、准确地向接班人员交代清楚，并认真填写交接班记录。接班的人员要做上岗前的全面检查，并认真填写检查记录，以使在班的操作人员对设备的运行情况有比较清楚的了解，对设备状况做到心中有数。

9. 切实落实设备维护保养与检查维修制度

设备操作人员每天要对设备进行维护保养，其主要内容包括：班前、班后检查，

设备各个部位的擦拭，班中认真观察听诊设备运转情况，及时排除故障等，定期对设备进行安全检查，对检查出的故障设备及时维修，不得使设备带病运行。

10. 建立设备档案

加强对易燃易爆设备的管理，建立设备档案，及时掌握设备的运行情况。易燃易爆设备档案的内容主要包括：性能、生产厂家、使用范围、使用时间、事故记录、维修记录、维护人、操作人、操作要求、应急方法等。

（四）易燃易爆设备的安全检查、维修与更新

1. 易燃易爆设备的安全检查

易燃易爆设备的安全检查，是指对设备的运行情况、密封情况、受压情况、仪表灵敏度、各零部件的磨损情况和开关、阀门的完好情况等进行检查。该检查可针对单位生产的具体情况确定检查的频次，按时间可以分为日检查、周检查、月检查、年检查等几种；从技术上来讲，还可以分为机能性检查和规程性检查两种。

（1）日检查是指操作人员在交接班时进行的检查。此种检查一般都由操作人员自己进行。

（2）周检查和月检查是指班组或车间、工段的负责人按周或月的安排进行的检查。

（3）年检查是指由厂部组织的对全厂或全公司的易燃易爆设备进行的检查。年检查应成立由设备、技术、安全保卫部门联合组成的检查小组，时间一般安排在本厂、公司生产或经营的淡季。在年检时，要编制检查标准书，确定检查项目。

2. 易燃易爆设备的检修

易燃易爆设备在使用一定时间后，会因物料的腐蚀性和膨胀性而使设备出现裂纹、变形或焊缝、受压元件、安全附件等出现泄漏现象，如果不及时检查修复，就有可能发生着火或爆炸事故。所以，对易燃易爆设备要定期进行检修，及时发现和消除事故隐患。设备检修按每次检修内容的多少和时间的长短，分为小修、中修和大修三种。

（1）小修

小修是指只对设备的外观表面进行的检修。一般设备的小修一年进行一次。检修的主要内容包括：设备的外表面有无裂纹、变形、局部过热等现象，防腐层、保温层及设备的铭牌是否完好，设备的焊缝、连接管、受压元件等有无泄漏，紧固螺栓是否完好，基础有无下沉、倾斜等异常现象和设备的各种安全附件是否齐全、灵敏、可靠等。

（2）中修

中修是指设备的中、外部检修。中修一般三年进行一次，但对使用期已达 15 年的设备应每隔 2 年中修一次，对使用期超过 20 年的设备每隔一年中修一次。中修的内容除外部检修的全部内容外，还应对设备的外表面、开孔接管处有无介质腐蚀或冲刷磨损等现象和对设备的所有焊缝、封头过渡区和其他应力集中的部位有无断裂或裂纹等进行检查。

（3）大修

大修是指对设备的内外进行全面的检修。大修应由技术总负责人批准，并报上级

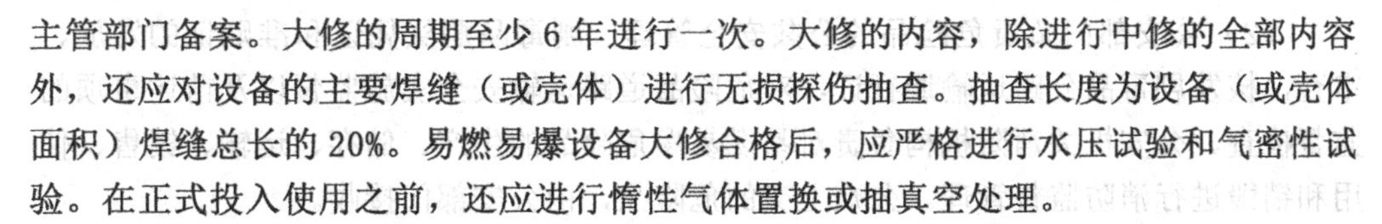

主管部门备案。大修的周期至少6年进行一次。大修的内容，除进行中修的全部内容外，还应对设备的主要焊缝（或壳体）进行无损探伤抽查。抽查长度为设备（或壳体面积）焊缝总长的20%。易燃易爆设备大修合格后，应严格进行水压试验和气密性试验。在正式投入使用之前，还应进行惰性气体置换或抽真空处理。

3. 易燃易爆设备的更新

衡量易燃易爆设备是否需要更新，主要看两个性能：一是机械性能；二是安全可靠性能。机械性能和安全可靠性能是不可分割的，安全性能的好坏依赖于机械性能。易燃易爆设备的机械性能和安全可靠性能低于消防安全规定的要求时，应立即更新。如当易燃易爆设备的壁厚小于最小允许壁厚，强度核算不能满足最高许用压力时，就应考虑设备的更新问题。更新设备应考虑两个问题，一是经济性，就是在保证消防安全的基础上花最少的钱；二是先进性，就是替换的新设备防火防爆安全性能应当先进、可靠。

二、易燃易爆危险品的消防安全管理

易燃易爆危险品是指具有强还原性，参与空气或其他氧化剂遇火源能够发生着火或爆炸；或具有强氧化性，遇可燃物可着火或爆炸的危险品。如易燃气体、氧化性气体、易燃液体、易燃固体、自燃物品、遇湿易燃物品、氧化剂和有机过氧化物等。由于易燃易爆危险品火灾危险性极大，且一旦发生火灾往往带来巨大的人员伤亡和财产损失，故《消防法》第二十三条规定“生产、储存、运输、销售、使用、销毁易燃易爆危险品，必须执行消防技术标准和管理规定”。

（一）危险化学品的分类

危险化学品分为以下十六类：爆炸物、易燃气体、易燃气溶胶、氧化性气体、压力下气体、易燃液体、易燃固体、自反应物质或混合物、自燃液体、自燃固体、自热物质和混合物、遇水放出易燃气体的物质或混合物、氧化性液体、氧化性固体、有机过氧化物、金属腐蚀剂。

（二）危险化学品安全管理职责和要求

1. 政府部门对危险品安全管理的职责

根据国家对危险品安全管理的社会分工和《危险化学品安全管理条例》的规定，政府有关部门负责对危险品的生产、经销、储存、运输、使用和对废弃危险品处置实施安全监督管理，具体职责如下。

（1）国务院和省、自治区、直辖市人民政府安全生产监督管理部门，负责危险品安全监督的综合管理。包括危险品生产、储存企业的设立及其改建、扩建的审查，危险品包装物、容器专业生产企业的定点和审查，危险品经营许可证的发放，国内危险品的登记，危险品事故应急救援的组织和协调以及前述事项的监督检查。市县级危险品安全监督综合管理部门的职责由该级人民政府确定。

（2）公安部门负责危险品的公共安全管理，剧毒品购买凭证和准购证的发放、审查，核发剧毒品公路运输通行证，对危险品道路运输安全实施监督以及前述事项的监督检查。公安机关消防机构负责对易燃易爆危险品的生产、储存、运输、销售、使用和销毁进行消防监督管理。公众上交的危险品，由公安部门接收。

（3）质检部门负责易燃易爆危险品及其包装物生产许可证的发放，对易燃易爆危险品包装物或容器的产品质量实施监督检查。质检部门应当将颁发易燃易爆危险品生产许可证的情况通报国务院经济贸易综合管理部门、环境保护部门和公安部门。

（4）环境保护部门负责废弃易燃易爆危险品处置的监督管理，重大易燃易爆危险品污染事故和生态破坏事件的调查，毒害性易燃易爆危险品事故现场的应急监测和进口易燃易爆危险品的登记，并负责前述事项的监督检查。

（5）铁路、民航部门负责易燃易爆危险品的铁路、航空运输和易燃易爆危险品铁路、民航运输单位及其运输工具的管理和监督检查。交通部门负责易燃易爆危险品公路、水路运输单位及其运输工具的管理和监督检查，负责易燃易爆危险品公路、水路运输单位、驾驶人员、船员、装卸员和押运员的资质认定。

（6）卫生行政部门负责易燃易爆危险品的毒性鉴定和易燃易爆危险品事故伤亡人员的医疗救护工作。

（7）工商行政管理部门依据有关部门批准、许可文件，核发易燃易爆危险品生产、经销、储存、运输单位的营业执照，并监督管理易燃易爆危险品市场经营活动。

（8）邮政部门负责邮寄易燃易爆危险品的监督检查。

2. 政府部门危险品监督检查的权限和要求

为保证对易燃易爆危险品的监督检查工作能够正常、有序、顺利进行，政府有关部门在进行监督检查时，应当根据法律法规授权的范围和国家对易燃易爆危险品安全管理的职责分工，依法行使下列职权。

（1）进入易燃易爆危险品作业场所进行现场检查，向有关人员了解情况，调取相关资料，给易燃易爆危险品单位提出整改措施和建议。

（2）发现易燃易爆危险品事故隐患时，责令立即或限期排除。

（3）对不符合有关法律法规规定和国家标准要求的设施、设备、器材和运输工具，责令立即停止使用。

（4）发现违法行为，当场予以纠正或者责令限期改正。

有关部门工作人员依法进行监督检查时，应出示证件。易燃易爆危险品单位应当接受有关部门依法实施的监督检查，不得拒绝或阻挠。

3. 易燃易爆危险品单位的安全管理要求

易燃易爆危险品单位应当具备有关法律、行政法规和国家标准或行业标准规定的安全生产条件，不具备条件的，不得从事易燃易爆危险品的生产经营活动。

单位应当设置安全管理机构，确定安全管理主要负责人，配备专职的安全管理人员并按照以下管理要求对本单位进行安全管理。

（1）单位安全管理主要负责人和安全管理人员必须具备与本单位所从事的生产

经营活动相应的安全生产知识和管理能力，并由有关主管部门对其安全生产知识和管理能力进行考核，考核合格后方可任职。

（2）单位安全管理主要负责人应当以国家有关法律法规为依据，建立健全本单位安全责任制；制定单位安全规章制度和重点岗位安全操作规程；定期督促检查单位的安全工作，及时消除隐患；组织制定并实施本单位的事故应急救援预案；发生安全事故应及时、如实向上级报告。

（3）单位安全管理机构应当对易燃易爆危险品从业人员进行安全教育和培训，保证从业人员具备必要的安全知识，熟悉有关规章制度和安全操作规程，掌握本岗位的安全操作技能。

（4）从事生产、储存、运输、销售、使用或者处置废弃易燃易爆危险品工作的人员，应当接受有关法律、法规、规章和安全知识、专业技术、人体健康防护和应急救援等知识和技能的培训，并经考核合格才能上岗作业。对特种作业操作人员，应按照国家有关规定经专门的特种作业安全培训，取得特种作业操作资格证书后才能上岗作业。

（5）易燃易爆危险品单位应当具备安全生产条件和所必需的资金投入，生产经营单位的决策机构、主要负责人或者个人经营的投资人应对资金投入予以保证，并对由于安全生产所必需的资金投入不足导致的后果承担责任。

（三）易燃易爆危险品生产、储存、使用的消防安全管理

由于易燃易爆危险品在生产和使用过程中都是散状存在于生产工艺设备、装置和管线之中，处于运动状态，跑、冒、滴、漏的机会很多，加之生产、使用中的危险因素也很多，因而危险性很大；而易燃易爆危险品在储存过程中，量大而集中，是重要的危险源，一旦发生事故，后果不堪设想，因此加强对易燃易爆危险品生产、储存和使用的安全管理是非常重要的。

1. 易燃易爆危险品生产、储存企业应当具备的消防安全条件

国家对易燃易爆危险品的生产和储存实行统一规划、合理布局和严格控制的原则，并实行审批制度。在编制总体规划时，设区的城市人民政府应当根据当地经济发展的实际需要，按照确保安全的原则，规划出专门用于易燃易爆危险品生产和储存的适当区域，生产、储存易燃易爆危险品时应当满足下列条件。

（1）生产工艺、设备或设施、存储方式符合国家相关标准；

（2）企业周边的防护距离符合国家标准或者国家有关规定；

（3）生产、使用易燃易爆危险品的建筑和场所必须符合建筑设计防火规范和有关专业防火规范；

（4）生产、使用易燃易爆危险品的场所必须按照有关规范安装防雷保护设施；

（5）生产、使用易燃易爆危险品场所的电气设备，必须符合国家电气防爆标准；

（6）生产设备与装置必须按国家有关规定设置消防安全设施，定期保养、校验；

（7）易产生静电的生产设备与装置，必须按规定设置静电导除设施，并定期进行检查；

（8）从事生产易燃易爆危险品的人员必须经主管部门进行消防安全培训，经考

试取得合格证，方准上岗；

（9）消防安全管理制度健全；

（10）符合国家法律法规规定和国家标准要求的其他条件。

2. 易燃易爆危险品生产、储存企业设立的申报和审批要求

为了严格管理，易燃易爆危险品生产、储存企业在设立时，应当向设区的市级人民政府安全监督综合管理部门提出申请；剧毒性易燃易爆危险品还应当向省、自治区、直辖市人民政府经济贸易管理部门提出申请，但无论哪一级申请，都应当提交下列文件：

（1）企业设立的可行性研究报告；

（2）原料、中间产品、最终产品或者储存易燃易爆危险品的自燃点、闪点、爆炸极限、氧化性、毒害性等理化性能指标；

（3）包装、储存、运输的技术要求；

（4）安全评价报告；

（5）事故应急救援措施；

（6）符合易燃易爆危险品生产、储存企业必须具备条件的证明文件。

省、自治区、直辖市人民政府经济贸易管理部门设区的市级人民政府安全监督综合管理部门，在收到申请和提交的文件后，应当组织有关专家进行审查，提出审查意见，并报本级人民政府批准。本级人民政府予以批准的，由省、自治区、直辖市人民政府经济贸易管理部门或设区的市级人民政府安全监督综合管理部门颁发批准书，申请人凭批准书向工商行政管理部门办理登记注册手续；不予批准的，应当书面通知申请人。

3. 易燃易爆危险品包装的消防安全管理要求

易燃易爆危险品包装是否符合要求，对保证易燃易爆危险品的安全非常重要，如果不能满足运输储存的要求，就有可能在运输、储存和使用过程中发生事故。因此，易燃易爆危险品在包装上应符合下列安全要求。

（1）易燃易爆危险品的包装应符合国家法律、法规、规章的规定和国家标准的要求。包装的材质、形式、规格、方法和单件质量（重量），应当与所包装易燃易爆危险品的性质和用途相适应，并便于装卸、运输和储存。

（2）易燃易爆危险品的包装物、容器，应当由省级人民政府经济贸易管理部门审查合格的专业生产企业定点生产，并经国务院质检部门的专业检测、检验机构检测、检验合格，方可使用。

（3）重复使用的易燃易爆危险品包装物（含容器）在使用前，应当进行检查，并做记录；检查记录至少应保存两年。质监部门应当对易燃易爆危险品的包装物（含容器）的产品质量进行定期或不定期的检查。

4. 易燃易爆危险品储存的消防安全管理要求

由于储存易燃易爆危险品仓库通常都是重大危险源，一旦发生事故往往

带来重大损失和危害，所以对易燃易爆危险品的储存管理应更加严格。易燃易爆化学物品的储存应当遵守《仓库防火安全管理规则》，同时还应当符合下列条件：

（1）易燃易爆危险品必须储存在专用仓库或储存室。储存方式、方法、数量必须符合国家标准。并由专人管理，出入库应当进行核查登记。

（2）易燃易爆危险品应当分类、分项储存，性质相互抵触，灭火方法不同的易燃易爆危险品不得混存，垛与垛、垛与墙、垛与柱、垛与顶以及垛与灯之间的距离应符合要求，要定期对仓库进行检查、保养，注意防热和通风散潮。

（3）剧毒品、爆炸品以及储存数量构成重大危险源的其他易燃易爆危险品必须在专用仓库内单独存放，实行双人收发、双人保管制度。储存单位应当将剧毒品以及构成重大危险源的易燃易爆危险品的数量、地点以及管理人员的情况报当地公安部门和负责易燃易爆危险品安全监督综合管理工作部门备案。

（4）易燃易爆危险品专用仓库，应当符合国家标准中对安全、消防的要求，设置明显标志。应当定期对易燃易爆危险品专用仓库的储存设备和安全设施进行检查。

（5）对废弃易燃易爆危险品处置时，应当严格按照固体废物污染环境防治法和国家有关规定进行。

（四）易燃易爆危险品经销的消防安全管理

易燃易爆危险品在采购、调拨和销售等经销活动中，受外界因素的影响最多，因而事故隐患也最多，所以应加强易燃易爆危险品经销的安全管理。

1. 经销易燃易爆危险品必须具备的条件

国家对易燃易爆危险品的经销实行许可制度。未经许可，任何单位和个人都不能经销易燃易爆危险品。经销易燃易爆危险品的企业必须具备下列条件。

（1）经销场所和储存设施符合国家标准；

（2）主管人员和业务人员经过专业培训，并取得上岗资格；

（3）有健全的安全管理制度；

（4）符合法律、法规规定和国家标准要求的其他条件。

2. 易燃易爆危险品经销许可证的申办

（1）经销剧毒性易燃易爆危险品的企业，应当分别向省、自治区、直辖市人民政府的经济贸易管理部门或者设区的市级人民政府的负责易燃易爆危险品安全监督综合管理工作的部门提出申请，并附送易燃易爆危险品经销企业条件的相关证明材料。

（2）省、自治区、直辖市人民政府的经济贸易管理部门或者设区的市级人民政府的负责易燃易爆危险品安全监督综合管理工作的部门接到申请后，应当依照规定对申请人提交的证明材料和经销场所进行审查。

（3）经审查，符合条件的，颁发危险品经销（营）许可证，并将颁发危险品经销（营）许可证的情况通报同级公安部门和环境保护部门，申请人凭危险品经销（营）许可证向工商行政管理部门办理登记注册手续。不符合条件的，书面通知申请人并说明理由。

3. 易燃易爆危险品经销的消防安全管理要求

（1）企业在采购易燃易爆危险品时，不得从未取得易燃易爆危险品生产或经销许可证的企业采购；生产易燃易爆危险品的企业也不得向未取得易燃易爆危险品经销许可证的单位或个人销售易燃易爆危险品。

（2）经销易燃易爆危险品的企业不得经销国家明令禁止的易燃易爆危险品；也不得经销没有安全技术说明书和安全标签的易燃易爆危险品。

（3）经销易燃易爆危险品的企业储存易燃易爆危险品时，应遵守国家易燃易爆危险品储存的有关规定。经销商店内只能存放民用小包装的易燃易爆危险品，其总量不得超过国家规定的限量。

（五）易燃易爆危险品运输的消防安全管理

国家对易燃易爆危险品的运输实施资质认定制度，未经资质认定，不得运输易燃易爆危险品。易燃易爆危险品的运输必须符合相关管理要求。

1. 易燃易爆危险品运输消防安全管理的基本要求

（1）运输、装卸易燃易爆危险品，应当依照有关法律、法规、规章的规定和国家标准的要求，按照易燃易爆危险品的危险特性，采取必要的安全防护措施。

（2）用于易燃易爆危险品运输的槽、罐及其他容器，应当由符合规定条件的专业生产企业定点生产，并经检测、检验合格方可使用。质检部门对定点生产的槽、罐及其他容器的产品质量进行定期或不定期检查。

（3）易燃易爆危险品运输企业，应当对其驾驶员、船员、装卸管理员、押运员进行有关安全知识培训，使其掌握易燃易爆危险品运输的安全知识并经所在地设区的市级人民政府交通部门（船员经海事管理机构）考核合格，取得上岗资格证方可上岗作业。

（4）运输易燃易爆危险品的驾驶员、船员、装卸管理员、押运员应当了解所运载易燃易爆危险品的性质、危险、危害特性，包装容器的使用特性和发生意外时的应急措施。在运输易燃易爆危险品时，应当配备必要的应急处理器材和防护用品。

（5）托运易燃易爆危险品时，托运人应当向承运人说明所托运易燃易爆危险品的品名、数量、危害、应急措施等情况。所托运的易燃易爆危险品需要添加抑制剂或稳定剂的，托运人交付托运时应当将抑制剂或稳定剂添加充足，并告知承运人。托运人不得在托运的普通货物中夹带易燃易爆危险品，也不得将易燃易爆危险品匿报或谎报为普通货物托运。

（6）运输易燃易爆危险品的槽罐以及其他容器必须封口严密，能够承受正常运输条件下产生的内部压力和外部压力，保证易燃易爆危险品在运输中不因温度、湿度或压力的变化而发生任何渗漏。

（7）任何单位和个人不得邮寄或者在邮件内夹带易燃易爆危险品，也不得将易燃易爆危险品匿报或者谎报为普通物品邮寄。

（8）通过铁路、航空运输易燃易爆危险品的，应符合国务院铁路、民航部门的有关专门规定。

2. 易燃易爆危险品公路运输的消防安全管理要求

易燃易爆危险品公路运输时，由于受驾驶技术、道路状况、车辆状况、天气情况

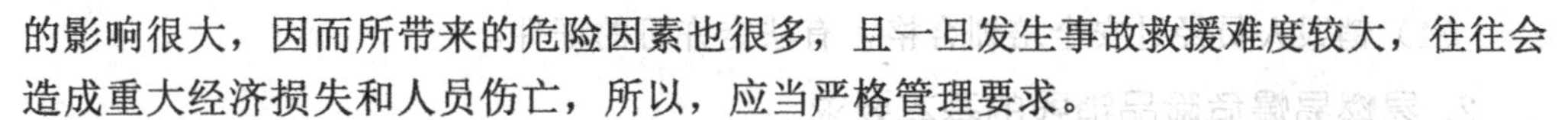

的影响很大，因而所带来的危险因素也很多，且一旦发生事故救援难度较大，往往会造成重大经济损失和人员伤亡，所以，应当严格管理要求。

（1）通过公路运输易燃易爆危险品时，必须配备押运人员，并且所运输的易燃易爆危险品随时处于押运人员的监管之下。不得超装、超载，不得进入易燃易爆危险品运输车辆禁止通行的区域；确需进入禁止通行区域的，应当事先向当地公安部门报告，并由公安部门为其指定行车时间和路线，且运输车辆必须遵守公安部门为其指定的行车时间和路线。

（2）通过公路运输易燃易爆危险品的，托运人只能委托有易燃易爆危险品运输资质的运输企业承运。

（3）剧毒性易燃易爆危险品在公路运输途中发生被盗、丢失、流散、泄漏等情况时，承运人及押运人员应当立即向当地公安部门报告，并采取一切可能的警示措施。公安部门接到报告后，应当立即向其他有关部门通报情况；有关部门应当采取必要的安全措施。

（4）易燃易爆危险品运输车辆禁止通行的区域，由设区的市级人民政府公安部门划定，并设置明显的标志。运输烈性易燃易爆危险品途中需要停车住宿或者遇有无法正常运输的情况时，应当向当地公安部门报告。

3. 易燃易爆危险品水路运输的消防安全管理要求

易燃易爆危险品在水上运输时，一旦发生事故往往会造成水道的阻塞或对水域形成污染，给人民的生命财产带来更大的危害，且往往扑救比较困难。故水上运输易燃易爆危险品时应当有比陆地更加严格的要求。

（1）禁止利用内河以及其他封闭水域等航运渠道运输剧毒性易燃易爆危险品。

（2）利用内河以及其他封闭水域等航运渠道运输禁运以外的易燃易爆危险品时，只能委托有易燃易爆危险品运输资质的水运企业承运，并按照国务院交通部门的规定办理手续，接受有关交通港口部门、海事管理机构的监督管理。

（3）运输易燃易爆危险品的船舶及其配载的容器应当按照国家关于船舶检验的规范进行生产，并经海事管理机构认可的船舶检验机构检验合格，方可投入使用。

（六）易燃易爆危险品销毁的消防安全管理

易燃易爆危险品如因质量不合格，或因失效、变态废弃时，要及时进行销毁处理，以防止管理不善而引发火灾、中毒等灾害事故的发生。为了保证安全，禁止随便弃置堆放和排入地面、地下及任何水系。

1. 销毁易燃易爆危险品应具备的消防安全条件

由于废弃的易燃易爆危险品稳定性差，危险性大，故销毁处理时必须要有可靠的安全措施，并须经当地公安和环保部门同意才可进行销毁，其基本条件如下。

（1）销毁场地的四周和防护措施，均应符合安全要求；

（2）销毁方法选择正确，适合所要销毁物品的特性，安全、易操作、不会污染环境；

（3）销毁方案无误，防范措施周密、落实；

（4）销毁人员经过安全培训合格，有法定许可的证件。

2. 易燃易爆危险品销毁的基本要求

易燃易爆危险品的销毁，要严格遵守国家有关安全管理的规定，严格遵守安全操作规程，防止着火、爆炸或其他事故的发生。

（1）正确选择销毁场地

销毁场地的安全要求因销毁方法的不同而不同。当采取爆炸法或者燃烧法销毁时，销毁场地应选择在远离居住区、生产区、人员聚集场所和交通要道的地方，最好选择在有天然屏障或较隐蔽的地区。销毁场地边缘与场外建筑物的距离不应小于200m，与公路、铁路等交通要道的距离不应小于150m。当四周没有天然屏障时，应设有高度不小于3m的土堤防护。

销毁爆炸品时，销毁场地最好是无石块、瓦块的泥土或沙地。专业性的销毁场地，四周应砌筑围墙，围墙距作业场地边沿不应小于50m；临时性销毁场地四周应设警戒或者铁丝网。销毁场地内应设人身掩体和点火引爆掩体。掩体的位置应在常年主导风向的上风方向，掩体之间的距离不应小于30m，掩体的出入口应背向销毁场地，且距作业场地边沿的距离不应小于50m。

（2）严格培训作业人员

执行销毁操作的作业人员，要经严格的操作技术和安全培训，并经考试合格才能执行销毁的操作任务。执行销毁操作的作业人员应具备以下条件。

①身体强壮，智能健全。

②具有一定的专业知识。

③工作认真负责，责任心强。

④经安全培训合格。

（3）严格消防安全管理

根据《消防法》的有关规定，公安消防机关应当加强对易燃易爆危险品的监督管理。销毁易燃易爆危险品的单位应当严格遵守有关消防安全的规定，认真落实具体的消防安全措施，当大量销毁时应当认真研究，作出具体方案（包括一旦引发火灾时的应急灭火预案）。并向公安机关消防机构申报，经审查并经现场检查合格方可进行，必要时，公安机关消防机构应当派出消防队现场执勤保护，确保销毁安全。

（七）易燃易爆危险品的登记与事故紧急救援管理

1. 易燃易爆危险品的登记管理

为了进一步加强对易燃易爆危险品的管理，国家对易燃易爆危险品实行登记制度，并为易燃易爆危险品安全管理、事故预防和应急救援提供技术、信息支持。

（1）易燃易爆危险品生产、储存企业以及使用的数量构成重大危险源的其他易燃易爆危险品使用单位，应当向国务院经济贸易综合管理部门负责易燃易爆危险品登记的机构办理易燃易爆危险品登记。易燃易爆危险品登记的具体办法应按照国务院经济贸易综合管理部门的有关要求进行。

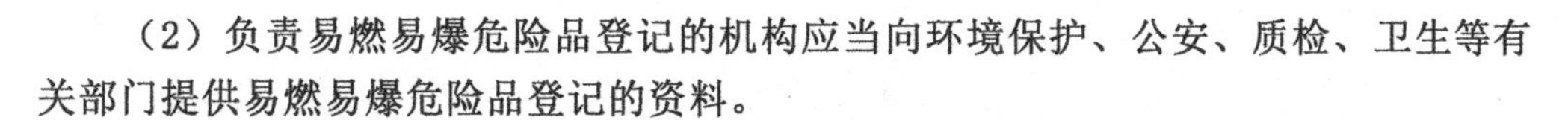

（2）负责易燃易爆危险品登记的机构应当向环境保护、公安、质检、卫生等有关部门提供易燃易爆危险品登记的资料。

2. 易燃易爆危险品事故的紧急救援管理

易燃易爆危险品一旦发生事故往往会造成重大的人员伤亡和经济损失。为了最大限度地减少人员伤亡和经济损失，必须采取积极的救援措施。

（1）易燃易爆危险品事故紧急救援管理的基本要求

①县级以上地方各级人民政府，应当在本辖区域内配备、训练具有一定专业技术水平的紧急抢险救援队伍，并保证这支队伍的人员、设备和训练的经费。

②县级以上地方各级人民政府负责易燃易爆危险品安全监督综合管理的部门，应当会同同级其他有关部门制定易燃易爆危险品事故应急救援预案，报经本级人民政府批准。

③易燃易爆危险品单位应当制定本单位的事故应急救援预案，配备应急救援人员和必要的应急救援器材、设备，并定期组织演练。

④易燃易爆危险品事故应急救援预案应当报设区的市级人民政府负责易燃易爆危险品安全监督综合管理的部门备案。

⑤发生易燃易爆危险品事故，事故单位主要负责人应当按照本单位制定的应急救援预案，立即组织救援，并立即报告当地负责易燃易爆危险品安全监督综合管理的部门和公安、环境保护、质检部门。

（2）易燃易爆危险品事故紧急救援的实施

发生易燃易爆危险品事故，有关地方人民政府应当作好指挥、领导工作。负责易燃易爆危险品的安全监督综合管理的部门和环境保护、公安、卫生等有关部门，应当按照当地应急救援预案组织实施救援，不得拖延、推诿。有关地方人民政府及其有关部门应当按照下列要求，采取必要措施，减少事故损失，防止事故蔓延、扩大。

①立即组织营救受害人员，组织撤离或者采取其他措施保护危害区域内的其他人员；

②迅速控制危害源，并对易燃易爆危险品造成的危害进行检验、监测，测定事故的危害区域、易燃易爆危险品性质及危害程度；

③针对事故对人体、动植物、土壤、水源、空气造成的现实危害和可能产生的危害，迅速采取封闭、隔离、洗消等措施；

④对易燃易爆危险品事故造成的危害进行监测、处置，直至符合国家环境保护标准；

⑤易燃易爆危险品生产企业必须为易燃易爆危险品事故应急救援提供技术指导和必要的协助；

⑥易燃易爆危险品事故造成环境污染的信息，由环境保护部门统一公布。

第五节 重大危险源的管理

一、重大危险源的概念及其分类

（一）重大危险源的概念

重大危险源，是指生产、储存、运输、使用危险品或者处置废弃危险品，且危险品的数量等于或者超过临界量的单元（包括场所和设施）。临界量是指国家标准规定的某种或某类危险品在生产场所或储存区内不允许达到或超过的最高限量。单元是指一个（套）生产装置、设施或场所，或同属一个工厂的边缘距离小于500m的几个（套）生产装置、设施或场所。

（二）重大危险源的分类

重大危险源按照工艺条件情况分为生产区重大危险源和储存区重大危险源两种。其中，由于储存区重大危险源工艺条件较为稳定，所以临界量的数值相对较大。国家标准《重大危险源辨识》（GB 182182000），对爆炸物品、易燃物品、氧化剂和有机过氧化物（活性化学物质）、有毒物品在生产区和储存区的临界量做了明确的规定。

二、重大危险源的安全管理措施

重大危险源的管理是企业安全管理的重点，在对重大危险源进行辨识和评价后，应针对每一个重大危险源制定出一套严格的安全管理制度，通过技术措施和组织措施对重大危险源进行严格控制和管理。

（1）实行重大危险源登记制度。通过登记，政府部门能够更清楚地从宏观了解我国重大危险源的分布状况及安全水平，便于从宏观上进行管理与控制。登记的内容包括企业概况、重大危险源的概况、安全技术措施、安全管理措施、以往发生事故的情况等。

（2）建立健全重大危险源安全监控组织机构。

（3）严格控制各类危险源的临界量。

（4）设置重大危险源监控预警系统。

（5）建立健全重大危险源安全技术规范和管理制度。

（6）建立完善的灾难性应急计划，一旦紧急事态出现，确保应急救援工作顺利进行。

（7）与重要保护场所必须保持规定的安全距离。

重大危险源也是重大能量源，为了预防重大危险源发生事故，必须对重大危险源

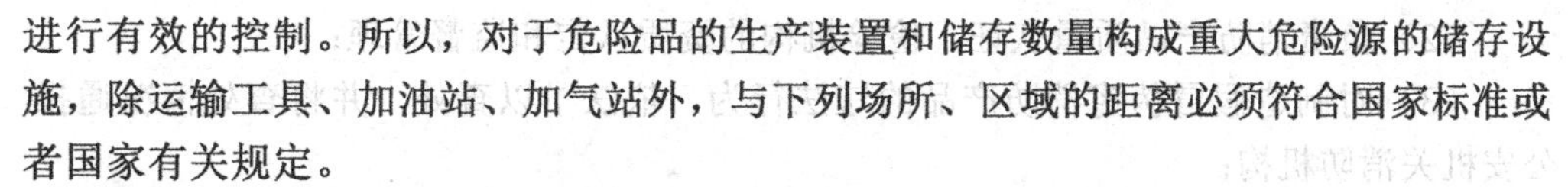

进行有效的控制。所以，对于危险品的生产装置和储存数量构成重大危险源的储存设施，除运输工具、加油站、加气站外，与下列场所、区域的距离必须符合国家标准或者国家有关规定。

①居民区、商业中心、公园等人口密集区域；

②学校、医院、影剧院、体育场（馆）等公共场所；

③供水水源、水厂及水源保护区；

④车站、码头（按照国家规定，经批准，专门从事危险品装卸作业的除外）、机场以及公路、铁路、水路交通干线、地铁风亭及出入口；

⑤基本农田保护区、畜牧区、渔业水域和种子、种畜、水产苗种生产基地；

⑥河流、湖泊、风景名胜区和自然保护区；

⑦军事禁区、军事管理区；

⑧法律、行政法规规定予以保护的其他区域。

（8）不符合规定的改正措施。

对已建的危险品生产装置和储存数量构成重大危险源的储存设施不符合规定的，应当由所在地设区的市级人民政府负责危险品安全监督综合管理工作的部门监督其在规定期限内进行整顿；需要转产、停产、搬迁、关闭的，应当报本级人民政府批准后实施。

第六节　消防产品质量监督管理

消防产品是指经过加工、制作，具有特定物理化学性能的专门用于火灾预防、灭火救援、火灾防护、避难逃生的专用器材和设备。它广泛应用于社会的各个领域、各种可能发生火灾的场所，装备着每一支公安、专职、志愿消防队伍，应用于火灾发生的危急时刻，所以，其质量、数量、使用性能等，与消防安全关系都十分重大。如果质量优异，则功效显著，遇警启用能化险为夷；若质量不好，临警失效，则会贻误战机，不但起不了防止和扑救火灾的作用，反而会造成更大的经济损失，使小火酿成重灾，甚至危及生命安全。因此，消防产品的生产，必须坚持“质量第一”的方针，遵循“企业负责、行业自律、中介评价、政府监管”的原则，切实加强对消防产品的质量监督管理。

一、消防产品质量监督管理职责

（一）产品质量监督部门的监督职责

产品质量监督部门负责消防产品生产领域产品质量的监督检查，并依法履行以下职责：

（1）组织开展消防产品生产领域产品质量的监督抽查；

（2）负责消防产品质量认证、检验机构的资质认定和监督管理；

（3）对制造假冒伪劣消防产品的违法行为，依法予以查处，并将查处情况通报公安机关消防机构；

（4）受理消防产品生产领域违法行为的举报、投诉，并按规定进行调查、处理。

（二）工商行政管理部门的监督职责

工商行政管理部门负责消防产品流通领域产品质量的监督检查，并依法履行以下职责：

（1）组织开展消防产品流通领域产品质量的监督抽查；

（2）对销售假冒伪劣消防产品的违法行为，依法予以查处，并将查处情况通报公安机关消防机构；

（3）受理消防产品流通领域违法行为的举报、投诉，并按规定进行调查、处理。

（三）消防部门的监督职责

公安机关消防机构负责消防产品使用领域产品质量的监督检查，并依法履行以下职责：

（1）组织开展在建建设工程消防产品专项监督抽查；

（2）在实施建设工程消防验收、开业前检查和消防监督检查时，依照有关规定对消防产品质量实施检查；

（3）对消防产品质量认证、检验和消防设施检测等消防技术服务机构开展的认证、检验和检测活动进行监督；

（4）对发现的使用不合格消防产品或者国家明令淘汰的消防产品的违法行为，依法予以处理；

（5）受理消防产品使用领域违法行为的举报、投诉，并按规定进行调查、处理。

二、消防产品质量及相关单位的要求

（1）消防产品必须符合国家标准。无国家标准的，必须符合行业标准，新研制的尚未制定国家标准或行业标准的，经技术鉴定符合消防安全要求的，方可生产、销售、维修和使用，消防安全要求由公安部制定。

（2）建筑构件和建筑材料的防火性能必须符合国家标准或者行业标准。

（3）根据国家工程建设消防技术标准的规定，室内装修、装饰工程，应当使用不燃、难燃材料或者阻燃制品的，必须依照消防技术标准选用由产品质量法规定确定的检验机构检验合格的材料。

（4）禁止生产、销售或者使用不合格的消防产品以及国家明令淘汰的消防产品；禁止使用不符合国家标准、行业标准或者地方标准的配件或者配料维修、保养消防设施和器材。

（5）为建设工程供应消防产品的单位应当提供强制性产品认证合格或者技术鉴定合格的证明文件、出厂合格证。

（6）供应有防火性能要求的建筑构件、建筑材料、室内装修装饰材料的单位应当提供符合国家标准、行业标准的证明文件、出厂合格证，并应作出质量合格的承诺。

（7）消防产品的使用单位应当根据建（构）筑物的火灾危险等级选用相应质量要求的消防产品。

（8）建设工程设计单位在设计中选用的消防产品，应当注明产品规格、性能等技术指标，其质量要求应当符合国家标准、行业标准。对尚未制定国家标准或行业标准的，应选用经技术鉴定合格的消防产品。

（9）消防产品生产、销售、安装、维修单位的基本信息目录由有关消防产品管理组织编制，并定期向社会公布。

三、消防产品质量监督管理的措施

消防产品质量的优劣，直接影响着消防系统性能的发挥。目前，我国对消防产品质量的管理主要采取了消防产品市场准入、认证机构管理、证书管理、明确相关部门或人员的职责和义务等几方面的管理措施。

（一）实行消防产品市场准入制度

消防产品市场准入制度是指消防产品在经过国家具有资格的消防产品质量监督检验机构检验合格才可上市销售的制度。目前，消防产品的市场准入制度主要有强制性产品认证制度（3C 认证）和型式认可制度。

1. 强制性产品认证（3C 认证）制度

强制性产品认证制度，是通过制定强制性产品认证的产品目录和实施强制性产品认证程序，对列入目录中的产品实施强制性的检测和审核的制度。凡列入强制性产品认证目录内的产品，没有获得指定认证机构的认证证书，没有按规定加施认证标志，一律不得进口、不得出厂销售和在经营服务场所使用。

实行强制性认证的消防产品目录由国家市场监督管理总局、国家认证认可监督管理委员会会同公安部制定并公布，消防产品认证基本规范、认证规则由国家认证认可监督管理委员会制定并公布。

实行强制性产品认证制度的消防产品，生产企业应当向公安部消防产品合格评定中心提出认证申请，由具有认证资质的人员组成检查组，严格按照强制性产品认证实施规则进行产品质量认证，对申请认证企业的工厂条件进行考核检查，检查通过后再抽取产品样品送国家指定的消防产品质量监督检验中心作认证检验。最后，在工厂条件检查合格和产品检验合格的基础上颁发 3C 认证证书。企业凭 3C 认证证书上市销售产品。目前，实行强制性产品认证的消防产品有以下 4 类。

（1）火灾报警产品

实行强制性认证的火灾报警产品，包括以下产品种类（共 22 种）：

点型感烟火灾探测器、点型感温火灾探测器、独立式感烟火灾探测报警器、手动火灾报警按钮、点型紫外火焰探测器、特种火灾探测器、线型光束感烟火灾探测器、电气火灾监控系统、火灾显示盘、火灾声和/或光警报器、火灾报警控制器、消防联动控制系统设备、防火卷帘控制器、线型感温火灾探测器、家用火灾报警产品、城市消防远程监控产品、可燃气体报警产品、消防应急照明和疏散指示产品、消防安全标志、火警受理设备：119火灾报警装置、消防车辆动态管理装置。

（2）灭火设备产品

实行强制性认证的灭火设备产品，包括以下产品种类（共9种）：

喷水灭火产品、泡沫灭火设备产品、干粉灭火设备产品、气体灭火设备产品、灭火剂、灭火器、消防水带、消防给水设备产品、阻火抑爆产品。

（3）消防装备产品

实行强制性认证的消防装备产品，包括以下产品种类（共6种）：

正压式消防空气呼吸器、消防员个人防护装备、消防摩托车、抢险救援产品、逃生产品、自救呼吸器。

（4）火灾防护产品

实行强制性认证的火灾防护产品，包括以下产品种类（共10种）：

防火涂料、防火封堵材料、耐火电缆槽盒、防火窗、防火门、防火玻璃、防火卷帘、防火排烟阀门、消防排烟风机、挡烟垂壁。

2. 消防产品型式认可制度

消防产品型式认可制度是指对已制定国家标准、行业标准和尚未实行强制性产品认证的消防产品，企业凭《型式认可证书》上市销售消防产品的制度。具体操作程序是，实行型式认可制度的消防产品，生产企业向公安部消防产品合格评定中心提出型式认可申请，提交所需材料，由具有检查资质的人员组成检查组，对申请型式认可企业的工厂条件进行考核检查，检查通过后再抽取产品样品送国家指定的消防产品质量监督检验中心作型式检验。最后，在工厂条件检查合格和产品检验合格的基础上颁发型式认可证书，企业凭型式认可证书上市销售产品。对已制定国家标准、行业标准但未列入强制性认证目录的消防产品，均实行型式认可制度。

（二）加强对消防产品市场准入评价机构的管理

为了保证消防产品检测检验的真实可靠性，保证其质量，国家有关政府机关要加强对有关消防产品检测检验机构的监督管理，制定严密的检测检验操作程序和规程，定期进行检查或抽查，并对出具虚假文件的行为追究其相关的法律责任。

1. 明确对认证机构和认证检查人员的要求

（1）国务院认证认可监督管理部门应当按照《中华人民共和国认证认可条例》有关规定，经征求国务院公安部门意见后，指定从事消防产品强制性认证活动的机构以及与认证有关的检测检验机构、实验室。

（2）消防产品技术鉴定机构不得从事消防产品生产、销售、进口活动。从事消防产品强制性认证活动的认证检查人员，应当依照有关规定取得执业资格注册。

（3）消防产品认证机构及其认证人员应当遵守有关法律、法规和产业政策，按

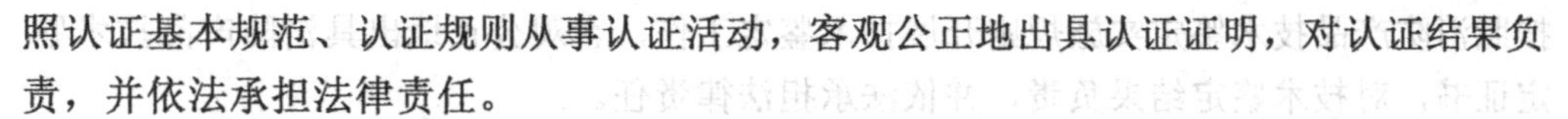

照认证基本规范、认证规则从事认证活动，客观公正地出具认证证明，对认证结果负责，并依法承担法律责任。

（4）新研制的尚未制定国家标准、行业标准的消防产品，经国务院产品质量监督管理部门和国务院公安部门共同指定的技术鉴定机构鉴定符合消防安全要求的，方可生产、销售、使用。

2．明确技术鉴定机构的条件

国务院产品质量监督管理部门和国务院公安部门共同指定的消防产品技术鉴定机构应当是具有第三方公正性的消防行业社团或者中介机构，并具备下列条件：

（1）符合消防产品技术鉴定机构建设规划和资源配置要求；

（2）有固定的场所和必要的设施；

（3）有符合技术鉴定要求的管理制度；

（4）有10名以上消防技术人员，其中有3名以上高级工程师，有2名以上从事消防标准化工作5年以上的专家。

（5）技术鉴定机构相关人员应熟悉消防产品的行业状况和国家产业政策。

3．明确委托技术鉴定的条件

消防产品生产者委托消防产品技术鉴定，应当符合下列条件，并提交相关证明文件。

（1）具有法人资格，有健全有效的质量管理制度和责任制度；

（2）具有与所生产的消防产品相适应的专业技术人员、生产条件、检验手段、技术文件和工艺文件；

（3）其生产的消防产品具有符合有关国家标准或者行业标准以及保障人体健康和人身、财产安全的产品标准。境外消防产品生产者可以委托在我国境内有固定生产场所或者经营场所的进口商、销售商申请技术鉴定。

4．严格按照技术鉴定程序进行鉴定

消防产品技术鉴定应当符合以下程序：

（1）生产者向消防产品技术鉴定机构提出书面委托，并提交规定的证明文件；

（2）消防产品技术鉴定机构对有关文件资料进行审核，审查产品标准，并将审查合格的产品标准报国务院公安部门消防机构备案；

（3）消防产品技术鉴定机构按照技术鉴定实施规则，组织开展消防产品工厂生产条件检查和产品质量检验；

（4）消防产品技术鉴定机构自接受委托之日起90日内，作出是否合格的结论；技术鉴定合格的，消防产品技术鉴定机构应当颁发消防产品技术鉴定证书；不合格的，应当书面通知委托人，并说明理由（产品检验时间不计入技术鉴定的时限，但消防产品技术鉴定机构应当将检验时间告知当事人）。

（三）明确相关机构和人员对消防产品质量的责任和义务

1．鉴定机构的责任和义务

消防产品技术鉴定机构及其鉴定人员应当遵守有关法律、法规和产业政策，严格

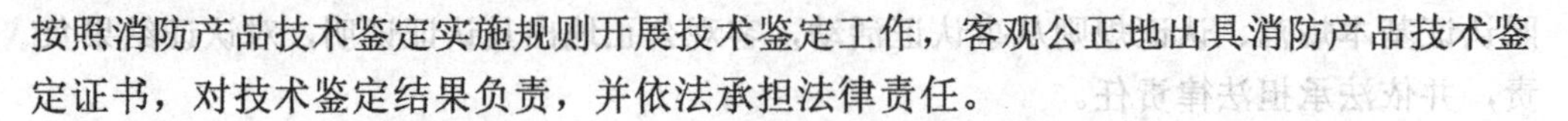

按照消防产品技术鉴定实施规则开展技术鉴定工作，客观公正地出具消防产品技术鉴定证书，对技术鉴定结果负责，并依法承担法律责任。

2. 生产者的责任和义务

（1）消防产品生产者应当对其生产的消防产品质量负责，建立实施有效的保持企业质量保证能力和产品一致性控制体系，保证消防产品质量、标志、标识持续符合相关法律法规和标准要求，确保认证产品持续满足认证要求。

（2）消防产品生产者（生产企业）应当建立消防产品生产、销售流向登记制度，如实记录产品名称、批次、规格、数量、销售去向等内容，并在产品或者包装上粘贴标志。

（3）消防产品未按照国家标准或者行业标准的强制性规定经强制性产品质量认证和型式检验合格和出厂检验合格，不得出厂销售。

3. 销售者的责任和义务

（1）消防产品销售者应当建立并执行进货检查验收制度，验明产品合格证明和产品标识。对依法实行强制性产品认证或者型式认可的消防产品，还应当查验有关证书。

（2）消防产品销售者应当建立消防产品进货台账，如实记录进货时间、产品名称、规格、数量、供货商及其联系方式等内容。进货台账保存期限不得少于2年。

（3）消防产品销售者应当采取有效措施，保持销售消防产品的质量。

4. 使用者的责任和义务

（1）消防产品使用者应当选用合格的消防产品，查验产品标识。实行强制性产品认证制度或者型式认可制度的消防产品，还应当查验有关证明材料。

（2）建筑设计单位应当选用具有国家标准、行业标准或者经技术鉴定合格的消防产品。按照国家标准、行业标准的要求对建筑消防设施、器材的配置进行设计。

（3）建设、施工和工程监理单位应当组织对消防产品实施安装前的核查检验；核查检验不合格的，不得安装。

（4）建筑施工企业应当建立安装质量管理制度，严格执行有关标准、施工规范和相关要求，保证消防产品的安装质量。工程监理单位应当对消防产品的安装质量进行监督。

（5）消防产品使用单位应当建立并实施消防产品检查、使用和维修管理制度，并定期组织检验、维修，确保完好有效。

（四）加强消防产品质量认证证书的管理

1. 明确证书时限

（1）强制性认证证书的时限。消防产品强制性认证证书的有效期为5年。有效期内，认证证书的有效性依赖认证机构的获证后监督获得保持。认证证书有效期届满，需要延续使用的，认证委托人应当在认证证书有效期届满前90天内提出认证委托。证书有效期内最后一次获证后监督结果合格的，认证机构应在接到认证委托后直接换发新证书。

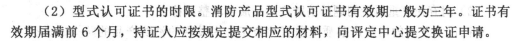

（2）型式认可证书的时限。消防产品型式认可证书有效期一般为三年。证书有效期届满前6个月，持证人应按规定提交相应的材料，向评定中心提交换证申请。

2. 证书变更要求

在消防产品质量认证证书的有效期内，若生产者的生产条件、检验手段、生产技术或者工艺发生较大变化，或认证委托人需要扩展已经获得的认证证书覆盖的产品范围时，认证委托人应向认证机构提出变更／扩展委托，变更／扩展经认证机构批准后方可实施。

3. 备案和信息公布

经强制性产品认证或型式认可合格的消防产品生产者，应当将相关证书和文件送国务院公安机关消防机构备案。国务院公安机关消防机构应当将经强制性产品认证或者型式认可合格的消防产品信息予以公布。

4. 加强获证后的质量监督

消防产品认证机构、技术鉴定机构应当对经强制性产品认证、技术鉴定的消防产品质量实施跟踪检查；对不能持续符合强制性产品认证、技术鉴定要求的消防产品，应当依法暂停其使用直至撤销认证、鉴定证书，并予公布。

（五）明确禁止生产、进口、销售、使用的消防产品

（1）列入强制性产品认证目录而未取得强制性产品认证证书的；

（2）新研制的尚未制定国家标准、行业标准而未取得技术鉴定证书的；

（3）产品质量不合格的；

（4）国家明令淘汰的；

（5）其他不符合国家有关规定的。

消防产品生产、进口、销售单位以及建筑施工企业，应当通过行业社团组织建立自律机制，制定行规行约，维护行业诚信，推进消防产品质量信用体系建设，督促依法履行产品质量责任。

（六）加强消防产品质量的监督检查

公安机关消防机构对消防产品依法进行的监督检查，是消防监督检查的重要内容之一。但由于对消防产品的监督检查政策水平和技术水平要求更高，因而除了应当服从消防监督检查的基本要求外，在检查的形式和内容上还应当注意以下要求。

1. 消防产品监督检查的形式

根据实际需要，消防产品质量监督检查的形式主要有以下几种。

（1）结合消防监督检查、建设工程消防验收等对消防产品进行抽样检查

公安机关消防机构开展消防监督检查，包括对消防安全重点单位和非重点单位的监督检查，围绕重大节日、重大活动前的消防监督检查等，都可以同时进行消防产品监督检查；在建设工程消防验收时，应当在执行验收规定的同时，对消防产品进行监督抽查。

（2）对存在严重质量问题的消防产品开展专项整治检查

对在日常开展的消防产品质量监督检查工作中发现的消防产品的防火、灭火主要性能存在严重缺陷等严重质量问题，或检查发现的具有一定普遍性的问题，可结合实际依法开展专项治理检查。公安机关消防机构应当根据消防产品质量问题的严重程度，协调组织有关部门分析原因，研究对策，制订方案，有针对性地组织开展集中专项质量整治活动，以取得预期的效果。

（3）对举报、投诉的消防产品质量问题和违法行为进行调查处理

消防产品质量问题，一般是指消防产品不符合市场准入制度、产品一致性不合格以及产品的性能指标不符合标准的要求等。违法行为主要指生产、销售、安装、维修、使用不符合市场准入制度、质量不合格、国家明令淘汰、失效、报废或者假冒伪劣的消防产品等危害社会安全的行为。公安机关消防机构对消防产品质量问题和违法行为的群众举报、投诉，应当建立登记制度，并根据属地管理原则和案情程度，指定专人或会同有关部门进行查处。

（4）根据需要进行的其他消防产品监督检查

除了上述三方面的监督检查外，公安机关消防机构还应当根据需要，适时开展其他形式的消防产品监督检查。如上级规定配合国家监督抽查、行业抽查和地方抽查，进行产品抽样检查；根据当地中心工作或重大活动消防保卫工作的需要，组织开展消防产品监督检查等。

2. 消防产品监督检查的内容

公安机关消防机构实施消防产品监督检查时，根据需要可检查以下内容。

（1）消防产品的销售、安装、维修、使用情况的检查

通过现场检查和查验记录，查清有无销售、安装、维修、使用假冒伪劣消防产品；系统安装调试是否符合相应标准和技术规范的要求；是否使用不符合标准规定的配件维修消防设施和器材；各类消防设施能否保持正常运行状态。

（2）消防产品市场准入的检查

主要是查验消防产品是否具有国家规定的强制性产品质量认证、型式认可证书、型式检验报告以及相应的3C认证、型式认可标志。此外，对防火材料、阻燃制品，要查验生产单位是否将经检验证实的防火阻燃性能指标，明确标示在产品或者其包装上。

（3）消防产品标志使用说明的检查

检查其内容是否符合相关产品标准的要求。如是否具有合格证，铭牌、说明书内容是否符合法律以及标准规定的要求，是否有生产厂名、生产地址、注册商标以及这些标识的真假。特别对获得强制性产品认证或型式认可证书的消防产品，应当检查使用3C认证或型式认可标志情况。

（4）消防产品一致性的检查

对照企业提供的由国家消防产品质量监督检验中心出具的型式检验报告，检查产品的型号规格、外观标识、结构部件、使用材料、产品性能参数等是否与强制性产品认证、型式认可的结果相一致。检查要求是符合认证、认可规定和产品标准要求，生

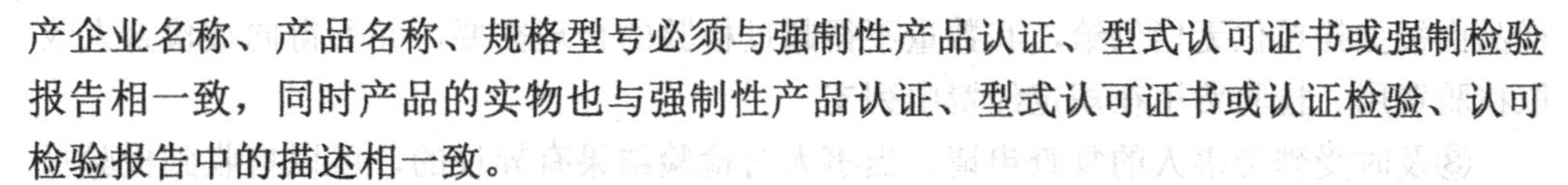
产企业名称、产品名称、规格型号必须与强制性产品认证、型式认可证书或强制检验报告相一致，同时产品的实物也与强制性产品认证、型式认可证书或认证检验、认可检验报告中的描述相一致。

（5）消防产品性能现场检测

对场所安装的消防产品进行现场检测，如自动报警系统的功能试验，自动喷水灭火系统的末端试水，防火门、防火卷帘的启闭功能，灭火器的喷射性能，消防应急灯的应急照明功能，防排烟系统各种阀门的启闭性能以及消防控制系统信息采集、控制和联动功能测试等。

（6）消防产品的封样送检

在实施消防产品监督检查时，对消防产品质量有疑义但现场无法判定的，公安机关消防机构应当按规定抽取样品，填写的《消防产品监督检查抽样单》，由被抽样单位负责人签字确认后送消防产品质量检验机构进行检验。抽样数量不得超过检验的合理需要，通常为 1 ～ 3 件。

生产、销售、安装、维修、使用单位对现场检查判定结果或者抽样检验结果有异议的，可以自收到检验报告之日起 15 日内向实施监督抽检的公安机关消防机构或其上一级公安机关消防机构申请复验。申请复验以一次为限。承担复验的机构由受理复验申请的部门指定。复验结果有改变的，复验费用由原检验机构承担；复验结果没有改变的，复验费用由申请复验的单位承担。

（7）公安机关消防机构实施消防产品监督抽查的主要内容

①列入强制性产品认证目录的消防产品是否具备强制性产品认证证书，新研制的尚未制定国家标准、行业标准的消防产品是否具备技术鉴定证书。

②按照国家标准或者行业标准的强制性规定，应当进行型式检验和出厂检验的消防产品，是否具备型式检验合格和出厂检验合格的证明文件。

③消防产品的外观标识、结构部件、材料、性能参数、生产厂名、厂址与产地等是否符合有关规定。

④消防产品的主要性能是否符合要求。

⑤法律、行政法规规定的其他内容。

3. 消防产品监督检查、抽查的要求

（1）消防产品监督检查的要求

公安机关消防机构进行消防产品监督检查时，应当填写检查记录，记录检查情况，由检查人员、被检查单位负责人或者有关管理人员签名；被检查单位负责人或者有关管理人员对检查记录有异议或者拒绝签名的，检查人员应当注明情况。

（2）消防产品监督抽查的要求

①要抓住重点进行抽查。公安机关消防机构应当将在实施建设工程消防验收和公众聚集场所营业、使用前消防安全检查中发现的不能提供安装前的核查检验证明的消防产品，列入消防产品监督抽查的重点。

②不得收取检验费用。抽查的样品应当在建设工程安装的消防产品中随机抽取。

样品由被抽样单位无偿供给，其数量不得超过检验的合理需要，并不得向被检查人收取检验费用。检验费用在规定经费中列支。

③及时受理当事人的复查申请。当事人对检验结果有异议的，可以自收到检验报告之日起 3 个工作日内向实施监督抽查的公安机关消防机构提出书面复检申请。复检以一次为限。

④复检费用由申请人承担，但原检验结果、程序确有错误的除外。

四、消防产品违法应当承担的法律责任

生产、销售不合格的消防产品或者国家明令淘汰的消防产品的行为，由产品质量监督部门依照《产品质量法》的规定进行处罚。使用不合格的消防产品或者国家明令淘汰的消防产品的行为，由公安机关消防机构依照《消防法》的规定进行处罚。

（一）建设工程使用消防产品违法的处罚

1. 建设工程使用消防产品的违法行为

（1）建设单位要求建筑施工企业使用不符合市场准入的消防产品、不合格的消防产品或者国家明令淘汰的消防产品的。

（2）建筑施工企业安装不符合市场准入的消防产品、不合格的消防产品或者国家明令淘汰的消防产品，降低消防施工质量的。

（3）工程监理单位与建设单位或者建筑施工企业串通，弄虚作假，安装、使用不符合市场准入的消防产品、不合格的消防产品或者国家明令淘汰的消防产品的。

（4）建筑设计单位选用不符合市场准入的消防产品，或者国家明令淘汰的消防产品进行消防设计的。

2. 建设工程使用消防产品违法应当承担的法律责任

有上述情形之一的，由公安机关消防机构依照《消防法》的规定，令停止施工、停止使用或者停产停业，并处三万元以上三十万元以下罚款。

（二）人员密集场所使用消防产品违法的处罚

人员密集场所使用不合格消防产品或者国家明令淘汰的消防产品的，由公安机关消防机构依照《消防法》的规定，责令限期改正；逾期不改正的，处五千元以上五万元以下罚款，并对其直接负责的主管人员和其他直接责任人员处五百元以上二千元以下罚款；情节严重的，责令停产停业。

使用不符合市场准入的消防产品的，由公安机关消防机构责令限期改正；逾期不改正的，处三千元以上三万元以下罚款，并对其直接负责的主管人员和其他直接责任人员处三百元以上一千元以下罚款；情节严重的，责令停产停业。

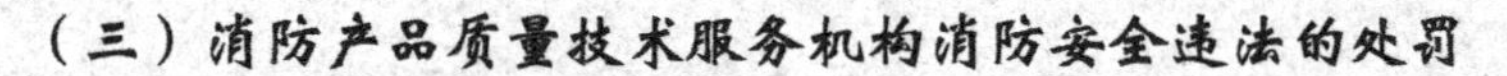

（三）消防产品质量技术服务机构消防安全违法的处罚

1. 消防产品质量技术服务机构的消防安全违法行为

（1）出具虚假文件的。

（2）出具失实文件，给他人造成损失的。

2. 消防产品质量技术服务机构消防安全违法应当承担的法律责任

（1）消防产品质量认证、技术鉴定、检验和消防设施检测等消防技术服务机构有上述违法行为之一的，由公安机关消防机构依照《消防法》的规定，责令改正，处五万元以上十万元以下罚款，并对直接负责的主管人员和其他直接责任人员处一万元以上五万元以下罚款；有违法所得的，并处没收违法所得；给他人造成损失的，依法承担赔偿责任；情节严重的，由原许可机关依法责令停止执业或者吊销相应资质、资格。因出具失实文件，给他人造成损失的，依法承担赔偿责任；造成重大损失的，由原许可机关依法责令停止执业或者吊销相应资质、资格。

（2）隐匿、转移、变卖、损毁被公安机关消防机构查封、扣押的物品的，由公安机关消防机构处被隐匿、转移、变卖、损毁物品货值金额等值以上三倍以下的罚款；有违法所得的，并处没收违法所得。

第九章　高层建筑消防设施实战应用

第一节　消防控制室

消防控制室是建筑消防设施日常管理和火灾应急处理的专门场所，应能监控并显示建筑消防设施运行状态信息，显示消防安全管理信息，并向城市消防远程监控中心传输相关信息。

一、主要组件

（一）火灾报警控制器

接收火灾探测器的报警信号，并显示 / 记录报警时间与部位，实时监控消防设施状态和动作情况。

（二）联动控制器

远程控制固定消防设施，可通过自动或手动方式远程启动或关闭相关消防设施设备。

（三）消防控制室图形显示装置

简称 CRT，直观显示消防设施位置状态、运行情况，以及预案调阅。

二、熟悉调研

（一）调研内容

1. 设置位置

消防控制室通常设置在建筑物底层。

2. 运行状态

通过火灾报警控制器查看设备运行情况，是否存在故障报警，是否存在被屏蔽的设备。

3. 预案调阅

通过消防控制室图形显示装置查看单位预案制定及执行情况。

4. 查看固定消防设施位置

调研熟悉设施（火灾探测器、室内消火栓、防火卷帘、防排烟系统等）设置安装位置。

（二）功能测试

对火灾报警控制器进行功能测试。

1. 目的

通过测试火灾探测器，查看火灾报警控制器是否能接受并反馈信号。

2. 测试方法

手动状态下使一个火灾探测器发出报警，通过火灾报警控制器查看反馈信号。

三、实战运用

（一）火情侦查

利用火灾报警控制器反馈信号显示，结合消防控制室图形显示装置，查看火灾首报时间及后续报警时间和位置，判断火灾起火部位和发展趋势。

（二）利用联动控制器启动辅助灭火行动

1. 自动启动联动设备

接收并确认火灾报警信息，应立即将联动控制器调至自动状态，根据预设的控制逻辑向相关的联动控制装置发出控制信号。

2. 手动启动联动设备

当需要提前启动火灾蔓延方向防护区相关联动设备时，利用联动控制器总线或多线控制按钮，启动相应固定消防设施设备。

（三）利用消防总、分机电话进行火场通信

1. 总机呼叫分机

拿起总机，输入密码，拨出分机号并接通，即可与呼叫分机进行通话。

2. 分机呼叫总机

拿起分机，即可接通总机，无需拨号。总机可通过分机号，确定呼叫分机所在位置。

（四）利用消防广播疏散人员

广播在联动控制器自动启动时，会按照预设程序播放预设疏散广播。需要使用喊话功能时，将联动控制器调至手动状态，找到需要喊话的楼层消防广播，手动停止广播反馈信息中的“广播切换”，即可进行喊话。

四、注意事项

（1）确认火灾后第一时间要将报警控制器的控制状态调至自动状态。

（2）消防控制室值班人员要熟悉本系统所采用消防设施系统的基本原理和功能，熟练掌握操作技术，并在消防力量到场后如实报告情况，协助消防救援人员扑救火灾，保护火灾现场，调查火灾原因。

（3）值班人员需了解单位周边消防车道、消防登高车操作场地、消防水源位置，以及相邻建筑的防火间距、建筑面积、建筑高度、使用性质等情况。

（4）许多现场的消防设施因装修效果，指战员往往第一时间无法发现并使用。查阅该单位消防设施的类型、位置、数量、状态等内容。

（5）指挥员到场以后应了解该单位的应急灭火预案、应急疏散预案等。

第二节 室内消火栓

室内消火栓是室内管网向火场供水的室内固定消防设施，通常安装在消火栓箱内，与消防水带和水枪等器材配套使用。室内消火栓通常可分为普通型、减压稳压型、旋转型等，它的灭火方式为人工用水带连接至栓口灭火。此外，消火栓箱内还有消火栓按钮，按此按钮可以远程启动消防泵给消火栓进行补水。本节主要介绍了室内消火栓的主要组件、熟悉调研、实战应用及注意事项。

一、主要组件

室内消火栓系统主要组件如图 9-1 所示。

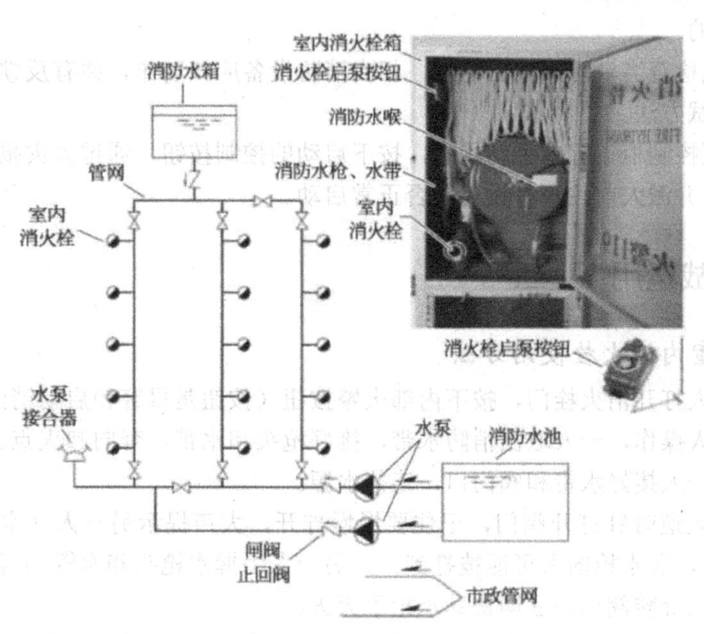

图 9-1　室内消火栓系统主要组件示意图

二、熟悉调研

（一）调研内容

1. 设置位置

建筑室内消火栓栓口的安装高度应便于消防水带的连接和使用，其距地面高度一般为 1.1 m。

2. 运行状态

通过查看消防泵控制柜运行状态，查看消防泵控制柜是否处于自动状态。

3. 查看固定消防设施位置

调研熟悉设施室内消火栓及水泵接合器设置安装位置。

（二）功能测试

1. 消防泵自动测试

（1）目的

通过测试检查消防泵能否正常启动，相应消防设备能否动作，并有反馈信号。

（2）测试方法

将消防泵控制柜设置成自动状态，按下启动室内消火栓的启泵按钮，查看室内消火栓栓口是否能够出水，并派人前往查看设备是否正常启动。

2. 消防泵手动测试

（1）目的

通过测试检查当消防泵被启动时，相应消防设备应该动作，并有反馈信号。

（2）测试方法

将消防泵控制柜设置成手动状态，按下启动的控制按钮，通过火灾报警控制器查看反馈情况，并派人前往查看设备是否正常启动。

三、实战运用

（一）室内消火栓使用方法

（1）一人打开消火栓门，按下内部火警按钮（按钮是报警和启动消防泵的）。

（2）两人操作，一人取出消防水带，接好枪头和水带，奔向起火点。

（3）另一人接好水带和阀门口，连接水源。

（4）一人逆时针打开阀门，记住要慢慢拧开，大声提示另一人（水压极大，快速打开阀门时，握水枪的人可能被打到），另一人手握水枪头和水管即可灭火。

（5）停止旋转阀门，立即协助水枪手灭火。

（6）灭火完成后，晾干水带，按照安装方式安装到位，贴好封条。

（二）消火栓箱内的消防自救软盘使用方法

（1）一人操作，打开消火栓盖，按下启泵按钮。

（2）打开消防管道上软盘阀门，取出软管。

（3）拉到火灾现场安全区域，水枪头对着起火区域，打开枪头阀门灭火。

（4）灭火完成后，关闭软盘阀门，待水流干后，按照安装方式安装到位，贴好封条。

（三）室内消火栓应急加压方法

把消防车上的水龙带的栓头卡到水泵接合器的栓头上，然后消防车开始加压，到达一定压力后（超过水泵接合器内水压），就会顶开水泵接合器口顶部的一个阀门，就可以给管道送水了。

四、注意事项

（1）进行灭火时，要确定现场的供电是否已经断开。如果未断电，不能直接用水进行灭火。

（2）如果火场人多，而且情况比较复杂，要迅速使用消火栓灭火，有序疏散人群，并且注意自身安全，减少不必要的伤害。

（3）使用时要注意水带不要有扭转和弯曲，这样会影响水的流量。

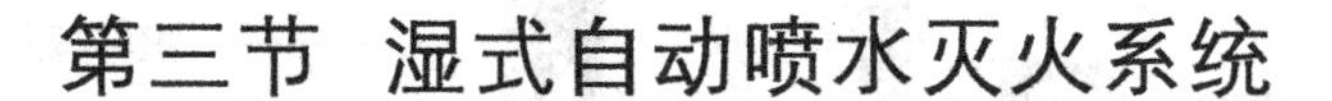

第三节　湿式自动喷水灭火系统

湿式自动喷水灭火系统是在发生火灾后，火势有蔓延趋势时，能够自动启动的一套灭火系统，并在第一时间有效控制火势，在消防指战员未到场或到场后力量不足时，能够起到压制火势、防止火势进一步蔓延的目的。

一、主要组件

（一）湿式报警阀

湿式报警阀是只允许水单方向流入喷水系统并在规定流量下报警的一种单向阀。它在系统中的作用是：接通或关断报警水流，喷头动作后报警水流将驱动水力警铃和压力开关报警；防止水倒流。

（二）延迟器

延迟器是一个罐式容器，安装在报警阀和压力开关之间，用以消除因水源压力波动而引起的误报警。当湿式报警阀短时开启时，水首先进入延迟器。这时由于进入延迟器的水量很少，不会进入水力警铃或作用到压力开关，从而起到防止误报警的作用。

（三）压力开关

压力开关是一种压力型水流探测开关，安装在延迟器和水力警铃之间的报警管路上。当报警阀开启后，报警管路中充水，并流向水力警铃。压力开关受到水压的作用接通电触点，给出电接点信号，压力开关动作，自动启动喷洒水泵，并发出火警信号。当该流量停止时，电触点断开。

（四）水力警铃

水力警铃是一种靠水力驱动的机械警铃，直接装于报警阀组的报警管路上。水力警铃的声响标示着喷洒灭火正在进行中。

二、熟悉调研

（一）调研内容

1. 设置位置

湿式自动喷水灭火系统主要组件如图 9-2 所示。

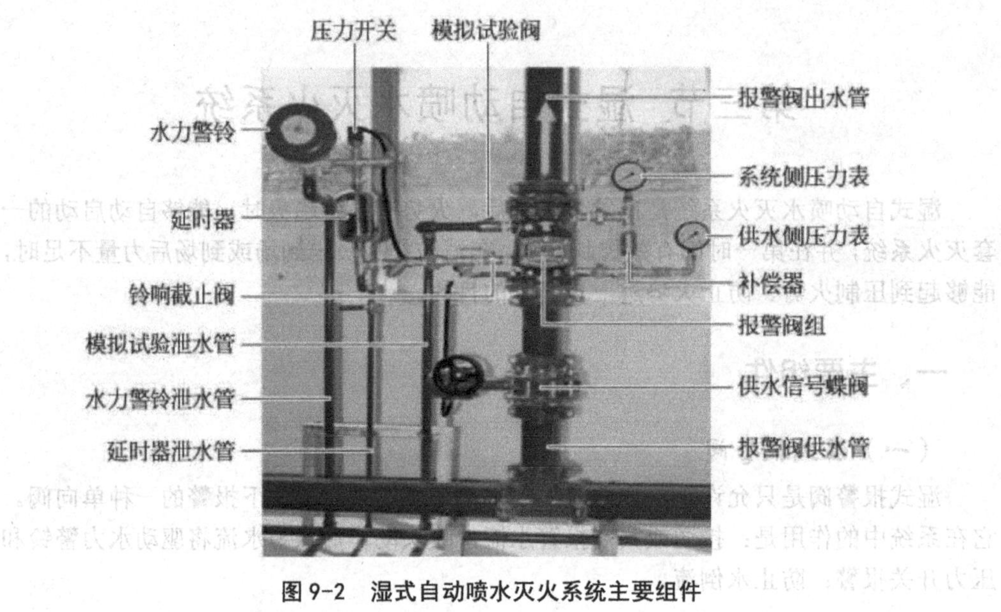

图 9-2　湿式自动喷水灭火系统主要组件

2. 查看水泵接合器设施位置

调研熟悉建筑物水泵接合器是否分区设置（高压区水泵接合器、低压区水泵接合器）。

（二）功能测试

1. 手动启动喷淋泵测试

（1）目的

通过测试喷淋泵，查看喷淋泵的启动状态，以确保发生火灾时能够正常启动。

（2）测试方法

将喷淋泵控制柜调整成为手动状态，按下控制柜上的启动按钮，查看喷淋泵是否启动。

2. 末端试水装置测试

（1）目的

通过测试检查末端试水装置，相应消防设备应该动作，并有反馈信号。

（2）测试方法

手动打开末端试水装置开关，出水压力应不低于 0.05 MPa。水流指示器、报警阀、压力开关应动作，在开启末端试水装置后 5 min 内，查看消防水泵是否启动。

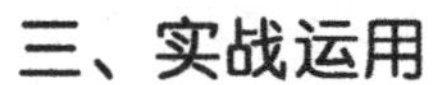

三、实战运用

（一）火情侦察

火灾时，在火灾温度的作用下，闭式喷头的热敏元件动作，喷头开启，开始喷水。此时，管网中的水由静止变为流动，水流指示器动作，送出电信号，在报警控制器上指示某一区域已在喷水。

（二）消防泵未自动启动

火灾时，宜派员或通知单位相关人员值守水泵房，确保消防泵正常运作。如遇消防泵未自动启动。应立即通过消防泵控制柜手动启动，确保喷淋压力正常。

（三）破坏喷头辅助灭火

火灾时，若内攻人员不足或火势有进一步蔓延趋势，指战员可以通过利用水枪直流或简易长杆等工具，破坏闭式喷头敏感元件而使其动作，可辅助灭火，或将火势控制在一定范围内。

四、注意事项

（1）在自动喷水灭火系统已启动灭火的前提下，指战员应提前部署由消防车通过水泵接合器加压供水的准备。

（2）在确认火灾已被扑灭时，立即停泵，关闭楼层检修阀，以减少不必要的水渍损失。

（3）自动喷水灭火系统的控制柜必须处于自动状态，否则喷淋泵无法启动。

第四节　气体灭火系统

气体灭火系统是指平时灭火剂以液体、液化气体或气体状态储存于压力容器内，灭火时以气体（包括蒸汽、气雾）状态喷射作为灭火介质的灭火系统（图 9-3）。

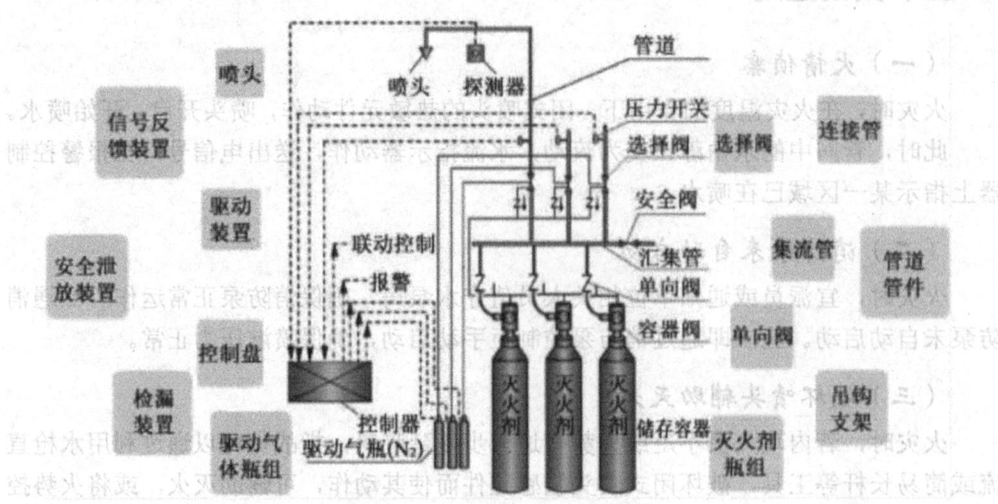

图 9-3　气体灭火系统示意图

一、主要组件

气体灭火系统主要组件如图 9-4 所示。

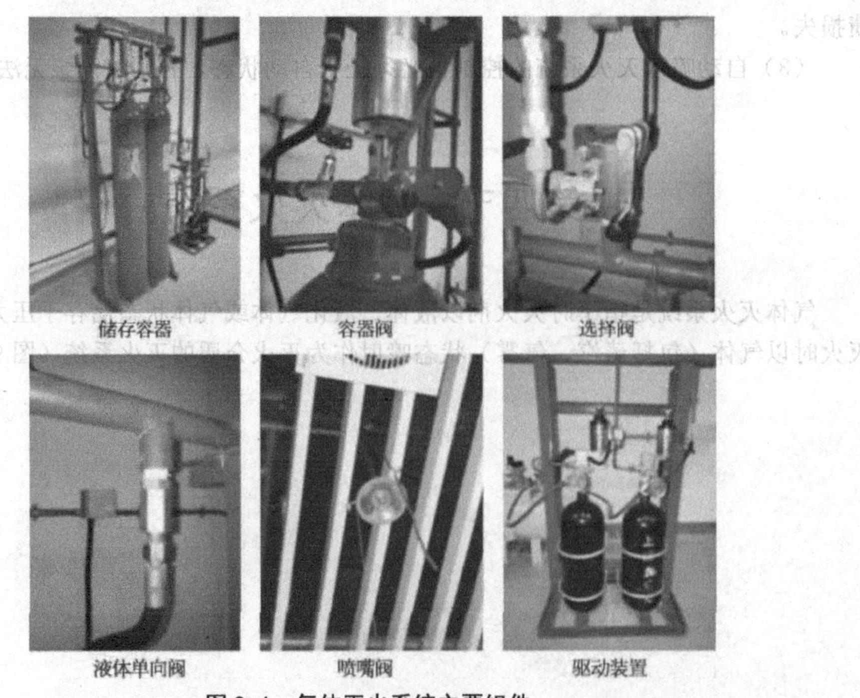

图 9-4　气体灭火系统主要组件

二、熟悉调研

（一）调研内容

1. 设置位置

有管网式气体灭火系统设有独立的钢瓶间，钢瓶间一般设置在相对靠近防护区，并有直接通往室外或疏散通道的出口。无管网式气体灭火系统无须设置钢瓶间，而是直接设置在防护区内。防护区内外应设置声光报警器和气体释放指示灯。

2. 运行状态

气体灭火系统在接到报警后 30s 内（根据防护对象不同设置延时时间，但不得超过 30s），开始喷放灭火剂。通过火灾报警控制器结合气体灭火控制器查看系统是否处于正常工作状态，有无故障或被屏蔽组件存在。

（二）功能测试

气体灭火系统在 30s 延时时间过后，一旦开始喷放灭火剂，就无法停止，直至钢瓶内灭火剂喷放完毕，故一般不对整个系统进行测试。首先要确保设备处于手动状态，而后确保在有效延时时间以内，方可对防护区内火灾探测器以及防护区外紧急启动 / 停止按钮进行测试，以确保设备完好有效。

1. 火灾探测器测试

（1）目的

通过测试火灾探测器，查看火灾报警控制器及气体灭火控制器是否能接受并反馈信号。

（2）测试方法

手动状态下使防护区内一个火灾探测器发出报警，通过火灾报警控制器及气体灭火控制器查看反馈信号。

2. 气体灭火系统紧急启动 / 停止按钮测试

（1）目的

通过测试检查气体灭火系统紧急启动 / 停止按钮能否正常触发，确保完整好用。

（2）测试方法

手动启动被测试气体灭火系统紧急启动 / 停止按钮，通过火灾报警控制器及气体灭火控制器查看反馈情况。

生产厂家不同，紧急启动 / 停止按钮的类型也有所不同。

三、实战运用

（一）气体灭火系统自动启动

灭火控制器配有感烟火灾探测器和定温式感温火灾探测器。灭火控制器处于自动控制状态，同一防护区两个不同类型的火灾探测器同时或先后报警后，气体灭火系统便会按照预设程序自动启动灭火。

（二）气体灭火系统手动启动

在发现火灾时，无须等待火灾探测器触发，通过防护区外或气体控制器上的紧急启动／停止按钮，直接按下启动按钮进行灭火。

（三）气体灭火系统应急机械启动

用于控制器失效情况下，当职守人员判断为火灾时，通过钢瓶间人为打开对应防区选择阀，以及启动气体钢瓶电磁阀，即刻实施灭火。

四、注意事项

（1）当人员进入防护区时，应能将灭火系统转换为手动控制方式；当人员离开时，应能恢复为自动控制方式。防护区内外应设手动、自动控制状态的显示装置。

（2）经过有爆炸危险和变电、配电场所的管网，以及布设在以上场所的金属箱体等，应设防静电接地。

（3）设有消防控制室的场所，各防护区灭火控制系统的有关信息应传送给消防控制室。

（4）对储存容器、容器阀、启动装置，灭火剂输送管路及喷嘴等全部装置部件进行外观检查，装置部件应无碰撞变形及其他机械性损伤，表面应无锈蚀，保护涂层应完好，铭牌应清晰，手动操作装置的铅封和安全标志应完整。

第五节　防排烟系统

建筑防烟、排烟设计是建筑防火安全设计的重要组成部分。国内外的多次火灾表明，火灾中产生的烟气，其遮光性、毒性和高温的影响是造成火灾人员伤亡的最主要因素。为确保人员的安全疏散和消防扑救的顺利进行，组织合理的烟气控制方式，建立有效的烟气控制设施是十分必要的。本节主要介绍了防排烟系统的主要组件、熟悉调研、实战应用及注意事项。

一、主要组件

（一）机械加压送风系统防火阀

常开状态。70℃自动关闭，同时联动关闭系统，实时监控消防设施状态和动作情况。

（二）排烟防火阀

安装在机械排烟系统，常开状态。280℃自动关闭，同时联动关闭系统。

二、熟悉调研

（一）调研内容

1. 设置位置

防烟楼梯间及前室（安全性较高的安全出口）、消防电梯前室（灭火救援通道）。

2. 运行状态

自然排烟、机械加压送风系统、机械排烟系统。

3. 预案调阅

查看自然排烟、机械加压送风系统、机械排烟系统单位预案制定及执行情况。

4. 查看固定消防设施位置

调研熟悉设施（自然排烟、机械加压送风系统、机械排烟系统）设置安装位置，特别是控制柜的安装位置。

（二）功能测试

1. 机械加压送风系统

（1）目的

通过测试机械加压送风系统，查看机械加压送风系统是否能正常启动和停止。

（2）测试方法

手动状态下，找到机械加压送风系统控制柜，按下启动按键，查看机械加压送风系统是否启动，按下停止键，查看机械加压送风系统是否停止；自动状态下，通过报警控制器远程启动机械加压送风系统，查看是否启动。

2. 机械排烟系统

（1）目的

通过测试机械排烟系统，查看机械排烟系统是否能正常启动和停止。

（2）测试方法

手动状态下，找到机械排烟系统控制柜，按下启动按键，查看机械排烟系统是否启动，按下停止键，查看机械排烟系统是否停止；自动状态下，通过报警控制器远程启动机械排烟系统，查看是否启动。

三、实战运用

（一）火情侦查

消防指战员到达火灾现场后，首先要查看防排烟系统的图纸，主要看一下设计说明，了解风机的台数及参数，防火阀、风口及排烟口的数量，参与消防联动的方式等。

（二）利用机械排烟系统辅助火场排烟

（1）共分为三组，第一组在消防控制室操作消防主机，第二组在风机控制柜处，第三组到风机房。三组之间通过对讲机或者消防电话进行互相联系，确保信息传达畅通无阻。

（2）第二组在风机控制柜处手动启动风机，第三组观察风机运行情况，是否启动，第一组在控制室观看是否有反馈信息。或者第二组把风机控制柜调成远程状态，第一组在控制室启动，第三组看风机是否启动，以及控制室是否有反馈信号。

（三）机械加压送风系统

启动机械加压送风系统，对防烟楼梯间及前室、消防电梯前室进行送风，防止烟雾进入。

四、注意事项

（1）检查温度熔断片，发现问题及时更换。当对排烟口及送风口的操作装置通以电信号或手动操作后，如不能自动关闭（或开启）时，应按顺序进行调试检查。

（2）各种排烟口及送风口安装使用后要定期（6个月）检查。检查其动作情况是否灵活可靠，并应有定期检查记录。

（3）由于疏散门的方向是朝疏散方向开启，而加压送风作用方向与疏散方向恰好相反，若风压过高会引起开门困难，甚至不能打开门，影响疏散。

第六节 防火分隔设施

防火卷帘、防火门均为建筑物防火分隔设施，通常设置在防火墙上、疏散出口处或管井开口部位，对防止火灾时烟、火扩散和蔓延，减少火灾损失有着重要作用。随着我国经济建设的快速发展和消防安全工作不断加强，防火卷帘、防火门、防火窗在建筑工程中的应用也越来越广泛，已成为建筑工程中不可或缺的重要消防设施。本节主要介绍了防火分隔设施的主要组件、熟悉调研、实战应用及注意事项。

一、主要组件

（一）挡烟垂壁

活动挡烟垂壁系指火灾时因感温、感烟或其他控制设备的作用，自动下垂的挡烟垂壁。

（二）排烟窗

发生火灾时能够自动或手动打开，用于火场排烟。

（三）防火门

用于疏散走道、楼梯间和前室的防火门应能自行关闭，以阻隔火势蔓延。

（四）防火卷帘

防火卷帘具有防烟阻隔火势蔓延性能，与楼板、梁和墙、柱之间的空隙采用防火封堵材料封堵。

二、熟悉调研

（一）调研内容

1. 挡烟垂壁设置位置

设置在高层或超高层大型商场、写字楼及仓库等场合的顶部，能有效阻挡烟雾在建筑顶棚下横向流动。

2. 排烟窗设置位置

设置在外墙上，排烟窗应在储烟仓以内或室内净高度的1/2以上，沿火灾烟气的气流方向开启。

3. 防火门设置位置

设置在防火分区间、疏散楼梯间、垂直竖井等，是具有一定耐火性的活动防火分隔物。

4. 防火卷帘设置位置

设置在消防电梯前室，自动扶梯周围，中庭与每层走道、过厅、房间相通的开口部位，以及代替防火墙需设置防火分隔设施的部位等。

（二）功能测试

1. 防火门

（1）目的

通过测试检查当防火门自动或者手动启动时，相应消防设备应该动作，并有反馈信号。

（2）测试方法

常开式防火门通常由防火门释放开关控制，通常安装在墙上或自制的支架上，当拉或按手动释放金属小拉手时，防火门门扇依靠闭门器弹力及顺序器作用将门关闭。常开式防火门释放开关一般与感烟探测器联动。探测器探测到火灾信号时，通过总线报告给火灾报警控制器，联动控制器按事先的设定发出动作指定，联动模块动作，接通电源，开关被释放，防火门借助闭门器弹力自动关闭。

2. 防火卷帘

（1）目的

通过测试检查当防火卷帘自动或者手动启动时，相应消防设备应该动作，并有反馈信号。

（2）手动操作方式

主要是利用卷帘上部储藏箱内的圆环式铁链条进行操作。

（3）电动操作方式

主要利用设置在卷帘门两侧的电动开关按钮进行。

（4）中控室操作方式

主要是由消防控制室值班人员利用联动控制设备上的操作按钮直接启动电开关进行。

（5）温控释放性方式

卷帘应装配温控释放装置，感温元件周围温度达到73℃ ±0.5℃，释放装置动作，卷帘依自重下降关闭。

三、实战运用

（一）利用排烟窗辅助火场排烟

（1）安装自动排烟窗的场所，可远程利用报警控制器启动排烟窗。

（2）安装手动排烟窗的场所，可现场利用手动摇杆启动排烟窗。

（二）防火门的运用

按其开闭状态，可分为常闭防火门和常开防火门。常闭防火门平常在闭门器的作用下处于关闭的状态，因此火灾时能起到阻止火势及烟气蔓延的作用。常开防火门平时在防火门释放器作用下处于开启状态，火灾时防火门释放器自动释放，防火门在闭门器和顺序器的作用下关闭。

（三）防火卷帘的运用

1. 一步下降

对非疏散通道上仅用于防火分隔的防火卷帘，其两侧设置火灾报警探测器，动作程序为一步下降，即探测器报警后，防火卷帘直接下降至地面。

2. 两步下降

对于疏散通道上的防火卷帘，其两侧设置火灾报警探测器组，且两侧应设置手动控制按钮，动作程序为两步下降，在一个火灾报警探测器报警后下降至距地面1.8m处停止；另一个火灾报警探测器报警后，卷帘应继续向下降至地面。

四、注意事项

（1）常开式防火门的复位必须由人到现场拉动防火门复位，复位后防火门状态信号也将同时反馈到消防控制室。

（2）防火门应为向疏散方向开启的平开门，在关闭的情况下，消防指战员在紧急情况下能从任何一侧手动开启穿越防区。

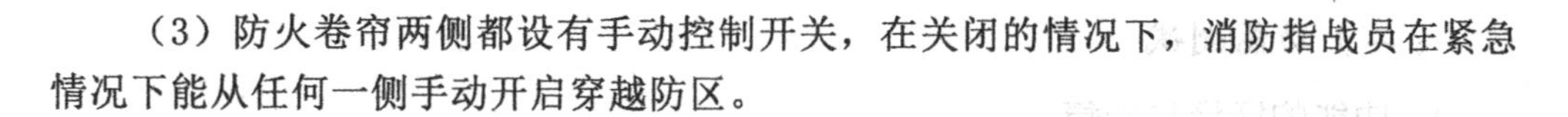

（3）防火卷帘两侧都设有手动控制开关，在关闭的情况下，消防指战员在紧急情况下能从任何一侧手动开启穿越防区。

第七节　消防电梯

消防电梯是在建筑物发生火灾时，供消防员实施灭火救援、人员疏散等战斗任务具有特殊性能的专用电梯。

一、主要用途及功能

消防电梯的主要用途是垂直运送消防员、消防装备、疏散营救被困人员，以达到节约消防员体力、提升作战效率的目标。较普通的客、货电梯具备一定的防火、防烟、防水功能，且由消防电源供电，并设有应急备用电源，以确保其安全和稳定（图 9-5）。

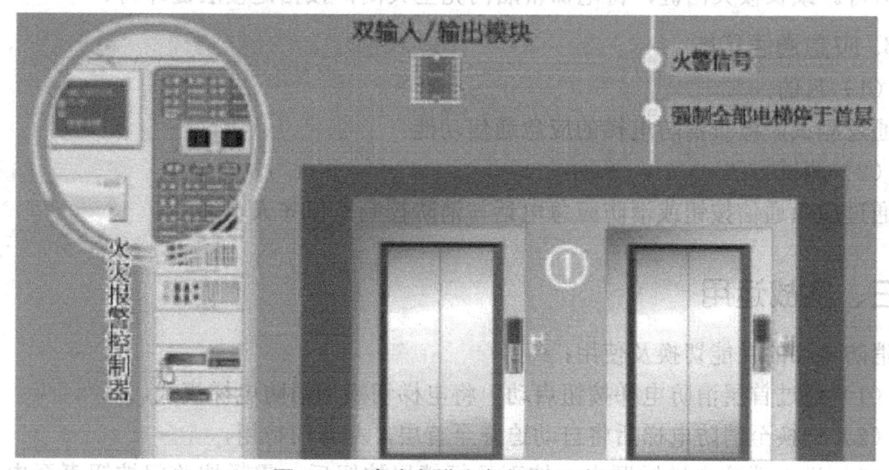

图 9-5　消防电梯电气控制示意图

二、熟悉调研

（一）调研内容

消防电梯基本与客、货电梯兼用，平时消防电梯可作为工作电梯使用。其设置位置判断及识别主要从以下两个方面：

（1）消防电梯设有前室。

（2）在首层电梯门口的适当位置设有供消防员专用的操作按钮。操作按钮一般用玻璃片保护，并在适当位置设有红色的“消防专用”等字样。

（二）功能测试

1. 功能的切换与恢复

（1）目的

通过测试，检查消防电梯能否在紧急状态下由工作电梯立即切换为消防专用电梯，并能恢复为工作电梯模式。

（2）测试方法

通过消防电梯按钮启动切换并恢复。

2. 消防电梯状态下运行情况

（1）目的

通过测试，检查消防电梯运行状态是否符合要求且运行正常。

（2）测试方法

切换至消防电梯后，查看电梯是否降至首层并常开电梯轿厢门，并任意输入一个指定楼层，查看电梯是否按设计要求正常运行。长按指定楼层键，待电梯关门运行，松开即可。或长按关门键，待电梯轿厢门完全关闭，按指定楼层键即可。

3. 应急通信功能

（1）目的

通过测试，检查消防电梯的应急通信功能。

（2）测试方法

通过应急通信按钮或消防应急电话与消防控制室值守人员通话。

三、实战运用

消防电梯的功能切换及使用：

（1）通过首层消防电梯按钮启动，将电梯切换为消防电梯模式。

（2）切换至消防电梯后将自动迫降至首层，并开门待用，

（3）进入消防电梯轿厢内，按下目标楼层按钮后，需紧按关门按钮直至电梯门关闭，待电梯启动后方可松手；若在关门过程中松开按钮，门则自动打开，电梯也不会启动。

（4）到达目标楼层后不得贸然开门，应探测门外温度或缓慢开启查看门外烟火情况，待确认安全后，长按开门键，进入前室进行展开准备。消防电梯门不会自动打开，需紧按开门按钮，直至电梯门完全打开后方可松手；若在开门过程中松开按钮，门则自动关闭。

（5）救援行动全部结束后，可通过操作按钮进行复位。

四、注意事项

（1）消防电梯启动后，指挥员应指派专人在消防电梯内值守，携带电台、折叠式金属梯、简易面罩等器材，并应在消防控制室设置专人值守，确保通信畅通，指令

顺畅，运行高效。

（2）使用消防电梯时，未经安全确认，原则上不得在着火层停靠。组织进攻时，一般应选择在起火楼层的下一层或下两层处停靠；实施着火层上方人员疏散或设防时，应在着火层以上 2 ～ 3 层处停靠；火势较大时，视情况而定。

（3）消防电梯耐火极限不低于 2 h，现浇混凝土隔墙一般为 3h，现场火势严重、燃烧时间较长时使用消防电梯，应经过评估确认安全方可使用。

（4）消防电梯停靠后，不得贸然开门，应探测门外温度，或缓慢开启查看门外烟火情况，待确认安全后，长按开门键，进入前室进行展开准备。实施战斗展开前，还应查看邻近疏散楼梯状况，确定撤退线路安全。

（5）使用消防电梯时，不得超载，不得在电梯内进行跳、砸等剧烈活动，不得使用外力强行开闭电梯门，载人或器材时尽量保持轿厢受力均匀，防止发生意外，造成电梯损坏停运。

参考文献

[1] 王英 . 新编消防安全知识普及读本 [M]. 北京：中国言实出版社，2020.

[2] 张泽江，刘微，李平立 . 城市交通隧道火灾蔓延控制绿色建筑消防安全技术 [M]. 成都：西南交通大学出版社，2020.

[3] 安政，周慧惠 . 保卫 • 消防 [M]. 北京：中国劳动社会保障出版社，2020.

[4] 朱红伟 . 消防应急通信技术与应用 [M]. 北京：中国石化出版社，2020.

[5] 卢林刚，杨守生，李向欣 . 危险化学品消防第 2 版 [M]. 北京：化学工业出版社，2020.

[6] 朱国庆，刘洪永，陈南 . 消防救援技术与装备 [M]. 徐州：中国矿业大学出版社，2020.

[7] 陈智明 . 消防救援初战 [M]. 北京：应急管理出版社，2020.

[8] 赵吉祥 . 应急与消防安全管理 [M]. 长春：吉林教育出版社，2020.

[9] 王文利，杨顺清 . 智慧消防实践 [M]. 北京：人民邮电出版社，2020.

[10] 孙启峰 . 建筑消防设施检测技术实用手册 [M]. 北京：中国建筑工业出版社，2020.

[11] 韩海云，王滨滨 . 高校学生消防安全手册 [M]. 北京：中国人事出版社，2020.

[12] 闫胜利 . 消防技术装备 [M]. 北京：机械工业出版社，2019.

[13] 孙长征，徐毅，周明哲 . 消防安全案例分析 [M]. 济南：山东人民出版社，2019.

[14] 宿吉南 . 消防安全案例分析 [M]. 北京：中国市场出版社，2019.

[15] 陈长坤 . 消防工程导论 [M]. 北京：机械工业出版社，2019.

[16] 何以申 . 建筑消防给水和自喷灭火系统应用技术分析 [M]. 上海：同济大学出版社，2019.

[17] 陶昆 . 建筑消防安全 [M]. 北京：机械工业出版社，2019.

[18] 张洪杰，韩军，幸福堂 . 普通高等院校规划教材建筑火灾安全工程 [M]. 徐州：中国矿业大学出版社，2019.

[19] 李思成 . 高层建筑疏散走道火灾烟气多驱动力作用下运动特性 [M]. 北京：知识产权出版社，2019.

[20] 戴明月 . 消防安全管理手册 [M]. 北京：化学工业出版社，2019.

[21] 霍江华，王燕华 . 消防灭火自动控制 [M]. 北京：中国原子能出版社，

2019.

[22] 陈景峰．消防安全管理实用模式 [M]. 太原：山西人民出版社，2019.

[23] 杨连武．火灾报警及消防联动控制 [M]. 北京：电子工业出版社，2019.

[24] 张宏宇，王永西．危险化学品事故消防应急救援 [M]. 北京：化学工业出版社，2019.

[25] 张永根，朱磊．建筑消防概论 [M]. 南京：南京大学出版社，2018.

[26] 熊新国．智能建筑消防与安防 [M]. 北京：科学出版社，2018.

[27] 徐志嫱，李梅，孙小虎．建筑消防工程 [M]. 北京：中国建筑工业出版社，2018.

[28] 程琼．智能建筑消防系统 [M]. 北京：电子工业出版社，2018.

[29] 马成勋．建筑消防系统施工与设计 [M]. 合肥：合肥工业大学出版社，2018.

[30] 李斌，崔勇．高层建筑消防安全管理指南 [M]. 合肥：安徽科学技术出版社，2018.

[31] 苗金明．建筑消防安全评估技术与方法 [M]. 北京：清华大学出版社，2018.

[32] 张建辉．建筑消防控制系统安装与调试 [M]. 广州：广州出版社，2018.

[33] 傅英栋．建筑消防设施综合分析与拓展 [M]. 郑州：河南人民出版社，2018.

[34] 王娅娜．智能建筑消防系统安装与调试工作页 [M]. 北京：中国劳动社会保障出版社，2018.